数学者的思考トレーニング
解析編

上野健爾
Kenji Ueno

数学者的
思考トレーニング 解析編

$f(x) = x$

岩波書店

はじめに

　入試問題をみるとどのようにして解いてよいか分からないことが多い．ところが解答を見るとなんだこんな簡単なことであったかと思うことも多い．本来問題は理論を理解するための補助的なものであるのに，現在では入試問題があたかも数学の中心であるかのように扱われている．おまけに，問題を解くことばかりに関心がいって問題がどのような背景から生まれてきたのかにはほとんど関心が持たれない．

　数学は，本来，理論を学ぶべきことであって，問題は理論を理解するための手段でしかない．逆に考えれば，理論がきちんと理解できていれば問題を解くことはそれほど難しくない．問題の難しさは，計算の複雑さよりも，どのような理論を応用して解くかにある．教科書や参考書では単元毎に問題が出されていることが多いので，解法の道筋はある程度推測がつく．ところが，入試になると単元が明示されていないのでどうして解いてよいか分からなくなる．入試が問うている大切なことは，これまで学んだ知識をどのように組み合わせて考えることができるかということである．しかし，現状はこうした力を発揮する受験生はきわめて少ない．

　学んだ知識を組み合わせて未知の問題に挑戦することは社会で大変重要なことである．数学はそのための訓練を提供する場でもある．したがって，問題が解けたことに安心せずに，問題がどのような背景をもって作られているかまで分析する必要がある．そのためには一つの解法に満足せずに，いろいろな解法を工夫してみることが大切である．別の解法は，問題を別の視点から捉えることを意味し，自分の思い込みがいかに強いかを気づかせてくれるよい機会である．

　数学は既存の知識をいかにして越えて，新しい考え方を生みだすかという苦闘の歴史である．それはその時代時代の特有の思い込みからいかに自由になるかという歴史でもある．そのためには，視点を変えながら既存の知識をその極

はじめに

限まで使いこなすことが必要である．新しい考えは，ある日突然頭に浮かんでくるが，それはそれまで，自分が知っていることを使ってその極限まで考え続けてこそ，はじめておこることである．数学者の営みはこのことを実行することであり，数学者的思考法とはじつは数学者だけでなく，現代人に必須の思考法である．

本書は大学入試の主として実数を使った解析（実解析）に関係する問題を取りあげ，数学的な背景を探りながら，背後にある数学的な考え方を解説したものである．

2011 年 2 月

上 野 健 爾

本書で使う記号

本書では次の記号を断りなしに用いる．

- $\mathbb{Q}$ 　有理数の全体
- $\mathbb{R}$ 　実数の全体
- $\mathbb{C}$ 　複素数の全体
- $[a,b]$ 　閉区間　$a\leq x\leq b$ である実数 x の全体 $\{x\in\mathbb{R}|a\leq x\leq b\}$
- (a,b) 　開区間　$a<x<b$ である実数 x の全体 $\{x\in\mathbb{R}|a<x<b\}$
- $(a,b]$ 　$a<x\leq b$ である実数 x の全体 $\{x\in\mathbb{R}|a<x\leq b\}$
- $[a,b)$ 　$a\leq x<b$ である実数 x の全体 $\{x\in\mathbb{R}|a\leq x<b\}$
- $[a,\infty)$ または $[a,+\infty)$ 　$a\leq x$ である実数 x の全体 $\{x\in\mathbb{R}|a\leq x\}$
- (a,∞) または $(a,+\infty)$ 　$a<x$ である実数全体 $\{x\in\mathbb{R}|a<x\}$
- $(-\infty,b]$ 　$x\leq b$ である実数 x の全体 $\{x\in\mathbb{R}|x\leq b\}$
- $(-\infty,b)$ 　$x<b$ である実数 x の全体 $\{x\in\mathbb{R}|x<b\}$
- $(-\infty,\infty)$ 　実数の全体
- $\forall$ 　任意の，すべての ($\forall x\in A$ は A に属するすべての x を意味する)
- $\exists$ 　ある，存在する ($\exists x\in A$ は A に属するある x，あるいは A に属する x が存在することを意味する)
- $\geq$ 　($\geqq$ と同じ)
- $\leq$ 　($\leqq$ と同じ)
- 座標が (a,b) の点 P は $P=(a,b)$ と表わす (高校数学では $\mathrm{P}(a,b)$ と表わすが，関数と間違いやすいので，この記法は採用しない)
- $\max\{a_1,a_2,\cdots,a_n\}$ 　$a_1,a_2,\ldots,a_n$ のうちで最大なもの
- $\min\{a_1,a_2,\cdots,a_n\}$ 　$a_1,a_2,\ldots,a_n$ のうちで最小のもの
- 単射　写像 $f\colon A\to B$ は $a\neq a'$ であれば常に $f(a)\neq f(a')$ のとき単射という
- 全射　どの $b\in B$ に対しても $f(a)=b$ となる $a\in A$ が存在するとき写像 $f\colon A\to B$ は全射という
- 全単射　単射かつ全射のとき全単射という
- $\prod_{k=1}^{n} a_k = a_1 \cdot a_2 \cdot \cdots \cdot a_n$
- $A\setminus B=\{a\in A|a\notin B\}$ 　A に属するが B に属さないもの全体のこと

目　次

はじめに

1 ゼータ関数の 2 および 4 での値 $\zeta(2), \zeta(4)$ …………… 1
　1.1　三角関数とフーリエ級数　2
　1.2　x のフーリエ展開　8
　1.3　x^2 のフーリエ展開と $\zeta(2)$　14
　1.4　収束の速さを測るには？　17
　1.5　$\zeta(4)$　22

2 凸関数と微分 ………………………………………………… 25
　2.1　関数の増減と凸関数　25
　2.2　微　分　30
　2.3　凸関数　39
　2.4　平均値の定理　50
　2.5　三角関数　59
　2.6　指数関数と対数関数　67
　2.7　方程式論への応用　84
　2.8　テイラーの定理　89
　2.9　オイラーの公式　94
　　　第 2 章 演習問題　101

3 積分とは何か ………………………………………………… 103
　3.1　リーマン積分　103
　3.2　連続関数はリーマン積分可能　109
　3.3　微分積分学の基本定理と不定積分　113
　3.4　面積と体積　118
　3.5　曲線の長さ　121
　3.6　回転体の表面積　124
　3.7　無限区間の積分　129
　3.8　特異積分　143
　　　第 3 章 演習問題　145

4 ガンマ関数 …………………………………………………… 147
　4.1　ガンマ関数の定義　147

目　次

  4.2　ガンマ関数の特徴づけ　151
  4.3　定義域の拡大　157
  4.4　ワイエルシュトラスの無限積展開　160
  4.5　ガンマ関数と $\sin x$　161
  4.6　$\sin \pi x$ の無限積展開とゼータ関数の 2, 4 での値　164
  第 4 章　演習問題　166

5　関・ベルヌーイ数とゼータ関数の偶数での値 …………… 167
  5.1　ベキ和の公式　167
  5.2　関・ベルヌーイ関数　176
  5.3　ゼータ関数の偶数での値 $\zeta(2m)$　179
  第 5 章　演習問題　183

6　極限と収束 ……………………………………………………… 185
  6.1　収束をどう定義するか——イプシロン・デルタ論法　185
  6.2　実数の基本性質　197
  6.3　連続関数　208
  6.4　リーマン積分再考　219
  6.5　関数列　226
  6.6　実数とは何か　231
  第 6 章　演習問題　239

 さらに学ぶために　241

 演習問題略解　243

コラム

  2.1　多変数関数の微分　40
  2.2　不等式を使わないオイラーの解析学　83
  3.1　体積有限で表面積が無限大の回転体　128
  3.2　2 変数関数の積分（重積分）　137
  5.1　オイラー・マクローリンの和公式　181
  6.1　リーマン積分を越えて　236

1 ゼータ関数の2および 4での値 $\zeta(2), \zeta(4)$

本書「実解析編」では「代数編」で証明なしに引用したゼータ関数

$$\zeta(s) = \frac{1}{1^s} + \frac{1}{2^s} + \frac{1}{3^s} + \cdots + \frac{1}{m^s} + \cdots = \sum_{m=1}^{\infty} \frac{1}{m^s}$$

の s が偶数での値 $\zeta(2n)$ を計算することを一つの目標とする．そのためには無限級数の和や無限積の値を考える必要がある．その手始めに本章では特殊な方法ではあるが，フーリエ解析の手法を使って

$$\zeta(2) = \frac{\pi^2}{6}$$
$$\zeta(4) = \frac{\pi^4}{90}$$

の証明を行ってみる．そのためには高校で学ぶ，極限や微分，積分の考え方を使う必要がある．

しかしながら，高校で学ぶ極限の議論や積分の議論では不十分なことがある．本章ではそれがどのような意味で不完全であるかを指摘しながら，解析の基礎をなぜ厳密に構成する必要があるかを説明し，本書への序とする．

また，本章ではさまざまな証明を通して，解析学のもつ種々の側面とその面白さを浮かび上がらせることも目的とするが，難しい議論も必要となる．それは後の章で詳しく述べることにするので，本章の細かい議論が分かりにくい場合は細かいところは気にせずに読んで，議論の雰囲気になれることをお勧めする．本章で扱われる話題は後の章で詳しく説明されている．本書を通読した後で再度本章を読まれれば以前難しく感じたところも比較的簡単に理解できるであろう．

第 1 章 ゼータ関数の 2 および 4 での値 ζ(2), ζ(4)

1.1 三角関数とフーリエ級数

まず，次の三角関数に関する問題から始めよう．

問題 1

$$\frac{1}{2}+\cos t+\cos 2t+\cdots+\cos(n-1)t+\cos nt = \frac{1}{2}\cdot\frac{\cos nt-\cos(n+1)t}{1-\cos t}$$

を証明せよ．

 余弦関数に関する公式

$$\cos mt \cos t = \frac{1}{2}\{\cos(m+1)t+\cos(m-1)t\}$$

より

$$\frac{1}{2}\cos t+\cos^2 t+\cos 2t\cos t+\cdots+\cos nt\cos t$$
$$=\frac{1}{2}\{\cos t+\cos 2t+1+\cos 3t+\cos t+\cdots$$
$$\qquad+\cos nt+\cos(n-2)t+\cos(n+1)t+\cos(n-1)t\}$$
$$=\frac{1}{2}+\cos t+\cos 2t+\cos 3t+\cdots+\frac{1}{2}\cos nt+\frac{1}{2}\cos(n+1)t$$

が成り立つ．よって

$$(1-\cos t)\left\{\frac{1}{2}+\cos t+\cos 2t+\cdots+\cos(n-1)t+\cos nt\right\}$$
$$=\frac{1}{2}+\cos t+\cos 2t+\cdots+\cos(n-1)t+\cos nt$$
$$\qquad-\left\{\frac{1}{2}\cos t+\cos^2 t+\cos 2t\cos t+\cdots+\cos nt\cos t\right\}$$
$$=\frac{1}{2}\{\cos nt-\cos(n+1)t\}$$

が成り立つ．

後に示すように，三角関数と指数関数とは複素数を通して深い関係を持って

いる．オイラーの関係式

$$e^{it}=\cos t+i\sin t$$

はその典型である．いきなり指数関数の虚数ベキが登場したが，第2章9節で述べるように，これは無限級数

$$e^{it}=1+it+\frac{(it)^2}{2!}+\frac{(it)^3}{3!}+\cdots+\frac{(it)^n}{n!}+\cdots$$

を使って定義される．指数法則

$$e^{it_1+it_2}=e^{it_1}e^{it_2}$$

が成り立つことも証明できる（これは三角関数の加法公式に他ならない．第2章問題15を参照のこと）．特に $e^{-it}=\cos t-i\sin t$ となるから

$$\sin t=\frac{e^{it}-e^{-it}}{2i}$$

$$\cos t=\frac{e^{it}+e^{-it}}{2}$$

が成り立つことが分かる．この事実を使うと上の問題は等比級数の問題として解くことができる．さらに次の事実が成り立つことも，上の結果を使って簡単に示すことができる．

―― 問題2 ――

$$\frac{1}{2}+\cos t+\cos 2t+\cdots+\cos(n-1)t+\cos nt=\frac{\sin(n+\frac{1}{2})t}{2\sin\frac{t}{2}}$$

を証明せよ．

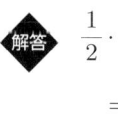 $\dfrac{1}{2}\cdot\dfrac{\cos nt-\cos(n+1)t}{1-\cos t}$

$$=\frac{1}{2}\cdot\frac{e^{int}+e^{-int}-e^{i(n+1)t}-e^{-i(n+1)t}}{2-e^{it}-e^{-it}}$$

$$=\frac{1}{2}\cdot\frac{e^{int}(1-e^{it})+e^{-int}(1-e^{-it})}{-(e^{it/2}-e^{-it/2})^2}$$

第 1 章 ゼータ関数の 2 および 4 での値 ζ(2), ζ(4)

$$-\frac{1}{2}\cdot\frac{e^{i(n+\frac{1}{2})t}(e^{-it/2}-e^{it/2})+e^{-(n+\frac{1}{2})t}(e^{it/2}-e^{-it/2})}{-(e^{it/2}-e^{-it/2})^2}$$

$$=\frac{1}{2}\frac{e^{i(n+\frac{1}{2})t}-e^{-(n+\frac{1}{2})t}}{e^{it/2}-e^{-it/2}}$$

$$=\frac{\sin(n+\frac{1}{2})t}{2\sin\frac{1}{2}t}$$

次に三角関数の積分を考えてみよう．詳しくは第 3 章 5 節を参照して欲しい．

―― 問題 3 ――

$$\int_{-\pi}^{\pi}\cos kx\cos mx=\begin{cases}0 & (k\neq m)\\ \pi & (k=m)\end{cases}$$

$$\int_{-\pi}^{\pi}\sin kx\sin mx=\begin{cases}0 & (k\neq m)\\ \pi & (k=m)\end{cases}$$

$$\int_{-\pi}^{\pi}\cos kx\sin mx=0$$

を示せ． (信州大学 類題)

 k が 0 でない整数のとき

$$\int_{-\pi}^{\pi}\sin kx\,dx=0,\quad\int_{-\pi}^{\pi}\cos kx\,dx=0$$

であることに注意する．また，

$$\cos kx\cos mx=\frac{1}{2}(\cos(k+m)x+\cos(k-m)x)$$
$$\cos kx\sin mx=\frac{1}{2}(\sin(k+m)x-\sin(k-m)x)$$
$$\sin kx\sin mx=-\frac{1}{2}(\cos(k+m)x-\cos(k-m)x)$$

1.1 三角関数とフーリエ級数

が成り立つことから上記の等式が成り立つことが分かる．

そこで，三角関数を使って定義される関数

$$f(x) = \frac{a_0}{2} + a_1\cos x + b_1\sin x + a_2\cos 2x + b_2\sin 2x + \cdots + a_n\cos nx + b_n\sin nx \tag{1.1}$$

を考えよう．ここで a_m, b_m はある実数である．正弦関数 $\sin x$，余弦関数 $\cos x$ が周期 2π の周期関数であるので $f(x)$ も 2π を周期に持つ周期関数である．

―― 問題 4 ――――――――――――――――――――――――――

関数 (1.1) の a_m, b_m は

$$a_m = \frac{1}{\pi}\int_{-\pi}^{\pi} f(x)\cos mx\,dx, \quad m=0,1,\ldots,n$$
$$b_m = \frac{1}{\pi}\int_{-\pi}^{\pi} f(x)\sin mx\,dx, \quad m=1,\ldots,n$$

で与えられることを示せ．

 問題 3 より $m=1,2,\ldots,n$ のとき

$$\int_{-\pi}^{\pi} f(x)\cos mx\,dx = a_m\pi, \quad \int_{-\pi}^{\pi} f(x)\sin mx\,dx = b_m\pi$$

が分かる．また $m=0$ のときは

$$\int_{-\pi}^{\pi} f(x)\,dx = \frac{a_0}{2}\cdot 2\pi = a_0\pi$$

である．

このように，問題 3 は単なる計算ではなく，関数 (1.1) の係数を決める重要な役割をしている．この結果をもっと一般の関数に一般化してみよう．

そこで，区間 $[-\pi, \pi]$ で定義された連続関数 $f(x)$ に対して

$$a_n = \frac{1}{\pi}\int_{-\pi}^{\pi} f(x)\cos nx\,dx, \quad n=0,1,2,\ldots \tag{1.2}$$

第 1 章 ゼータ関数の 2 および 4 での値 $\zeta(2), \zeta(4)$

$$b_n = \frac{1}{\pi}\int_{-\pi}^{\pi} f(x) \sin nx\, dx, \quad n = 1, 2, \ldots \tag{1.3}$$

とおく．これから三角関数の形式的な無限和（フーリエ級数と呼ばれる）

$$\frac{a_0}{2} + a_1 \cos x + b_1 \sin x + a_2 \cos 2x + b_2 \sin 2x + \cdots$$
$$+ a_n \cos nx + b_n \sin nx + \cdots \tag{1.4}$$

を考える．これを関数 $f(x)$ の**フーリエ展開**という．これは無限和であるので通常の意味での和は考えることができず，和の意味を改めて考え直す必要がある．そのため (1.4) の $\cos nx, \sin nx$ までの和を

$$S_n[f](x) = \frac{a_0}{2} + a_1 \cos x + b_1 \sin x + a_2 \cos 2x + b_2 \sin 2x + \cdots$$
$$+ a_n \cos nx + b_n \sin nx$$

と記し，フーリエ級数の部分和という．部分和は三角関数の有限和であるので関数としての意味を持っている．そこで，点 x に対して，極限

$$\lim_{n\to\infty} S_n[f](x)$$

が存在するときに無限級数 (1.4) は点 x で収束するという．さらに無限級数 (1.4) は関数 $f(x)$ から作られたので $f(x)$ に収束するかどうかもじつは問題にしなければならない．

(1.4) の形の無限級数はフランスの数学者フーリエによって本格的に研究されたので**フーリエ級数**という名前がついている．フーリエは熱伝導の研究からフーリエ級数に到達した．彼は区間 $[-\pi, \pi]$ で定義されたすべての関数はフーリエ級数に展開できる（そのことをフーリエ展開できるということが多い）ことを主張した．その主張は多くの数学者を驚かせたが，フーリエの主張を否定するにしても，関数とは何なのかという問に答える必要があり，また，すべての関数に対して積分 (1.2) や (1.3) が意味を持つのかが重大な問題となった．こうして，19 世紀になって改めて関数をどう定義したらよいのか，さらに積分をどのように定義し，そのような関数が積分できるのかどうかが真剣に問われ，解析学が発展することとなった．

さて，三角関数の加法公式

$$\cos(y-x) = \cos y \cos x + \sin y \sin x$$

を使うと,この部分和は

$$\begin{aligned}
S_n[f](x) &= \frac{a_0}{2} + a_1 \cos x + b_1 \sin x + a_2 \cos 2x + b_2 \sin 2x + \cdots + a_n \cos nx + b_n \sin nx \\
&= \frac{1}{\pi} \left\{ \int_{-\pi}^{\pi} \frac{1}{2} f(y)\, dy + \left(\int_{-\pi}^{\pi} f(y) \cos y\, dy \right) \cos x \right. \\
&\quad + \left(\int_{-\pi}^{\pi} f(y) \sin y\, dy \right) \sin x \\
&\quad + \left(\int_{-\pi}^{\pi} f(y) \cos 2y\, dy \right) \cos 2x + \left(\int_{-\pi}^{\pi} f(y) \sin 2y\, dy \right) \sin 2x + \cdots \\
&\quad \left. + \left(\int_{-\pi}^{\pi} f(y) \cos ny\, dy \right) \cos nx + \left(\int_{-\pi}^{\pi} f(y) \sin ny\, dy \right) \sin nx \right\} \\
&= \frac{1}{\pi} \int_{-\pi}^{\pi} f(y) \left(\frac{1}{2} + \cos(y-x) + \cos 2(y-x) + \cdots + \cos n(y-x) \right) dy \\
&= \frac{1}{\pi} \int_{-\pi}^{\pi} f(y) \frac{\sin(n+\frac{1}{2})(y-x)}{2 \sin \frac{y-x}{2}}\, dy
\end{aligned}$$

ときれいな閉じた形に書くことができる.

$$D_n(t) = \frac{\sin(n+\frac{1}{2})t}{2 \sin \frac{t}{2}}$$

はディリクレ核と呼ばれる.ディリクレは 1829 年に上の積分

$$S_n[f](x) = \frac{1}{\pi} \int_{-\pi}^{\pi} f(y) D_n(y-x) dy \tag{1.5}$$

を使ってフーリエ級数の収束の問題を考察した.そのためには,すでに述べたように関数とは何か,積分とは何かを厳しく問い詰める必要がある.ディリクレははじめて関数の正しい定義を与え,後にリーマンははじめて積分(リーマン積分と呼ばれる)の正しい定義を与えた.そのことは本書の第 2 章以下で詳しく論じることとする.

1.2 x のフーリエ展開

フーリエ級数の収束の問題を考えよう．そのためには準備が必要である．ここでは一番簡単な $f(x)=x$ のときのフーリエ級数を考えてみよう．

問題 5

$f(x)=x$ のとき，そのフーリエ係数 a_n, b_n を求めよ．

解答 部分積分((3.6)を参照のこと)を使うと

$$\begin{aligned}
a_n &= \frac{1}{\pi}\int_{-\pi}^{\pi} x\cos nx\, dx \\
&= \frac{1}{\pi}\left[\frac{x\sin nx}{n}\right]_{-\pi}^{\pi} - \frac{1}{\pi}\int_{-\pi}^{\pi}\frac{\sin nx}{n}\, dx = -\frac{1}{\pi}\int_{-\pi}^{\pi}\frac{\sin nx}{n}\, dx \\
&= \frac{1}{\pi}\left[\frac{\cos nx}{n^2}\right]_{-\pi}^{\pi} = 0.
\end{aligned}$$

同様に $n\neq 0$ のとき

$$\begin{aligned}
b_n &= \frac{1}{\pi}\int_{\pi}^{\pi} x\sin nx\, dx \\
&= \frac{1}{\pi}\left[\frac{-x\cos nx}{n}\right]_{-\pi}^{\pi} + \frac{1}{\pi}\int_{-\pi}^{\pi}\frac{\cos nx}{n}\, dx \\
&= \frac{(-1)^{n+1}2}{n} + \frac{1}{\pi}\int_{-\pi}^{\pi}\frac{\cos nx}{n}\, dx \\
&= \frac{(-1)^{n+1}2}{n} + \frac{1}{\pi}\left[\frac{\sin nx}{n^2}\right]_{-\pi}^{\pi} = \frac{(-1)^{n+1}2}{n}
\end{aligned}$$

したがって x のフーリエ展開は

$$2\left(\sin x - \frac{1}{2}\sin 2x + \frac{1}{3}\sin 3x - \frac{1}{4}\sin 4x + \cdots + (-1)^{n+1}\frac{1}{n}\sin nx + \cdots\right)$$

となる．これより $x/2$ のフーリエ展開は

$$\sin x - \frac{1}{2}\sin 2x + \frac{1}{3}\sin 3x - \frac{1}{4}\sin 4x + \cdots + (-1)^{n+1}\frac{1}{n}\sin nx + \cdots \quad (1.6)$$

となることが分かる．フーリエ級数(1.6)は $(-\pi,\pi)$ のすべての点で $x/2$ に収束することを証明しよう．そのためには，まず次の事実を示す必要がある．

── 問題6 ──────────────────────────────

有限の区間 $[a,b]$ で連続な関数 $g(x)$ に対して

$$\lim_{\lambda \to +\infty} \int_a^b g(x) \sin \lambda x \, dx = 0$$

が成り立つ．

　$g(x)$ が定数関数であれば

$$\int_a^b \sin \lambda x \, dx = \left[\frac{-\cos \lambda x}{\lambda} \right]_a^b = \frac{1}{\lambda}(\cos \lambda a - \cos \lambda b)$$

であるので

$$\lim_{\lambda \to +\infty} \left| \int_a^b \sin \lambda x \, dx \right| = \lim_{\lambda \to +\infty} \left| \frac{1}{\lambda}(\cos \lambda a - \cos \lambda b) \right|$$
$$\leq \lim_{\lambda \to +\infty} \frac{1}{\lambda}(|\cos \lambda a| + |\cos \lambda b|) \leq \lim_{\lambda \to +\infty} \frac{2}{\lambda} = 0$$

が成り立ち，主張が正しいことが分かる．

次に $g(x)$ が局所的に定数，すなわち図 1.1 のような階段関数であれば，積分を $g(x)$ が定数である区間に分けて考えることによって，上の結果から，$g(x)$ は連続関数ではないがこの場合も主張が正しいことが分かる．

最後に区間 $[a,b]$ で連続な関数は階段関数で近似できることを示す．すなわち，任意の正整数 n に対して区間 $[a,b]$ の各点で常に

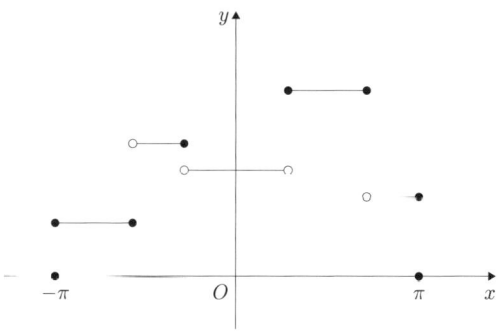

図 1.1　階 段 関 数．

第 1 章 ゼータ関数の 2 および 4 での値 $\zeta(2), \zeta(4)$

$$\left|\int_a^b (g(x)-g_n(x))dx\right| < \frac{1}{n}$$

が成り立つように階段関数 $g_n(x)$ を見つけることができることを示そう. ここで定積分は区分求積法によって求められるので(詳しい議論は第 3 章で行う)区間 $[a,b]$ を分割して

$$a = x_0 < x_1 < x_2 < \cdots < x_{N-1} < x_N = b$$

$x_{k-1} \leq \xi_k \leq x_k$ を適当にとり

$$\sum_{k=1}^N f(\xi_k)(x_k - x_{k-1})$$

が定積分

$$\int_a^b g(x)\,dx$$

とほとんど変わらないように,より正確には任意に正整数 n を 1 つ選ぶと

$$\left|\int_a^b g(x)\,dx - \sum_{k=1}^N f(\xi_k)(x_k - x_{k-1})\right| < \frac{1}{n}$$

が成り立つように区間 $[a,b]$ の分割と $x_{k-1} \leq \xi_k \leq x_k$ を選ぶことができる. このとき

$$g_n(x) = \begin{cases} g(\xi_k), & x \in [x_{k-1}, x_k), \quad k = 1, 2, \ldots, N-1 \\ g(\xi_N), & x \in [x_{N-1}, x_N] \end{cases}$$

と選べばよい. ここで $[a,b)$ は $a \leq x < b$ で定義される区間を表す.

さらにディリクレ核に関して次の事実が成り立つ.

── 問題 7 ──

$$\frac{1}{\pi}\int_{-\pi}^{\pi} D_n(y-x)\,dy = 1$$

問題 2 より

$$
\begin{aligned}
\frac{1}{\pi}\int_{-\pi}^{\pi} D_n(y-x)\,dy &= \frac{1}{\pi}\int_{-\pi}^{\pi}\left\{\frac{1}{2}+\sum_{k=1}^{n}\cos k(y-x)\right\}dy \\
&= \frac{1}{\pi}\left\{\left[\frac{y}{2}+\sum_{k=1}^{n}\frac{\sin k(y-x)}{k}\right]_{-\pi}^{\pi}\right\} \\
&= \frac{1}{\pi}\left\{\pi+\sum_{k=1}^{n}\left(\frac{1}{k}\sin k(\pi-x)+\frac{1}{k}\sin k(\pi+x)\right)\right\} \\
&= \frac{1}{\pi}\left\{\pi+\sum_{k=1}^{n}\left(\frac{(-1)^{k+1}}{k}\sin kx+\frac{(-1)^{k}}{k}\sin kx\right)\right\} \\
&= 1
\end{aligned}
$$

問題 6, 7 を使って次の問題を解いてみよう．

---- 問題 8 ----

$x\in(-\pi,\pi)$ のとき

$$\lim_{n\to+\infty}\frac{1}{\pi}\int_{-\pi}^{\pi} y D_n(y-x)\,dy = x$$

が成り立つことを示せ．

この問題から式 (1.5)

$$S_n[f](x) = \frac{1}{\pi}\int_{-\pi}^{\pi} f(y)D_n(y-x)dy$$

に $f(x)=x$ を適用すると

$$\lim_{n\to\infty} S_n[x] = x$$

が成り立つことが分かる．言い換えると点 $x\in(-\pi,\pi)$ でフーリエ級数 (1.6) は収束し，等号

$$\frac{x}{2} = \sin x - \frac{1}{2}\sin 2x + \frac{1}{3}\sin 3x - \frac{1}{4}\sin 4x + \cdots + (-1)^{n+1}\frac{1}{n}\sin nx + \cdots \tag{1.7}$$

が成り立つ．

第 1 章　ゼータ関数の 2 および 4 での値 $\zeta(2), \zeta(4)$

特に $x=\dfrac{\pi}{2}$ とおけば
$$\frac{\pi}{4} = 1-\frac{1}{3}+\frac{1}{5}-\frac{1}{7}+\cdots+\frac{(-1)^n}{2n+1}+\cdots \tag{1.8}$$
が成り立つことが分かる．これはライプニッツ・グレゴリー級数と呼ばれる．実際には 14 世紀のインド，ケララ地方の数学者マーダヴァによって既に証明されていた．

 問題 7 より
$$x = \frac{1}{\pi}\int_{-\pi}^{\pi} x D_n(y-x)\,dy$$
が成り立つので
$$\begin{aligned}\frac{1}{\pi}\int_{-\pi}^{\pi} y D_n(y-x)\,dy - x &= \frac{1}{\pi}\int_{-\pi}^{\pi}(y-x)D_n(y-x)\,dy \\ &= \frac{1}{\pi}\int_{-\pi-x}^{\pi-x} u D_n(u)\,du \\ &= \frac{1}{\pi}\int_{-\pi-x}^{\pi-x} \frac{u}{\sin\dfrac{u}{2}} \cdot \sin(n+\frac{1}{2})u\,du\end{aligned}$$

そこで
$$g(u) = \begin{cases}\dfrac{u}{\sin\dfrac{u}{2}} & (u\neq 0,\ u\in(-2\pi, 2\pi)) \\ 2 & (u=0)\end{cases}$$
とおくと $g(u)$ は区間 $(-2\pi, 2\pi)$ で連続である．なぜならば，$u\in(-2\pi, 2\pi)$ で $\sin u/2$ が 0 になるのは $u=0$ のときだけであり，
$$\lim_{u\to 0}\frac{u}{\sin\dfrac{u}{2}} = \lim_{u\to 0}\frac{2\cdot\dfrac{u}{2}}{\sin\dfrac{u}{2}} = 2$$
が成り立つからである（(2.26) を参照のこと）．$x\in(-\pi, \pi)$ のとき $[-\pi-x, \pi-x]\subset(-2\pi, 2\pi)$ であり，上の計算から
$$\frac{1}{\pi}\int_{-\pi-x}^{\pi-x} y D_n(y-x)\,dy - x = \frac{1}{\pi}\int_{-\pi-x}^{\pi-x} g(u)\sin(n+\frac{1}{2})u\,du$$

が成り立つ．したがって問題 6 より

$$\lim_{n\to+\infty}\frac{1}{\pi}\int_{-\pi-x}^{\pi-x}yD_n(y-x)\,dy-x$$
$$=\lim_{n\to+\infty}\frac{1}{\pi}\int_{-\pi-x}^{\pi-x}g(u)\sin(n+\frac{1}{2})u\,du=0$$

が成り立つ．

上の証明で本質的なところは $u\neq 0$ で定義された関数 $\dfrac{u}{\sin u}$ が $u=0$ に連続に拡張できることであった．したがって一般の連続関数 $f(x)$ に関しても $f(x)$ が $(-\pi,\pi)$ の各点で微分可能であれば $\dfrac{f(y)-f(x)}{\sin(y-x)/2}=\dfrac{f(u+x)-f(x)}{\sin u/2}$ は x を固定して考えると

$$\lim_{u\to 0}\frac{f(u+x)-f(x)}{\sin\frac{u}{2}}=\lim_{u\to 0}\frac{f(u+x)-f(x)}{u}\cdot\frac{u}{\sin\frac{u}{2}}=2f'(x)$$

となり $y=x$ で $2f'(x)$ として拡張することができる．そこで x を固定して

$$g(u)=\begin{cases}\dfrac{f(u+x)-f(x)}{\sin\dfrac{u}{2}} & (u\neq 0) \\ 2f'(0) & (u=0)\end{cases}$$

とおくと $g(u)$ は $u=0$ でも連続であり，上の議論をそのまま使うことができる．すなわち

$$\frac{1}{\pi}\int_{-\pi}^{\pi}f(y)D_n(y-x)\,dy-f(x)=\frac{1}{\pi}\int_{-\pi}^{\pi}(f(y)-f(x))D_n(y-x)\,dy$$
$$=\frac{1}{\pi}\int_{-\pi-x}^{\pi-x}(f(u+x)-f(x))D_n(u)\,du$$
$$=\frac{1}{\pi}\int_{-\pi-x}^{\pi-x}\frac{f(u+x)-f(x)}{\sin\dfrac{u}{2}}\cdot\sin(n+\frac{1}{2})u\,du$$
$$=\frac{1}{\pi}\int_{-\pi-x}^{\pi-x}g(u)\sin(n+\frac{1}{2})u\,du$$

となり，$g(u)$ が積分の区間内で連続であるので，問題 6 より

第 1 章 ゼータ関数の 2 および 4 での値 ζ(2), ζ(4)

$$\lim_{n\to\infty}\frac{1}{\pi}\int_{-\pi-x}^{\pi-x} g(u)\sin(n+\frac{1}{2})u\,du = 0$$

が成り立つ．したがって次の定理が証明されたことになる．

定理 1.1 $[-\pi,\pi]$ で定義された連続関数 $f(x)$ が $(-\pi,\pi)$ の各点で微分可能であれば $f(x)$ のフーリエ展開

$$\frac{a_0}{2}+\sum_{n=1}^{\infty}(a_n\cos nx+b_n\sin nx)$$
$$a_n = \frac{1}{\pi}\int_{-\pi}^{\pi} f(x)\cos nx\,dx,\quad b_n = \frac{1}{\pi}\int_{-\pi}^{\pi} f(x)\sin nx\,dx$$

は $(-\pi,\pi)$ の各点で $f(x)$ に収束する．

では微分可能でない点ではフーリエ級数は収束するのであろうか．もっと一般に，関数が連続でない点ではフーリエ級数はフーリエが主張するように収束するのであろうか．もし収束したとするとそれはどのような値に収束するのであろうか．多くの読者が上の証明を読みながら疑問をもたれたことと思う．こうした問に答えるのがフーリエ解析である．これについては本書の続編「複素解析編」で詳しく論じる．

さて問題 8 より $(-\pi,\pi)$ で

$$\frac{x}{2} = \sin x - \frac{1}{2}\sin 2x + \frac{1}{3}\sin 3x - \frac{1}{4}\sin 4x + \cdots + (-1)^{n+1}\frac{1}{n}\sin nx + \cdots \tag{1.9}$$

であることが分かった．一方，$x=\pm\pi$ では右辺は 0 となり等号は成立しない．これは区間 $[-\pi,\pi]$ で定義された関数 x を周期 2π の関数として $\mathbb{R}$ 上に拡張すると $x=n\pi, n\in\mathbb{Z}$ で不連続となることに対応している．

1.3　x^2 のフーリエ展開と $\zeta(2)$

区間 $[-\pi,\pi]$ で定義された関数 x^2 を考えよう (図 1.2)．この関数を周期 2π の関数として $\mathbb{R}$ 上に拡張すると今度は $x=n\pi, n\in\mathbb{Z}$ でも連続な関数となる．

1.3 x^2 のフーリエ展開と $\zeta(2)$

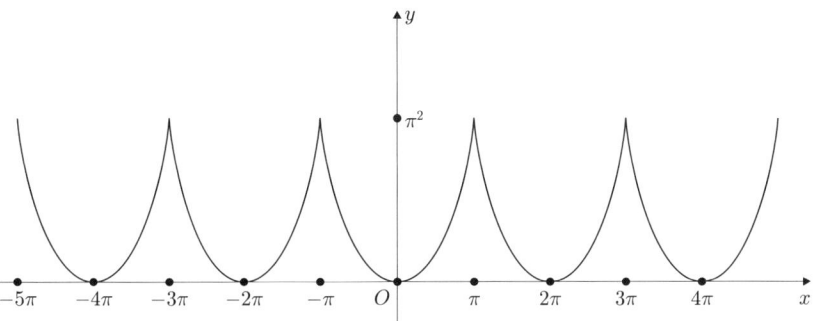

図 1.2 区間 $[-\pi, \pi]$ で定義された関数 $y=x^2$ を実数全体に周期関数として拡張する.

まず x^2 のフーリエ展開を求めてみよう.

—— 問題 9 ——

次の積分を計算せよ.
$$\int_{-\pi}^{\pi} x^2 \sin nx\, dx, \quad \int_{-\pi}^{\pi} x^2 \cos nx\, dx.$$

 問題 5 より
$$\int_{-\pi}^{\pi} x \sin nx\, dx = (-1)^{n+1} \frac{2\pi}{n}, \quad \int_{-\pi}^{\pi} x \cos nx\, dx = 0$$

が成り立つ.したがって部分積分((3.6)を参照のこと)により $n \neq 0$ のとき問題 5 の解より

$$\int_{-\pi}^{\pi} x^2 \sin nx\, dx = \left[\frac{-x^2 \cos nx}{n}\right]_{-\pi}^{\pi} + \frac{2}{n}\int_{-\pi}^{\pi} x \cos nx\, dx = 0$$

$$\int_{-\pi}^{\pi} x^2 \cos nx\, dx = \left[\frac{x^2 \sin nx}{n}\right]_{-\pi}^{\pi} - \frac{2}{n}\int_{-\pi}^{\pi} x \sin nx\, dx = (-1)^n \frac{4\pi}{n^2}$$

同様に $n=0$ のときは

$$\int_{-\pi}^{\pi} x^2\, dx = \left[\frac{x^3}{3}\right]_{-\pi}^{\pi} = \frac{2\pi^3}{3}$$

である.

第 1 章 ゼータ関数の 2 および 4 での値 ζ(2), ζ(4)

以上の考察によって x^2 は

$$\frac{\pi^2}{3} + 4\sum_{n=1}^{\infty} \frac{(-1)^n}{n^2} \cos nx$$

とフーリエ展開できることが分かった.しかも,区間 $[-\pi, \pi]$ の関数 x^2 を周期 2π の関数として $\mathbb{R}$ 上に拡張した関数 $g(x)$ は $n\pi$, $n\in\mathbb{Z}$ を除いたところでは微分可能であるので,定理 1.1 より,このフーリエ展開は $n\pi$, $n\in\mathbb{Z}$ を除いた点では収束して x^2 に等しいことが分かる.実は後に示すように $x=n\pi$ でもフーリエ展開の値は π^2 であることが分かる.

さて $(-\pi, \pi)$ での等式

$$x^2 = \frac{\pi^2}{3} + 4\sum_{n=1}^{\infty} \frac{(-1)^n}{n^2} \cos nx \tag{1.10}$$

の両辺に $x=0$ を代入すると

$$0 = \frac{\pi^2}{3} + 4\sum_{n=1}^{\infty} \frac{(-1)^n}{n^2}$$

が成り立つことがわかり,これを書き換えると

$$\sum_{n=1}^{\infty} \frac{(-1)^{n+1}}{n^2} = \frac{\pi^2}{12} \tag{1.11}$$

が成り立つことが分かる.この右辺で n が偶数と奇数の項に分けて計算する.その際に奇数の項の和を

$$S_{odd} = \sum_{m=1}^{\infty} \frac{1}{(2m-1)^2}$$

と記す.またゼータ関数の 2 での値

$$\zeta(2) = \sum_{n=1}^{\infty} \frac{1}{n^2} \tag{1.12}$$

を用いると

$$\sum_{m=1}^{\infty} \frac{1}{(2m)^2} = \frac{1}{4}\zeta(2)$$

であることが分かり,(1.11)は

$$S_{odd} - \frac{1}{4}\zeta(2) = \frac{\pi^2}{12} \tag{1.13}$$

と書くことができる．また同様に(1.12)を奇数の項と偶数の項に分けると

$$\zeta(2) = S_{odd} + \frac{1}{4}\zeta(2) \tag{1.14}$$

が成り立つ．この式(1.14)を整理すると

$$S_{odd} = \frac{3}{4}\zeta(2) \tag{1.15}$$

を得る．式(1.15)を式(1.13)に代入して

$$\zeta(2) = \sum_{n=1}^{\infty} \frac{1}{n^2} = \frac{\pi^2}{6} \tag{1.16}$$

が得られる．これがオイラーがはじめて求めた結果である．これを(1.15)に代入すると

$$S_{odd} = \sum_{n=1}^{\infty} \frac{1}{(2n-1)^2} = \frac{\pi^2}{8} \tag{1.17}$$

も得られる．

この結果を使ってフーリエ展開(1.10)の $x=\pi$ での値を計算してみよう．(1.10)の右辺に $x=\pi$ を代入すると

$$\frac{\pi^2}{3} + 4\sum_{n=1}^{\infty} \frac{1}{n^2} = \frac{\pi^2}{3} + 4 \cdot \frac{\pi^2}{6} = \pi^2$$

となり，等式(1.10)は $x=\pi$ でも成り立つことが分かる．またまったく同様に $x=-\pi$ でも等式は成り立つ．したがって $[-\pi, \pi]$ のすべての点でフーリエ級数は収束することが分かった．すなわち

$$x^2 = \frac{\pi^2}{3} + 4\sum_{n=1}^{\infty} \frac{(-1)^n}{n^2} \cos nx \tag{1.18}$$

が $[-\pi, \pi]$ で成り立つ．

1.4 収束の速さを測るには？

これまでの考察は各点での収束であった．(1.10)の右辺のフーリエ級数の収束の速さは点 $x \in [-\pi, \pi]$ によって変わってくるかもしれない．どのような速さで収束するかはフーリエ級数の部分和

第1章　ゼータ関数の2および4での値 $\zeta(2), \zeta(4)$

$$S_n[x^2](x) = \frac{\pi^2}{3} + 4\sum_{k=1}^{n}\frac{(-1)^k}{k^2}\cos kx$$

を考えて

$$\left|x^2 - S_n[x^2]\right| \tag{1.19}$$

が n が大きくなるにつれてどのように変わってくるかを調べる必要がある．そのためにはコーシーに始まるイプシロン・デルタ論法を使う必要がある(その詳細は第6章で述べる)．すなわち(1.19)は n が大きくなればどんどん小さくなることは分かるが，その小さくなり具合を調べようというわけである．そのために(1.19)を $\varepsilon > 0$ で押さえることができる最小の n が各 ε によって求めることができればよい．言い換えると $n \geq N$ であれば

$$\left|x^2 - S_n[x^2](x)\right| < \varepsilon$$

が成り立つような N を見つけることができればよい．収束の速さを考えるとは，ε をどんどん小さくしていく，たとえば $\varepsilon = 1/l$ として l をどんどん大きくしていくときに N がどのように変わるかを調べることである．

いきなり $\varepsilon > 0$ と書くとびっくりするかもしれないが，実際には $\varepsilon = 1/l$, $l = 1, 2, \ldots$ のように l を大きくすると小さくなっていく ε を考える．小さくなればよいので $\varepsilon = 1/2^m$, $m = 1, 2, 3, \ldots$ ととってもよい．とり方は無限にあるので，慣れてくると単に「任意に ε をとると」という言い方をする方が便利になる．

しかし，ここでは簡単のために $\varepsilon = 1/l$, $l = 1, 2, 3, \ldots$ を考えることにしよう．また記号を見やすくするために $f(x) = x^2$ とおこう．

すると $S_n[f](x)$ は n が大きくなるにつれて $f(x)$ に近づいていくので $\varepsilon = 1/l$ のときに，どのような n に対して

$$\left|f(x) - S_n[f](x)\right| < \frac{1}{l} \tag{1.20}$$

が成り立つかを考える．より正確には $n \geq N$ のときに不等式(1.20)が成り立つようにするには N をどのように選んだらよいかを考える．

N はもちろん l によって変わってくる可能性があるだけでなく，点 x によ

っても変わってくるであろう．そのことを強調するために $N=N(l,x)$ と記すことにしよう．この問題の意味を明確にするために次の問題を考えてみよう．

---- 問題 10 ----

区間 $[0,1]$ で関数 $f_n(x)=x^n$ を考える．さらに

$$f(x) = \begin{cases} 0 & (0 \leq x < 1) \\ 1 & (x = 1) \end{cases}$$

となる関数 $f(x)$ を定義する．このとき各点 $x \in [0,1]$ で

$$\lim_{n \to \infty} f_n(x) = f(x)$$

が成り立つ．各点における収束のスピードを考える．すなわち，各正整数 l に対して $n>N$ であれば

$$|f(x)-f_n(x)| < \frac{1}{l}$$

が常に成り立つように $N=N(l,x)$ を定めよ．

 $x=0$ のときは $f_n(0)=f(0)=0$ であるので l に関係なく $N(l,0)=1$ とすることができる．$x=1$ のときも $f_n(1)=f(1)=1$ であるので $|f(1)-f_n(1)|=0$ となり $N(l,1)=1$ ととることができる．

次に $0<x<1$ で考える．不等式

$$|f(x)-f_n(x)| = x^n < \frac{1}{l} \tag{1.21}$$

が成り立つためには

$$n \log x < -\log l$$

が成り立てばよい．$\log x<0$ であることに気をつければ

$$n > -\frac{\log l}{\log x}$$

となるが，これが言えれば不等式 (1.21) が成り立つ．よって

$$N(l,x) = -\frac{\log l}{\log x}$$

とおけばよいことが分かる．もし $N=N(l,x)$ として整数をとりたければ y を越えない最大の整数を $[y]$ と記すと（[ ] はガウス記号と呼ばれることがある）

$$N(l,x) = \left[-\frac{\log l}{\log x}\right]+1$$

とおけばよいことが分かる．

この問題で見つけた $N(l,x)$ は大変面白い特徴を持っている．それは $N(l,x)$ は点 x によって変わり，しかも

$$\lim_{x\to 1} N(l,x) = +\infty$$

となることである．これは $0<x<1$ が 1 に近くなればなるほど N を大きくしないと不等式 (1.20) が成り立たないことを意味する．言い換えると，x が 1 に近くなればなるほど収束 $f_n(x)\to f(x)$ のスピードが落ちることを意味する．その結果，極限の関数 $f(x)$ は $x=1$ で不連続となっている．すなわち，収束 $f_n(x)\to f(x)$ のスピードが点 x によって変わってくると，$f_n(x)$ が連続関数であっても極限の関数 $f(x)$ の連続性は保証されない．このように，収束のスピードを考える必要があることは 19 世紀後半になってはじめて自覚されるようになった．

さて本題に戻って $f_n(x)=S_n[f](x)=S_n[x^2](x)$ の収束のスピードを考えよう．等式 (1.10) がすべての $x\in[-\pi,\pi]$ で成り立っているので

$$f(x)-S_n[f](x) = \sum_{k=n+1}^{\infty} \frac{(-1)^k}{k^2}\cos kx$$

が成り立つ．したがって

$$|f(x)-S_n[f](x)| = \left|\sum_{k=n+1}^{\infty} \frac{(-1)^k}{k^2}\cos kx\right|$$
$$\leq \sum_{k=n+1}^{\infty} \left|\frac{(-1)^k}{k^2}\cos kx\right| \leq \sum_{k=n+1}^{\infty} \frac{1}{k^2}$$

が成り立つ．この最後の式は x に関係していない．実際にはこのことで収束のスピードは x によらずに一定に押さえられることが分かるが，はじめての

1.4 収束の速さを測るには？

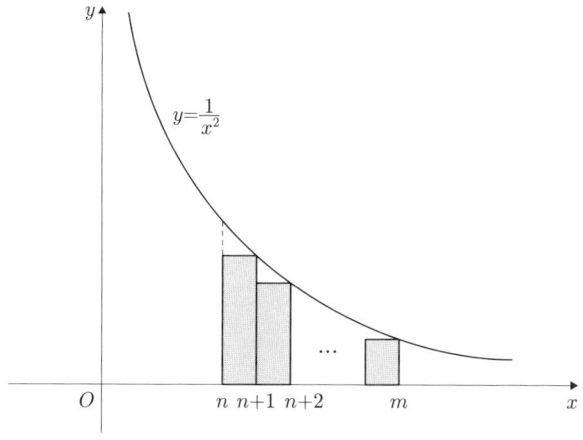

図 1.3 $y=\dfrac{1}{x^2}$ のグラフ．

読者のためにもう少し詳しく説明しておこう．

関数 $y=1/x^2$ のグラフを考える (図 1.3) ことによって

$$\sum_{k=n+1}^{m} \frac{1}{k^2} < \int_n^m \frac{1}{x^2}\,dx = \left[-\frac{1}{x}\right]_n^m = \frac{1}{n} - \frac{1}{m}$$

が成り立つことが分かり，

$$|f(x)-S_n[f](x)| < \sum_{k=n+1}^{\infty} \frac{1}{k^2} \le \frac{1}{n}$$

という評価式が得られる．したがって $N(l,x)=l$ にとればよい．すなわち

$$|f(x)-S_n[f](x)| < \frac{1}{l}, \quad \forall n > l \tag{1.22}$$

が成り立つことが分かる．このように問題 10 と違って，いまの場合 N は点 x によらず一定にとることができる．このようなときに収束 $f_n(x) \to f(x)$ は**一様収束**であるという．これは大変素性のよい収束であり，後に示すが連続関数列が一様収束すれば極限関数も連続であることが分かる (定理 6.12)．

1.5　$\zeta(4)$

$S_n[x^2]$ が区間 $[-\pi, \pi]$ で x^2 に一様収束することを使うと面白い結果を出すことができる．自然数 l に対して $n > l$ であれば $x^2 = f(x)$ とおくと

$$|f(x) - S_n[f](x)| < \frac{1}{l}$$

であった．したがって $n > l$ のとき

$$0 \leq \int_{-\pi}^{\pi} (f(x) - S_n[f](x))^2 \, dx < \int_{-\pi}^{\pi} \frac{1}{l^2} \, dx = \frac{2\pi}{l^2} \qquad (1.23)$$

が成り立つ．したがって

$$\lim_{n \to \infty} \int_{-\pi}^{\pi} (f(x) - S_n[f](x))^2 \, dx = 0$$

が成り立つ．一方，積分は直接計算することができる．(1.10) と問題 9 の結果を使えば

$$\int_{-\pi}^{\pi} (f(x) - S_n[f](x))^2 = \int_{-\pi}^{\pi} \left(x^2 - \frac{\pi^2}{3} - 4 \sum_{k=1}^{n} \frac{(-1)^k}{k^2} \cos kx \right)^2 dx$$

$$= \int_{-\pi}^{\pi} \left(x^2 - \frac{\pi^2}{3} \right)^2 dx$$

$$- 8 \sum_{k=1}^{n} \frac{(-1)^k}{k^2} \int_{-\pi}^{\pi} \left(x^2 - \frac{\pi^2}{3} \right) \cos kx \, dx$$

$$+ 16 \sum_{k,m=1}^{n} \frac{(-1)^k}{k^2} \frac{(-1)^m}{m^2} \int_{-\pi}^{\pi} \cos kx \cos mx \, dx$$

$$= \int_{-\pi}^{\pi} \left(x^4 - \frac{2\pi^2 x^2}{3} + \frac{\pi^4}{9} \right) dx - 8 \sum_{k=1}^{n} \frac{4\pi}{k^4} + 16 \sum_{k=1}^{n} \frac{\pi}{k^4}$$

$$= \left[\frac{x^5}{5} - \frac{2\pi^2 x^3}{9} + \frac{\pi^4 x}{9} \right]_{-\pi}^{\pi} - 16 \sum_{k=1}^{n} \frac{\pi}{k^4}$$

$$= \frac{2\pi^5}{5} - \frac{2\pi^5}{9} - 16 \sum_{k=1}^{n} \frac{\pi}{k^4}$$

$$= \frac{8\pi^5}{45} - 16 \sum_{k=1}^{n} \frac{\pi}{k^4}$$

が成り立つことが分かる．この最後の式は (1.23) より $2\pi/l^2$ でおさえられるの

で n が大きくなるに従って 0 に近づき

$$\lim_{n\to\infty} 16 \sum_{k=1}^{n} \frac{\pi}{k^4} = \frac{8\pi^5}{45}$$

が成り立ち，結局

$$\zeta(4) = \sum_{n=1}^{\infty} \frac{1}{n^4} = \frac{\pi^4}{90}$$

が成り立つことが分かった．これもオイラーによって得られた結果である．

ところで積分

$$\int_{-\pi}^{\pi} (x - S_n[x](x))^2 \, dx \tag{1.24}$$

も x^2 のときと同じように n が大きくなると 0 に近づくことが言えないであろうか．もしこれがいえれば $\zeta(2)$ の値を与える (1.17) が上のような工夫をしなくても，計算できることになる．この事実は正しいのであるが $S_n[x] \to x$ は一様収束しない（一様収束すれば x を周期 2π の関数として $\mathbb{R}$ 全体に拡張した関数 $g(x)$ は $x = \pm\pi$ で連続になることが示される）ので，上のような議論はできず，さらに面倒な議論が必要になる．実は次の重要な事実が成り立つことが知られている．

定理 1.2 区間 $[-\pi, \pi]$ で定義された実数値関数 $f(x)$ が

$$\int_{-\pi}^{\pi} f(x)^2 \, dx < +\infty$$

であれば

$$\lim_{n\to\infty} \int_{-\pi}^{\pi} (f(x) - S_n[f](x))^2 \, dx = 0$$

が成り立つ．したがって特に

$$\frac{1}{\pi} \int_{-\pi}^{\pi} f(x)^2 \, dx = \frac{a_0^2}{4} + \sum_{n=1}^{\infty} (a_n^2 + b_n^2)$$

が成り立つ．ただし，a_n, b_n は定理 1.1 で定義されたものである．

---

2 凸関数と微分

関数の 1 点の近くでの振る舞いを調べるために微分の考え方が有効である．この章では先ず，関数の増減を調べるのに微分が大切な働きをすることを示し，凸関数の性質を使って重要な不等式を証明する．さらに微分に関する一般的な事実を示した後に微分のさまざまな応用に触れる．

微分を定義するためには「近づく」ということの意味を正確にする必要がある．この章ではその部分は直感に頼りながら議論する．特に指数関数の定義や三角関数の微分は直感的には明らかなものを数学的に正確に扱おうとすると意外に面倒であることを指摘し，それをどのように解決することができるかについても述べる．

そして，こうした議論のもとになるのが実数のもつ基本的な性質(第 6 章の定理 6.2)であることを明らかにし，解析学がこの定理の上に成り立っていることを明らかにすることが本書の目的に一つである．

2.1 関数の増減と凸関数

次の問題を考えてみよう．

―― 問題 1 ――

正の実数 a, b, p に対して

$$A = (a+b)^p, \quad B = 2^{p-1}(a^p + b^p)$$

の大小関係を調べよ．

(東京工業大学)

第 2 章 凸関数と微分

解答 　この問題は関数の増減を調べることによって解くことができる．$x=b/a$ として $f(x)=A/a^p-B/a^p=(1+x)^p-2^{p-1}(1+x^p)$ を考えるか，もっと簡単には b を定数，a を変数と考えて，$g(x)=(x+b)^p-2^{p-1}(x^p+b^p)$ の関数の増減表を調べればよい．関数 x^p の微分が px^{p-1} であることを知っていれば

$$g'(x) = p(x+b)^{p-1}-2^{p-1}px^{p-1}$$

と計算できる（微分については次節で述べる）．さらに，$g'(x)>0$ であれば関数は単調増加し，$g'(x)<0$ であれば関数は単調減少することを使おう（このことは後に証明する）．

$p=1$ の場合は $A=B$ であるのでそれ以外を考える．$0<p<1$ の場合と $1<p$ の場合に分けて考える．

$0<p<1$ の場合には，$p-1<0$ であるので，$0<x<b$ であれば

$$g'(x) = p(x+b)^{p-1}-2^{p-1}px^{p-1} < p(2x)^{p-1}-2^{p-1}px^{p-1} = 0$$

であり，$b<x$ であれば

$$g'(x) = p(x+b)^{p-1}-2^{p-1}px^{p-1} > p(2x)^{p-1}-2^{p-1}px^{p-1} = 0$$

が成り立つ．したがって次の増減表を作ることができる．

x	0		b	
$g'(x)$		$-$	0	$+$
$g(x)$	$+$	↘	0	↗

これより関数 $g(x)$ は，$x\geq 0$ では $x=b$ で最小となり，最小値 0 をとり，$x\neq b$ では $g(x)>0$ であることが分かる．$g(a)=A-B$ であるので，したがって $a\neq b$ のとき $A>B$，$a=b$ のとき $A=B$ であることが分かる．

一方 $p>1$ であれば，上と同様に $0<x<b$ であれば $g'(x)>0$，また $b<x$ であれば $g'(x)<0$ となり増減表は

x		0		b	
$g'(x)$	$+$	$+$	0	$-$	
$g(x)$	$-$	↗	0	↘	

となる．したがって $a \neq b$ のとき $A<B$，$a=b$ のとき $A=B$ であることが分かる．以上まとめて

$$0<p<1 \text{ のとき } A \geq B \quad (\text{等号は } a=b \text{ のとき})$$
$$p=1 \text{ のとき } A=B$$
$$p>1 \text{ のとき } A \leq B \quad (\text{等号は } a=b \text{ のとき})$$

が得られる．

上で使った単調増加，単調減少を復習しておこう．開区間 $I=(c,d)=\{x|c<x<d\}$ で定義された関数 $f(x)$ は $c<x_1<x_2<d$ であれば

$$f(x_1) \leq f(x_2)$$

が成り立つとき**単調増加関数**といい，$f(x)$ は区間 I で**単調増加**であるという．逆向きの不等号

$$f(x_1) \geq f(x_2)$$

が成り立つときは**単調減少関数**といい，$f(x)$ は区間 I で**単調減少**であるという．

単調増加関数 $f(x)$ が区間 I で微分可能な場合を考える．この場合，$h>0$ のとき

$$f(x+h)-f(x) \geq 0$$

$h<0$ のときは

$$f(x+h)-f(x) \leq 0$$

より

第 2 章　凸関数と微分

$$\frac{f(x+h)-f(x)}{h} \geq 0$$

が成り立つ．したがって

$$f'(x) = \lim_{h \to 0} \frac{f(x+h)-f(x)}{h} \geq 0$$

が成り立つ．この逆も成り立つ．その事実を上で使った．

> **定理 2.1**　開区間 $I=(c,d)$ で定義され，この区間で微分可能な関数が単調増加(単調減少)であるための必要十分条件はこの区間で $f'(x) \geq 0$ ($f'(x) \leq 0$) が成り立つことである．

この定理の証明には後に述べる平均値の定理 2.8 を使う．

[証明]　必要条件は上で示した．十分条件を示すために $f'(x) \geq 0$ が区間 I で成立していると仮定する．平均値の定理(定理 2.8)より，$x_1 < x_2$ のとき

$$\frac{f(x_2)-f(x_1)}{x_2-x_1} = f'(\xi), \quad x_1 < \xi < x_2$$

となる ξ が存在する．仮定より $f'(\xi) \geq 0$ であるので

$$f(x_2)-f(x_1) \geq 0$$

これが区間内の任意の 2 点 $x_1 < x_2$ で成り立つので $f(x)$ は単調増加関数である．単調減少関数に関しても同様に証明できる．　　　【証明終】

ところで，上の問題の解答では問題がただ解けただけで，問題の本質が理解できたとは言い難い．そもそも，なぜ B に 2^{p-1} が出てきているのかに疑問を抱かなければならない．その理由がわかれば，この問題はまったく違った様相を見せてくる．

B を 2^p で割れば

$$\frac{a^p+b^p}{2}$$

となり，a^p と b^p の平均となる．一方，A を 2^p で割れば

$$\left(\frac{a+b}{2}\right)^p$$

2.1 関数の増減と凸関数

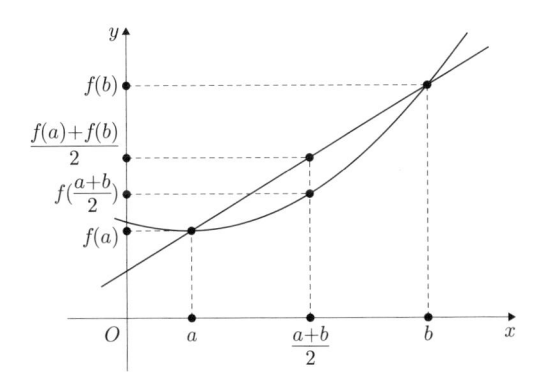

図2.1 関数 $y=f(x)$ が下に凸であれば
$f(\frac{a+b}{2}) \leq \frac{f(a)+f(b)}{2}$.

となる．この両者の形を見て $f(x)=x^p$ とおけば $\frac{f(a)+f(b)}{2}$ と $f(\frac{a+b}{2})$ の大小関係を問う問題に変わる．グラフを描いてみるとこの問題の意味は一目瞭然である．

図 2.1 のように関数のグラフが $[a,b]$ を含む区間で下に凸であれば，a,b の中間の点 $\frac{a+b}{2}$ での関数の値 $f(\frac{a+b}{2})$ は $f(a)$ と $f(b)$ の平均 $\frac{f(a)+f(b)}{2}$ より小さい．一方，この逆に図 2.2 のように関数のグラフが $[a,b]$ を含む区間で上に凸であれば，a,b の中間の点 $\frac{a+b}{2}$ での関数の値 $f(\frac{a+b}{2})$ は $f(a)$ と $f(b)$ の平均 $\frac{f(a)+f(b)}{2}$ より大きい．

このように，上の問題は関数 $f(x)=x^p$ が上に凸であるか，下に凸であるか，関数のグラフの形を問う問題に帰着することが分かる．

一般に区間 (c,d) で定義された関数 $f(x)$ は，この関数のグラフ上の任意の 2 点を結ぶ線分が関数のグラフより上にあるとき**凸関数**，より正確には**下に凸な関数**という．

さて，これからの議論は微分の考え方をさらに使うので，高校で学ぶ微分を簡単に復習しておこう．微分をきちんと定義するためには極限をきちんと議論する必要があるが，ここではとりあえず，「限りなく近づく」という素朴な考え方で押し通すことにする．やがて，その素朴な考え方で通用しない事態が生じるが，そのときになれば逆に極限を厳密に定義する必要性が分かるようにな

第 2 章 凸関数と微分

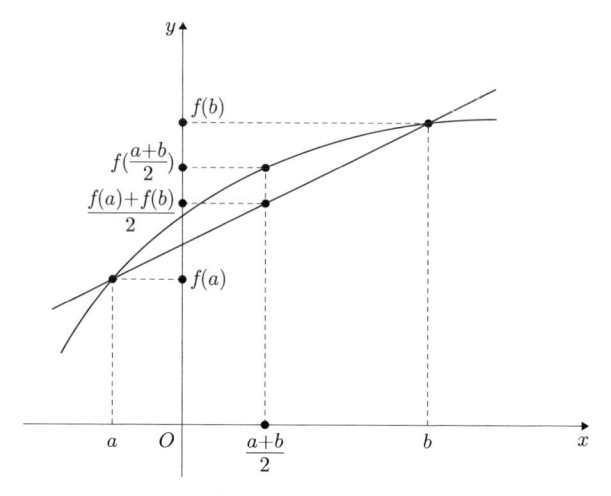

図 2.2 関数 $y=f(x)$ が上に凸であれば $f(\frac{a+b}{2}) \geq \frac{f(a)+f(b)}{2}$.

るので，それまでは高校で学ぶ素朴な考え方を使うことにしよう．

2.2 微 分

前節で微分の考え方を既に使ったが，ここで微分をもう一度復習しておこう．私たちのまわりには変化するものがたくさんある．そうしたものの時々刻々の変化は時間 x の関数 $f(x)$ として表わすことができる．このとき，時間 x_0 からごく短い時間間隔 h の間の変化は

$$f(x_0+h) - f(x_0)$$

で表わされ，間隔 h の間の平均の変化の割合（平均変化率）は

$$\frac{f(x_0+h) - f(x_0)}{h} \tag{2.1}$$

である．瞬間的な変化の割合は h をどんどん小さくしていくとき (2.1) が近づいていく値と考えられる．このことを

$$\lim_{h \to 0} \frac{f(x_0+h)-f(x_0)}{h} \tag{2.2}$$

と記す．ときにはこの値が存在しないこともあるが，この値が存在するときに $f(x)$ は $x=x_0$ で**微分可能**といい，その値を $f'(x_0)$ や $\dfrac{df(x_0)}{dx}$ などと記し，点 x_0 での**微係数**または**微分係数**という．

たとえば関数 $f(x)$ が1次関数

$$f(x) = ax+b$$

のときは

$$f(x_0+h)-f(x_0) = ah$$

となり平均変化率

$$\frac{f(x_0+h)-f(x_0)}{h} = \frac{ah}{h} = a$$

は一定となる．したがって h を 0 に近づけるまでもなく $f'(x_0)=a$ となり，微係数は x によらず一定である．一方

$$f(x) = ax^2$$

と2次関数のときは

$$f(x_0+h)-f(x_0) = 2ax_0 h + ah^2$$

より

$$\frac{f(x_0+h)-f(x_0)}{h} = 2ax_0 + ah$$

である．したがって h をどんどん小さくしていくと ah もどんどん小さくなるので

$$\lim_{h \to 0} \frac{f(x_0+h)-f(x_0)}{h} = 2ax_0$$

であることが分かる．

関数 $f(x)$ がすべての x で微分可能であれば，x に対して $f'(x)$ を対応させ

第 2 章 凸関数と微分

ることによって関数 $f'(x)$ が定まる．これを関数 $f(x)$ の**導関数**という．導関数は $\dfrac{df(x)}{dx}$ と記すことも多い．

導関数 $f'(x)$ が点 x_0 で微分可能であれば，点 x_0 での微分係数を $f''(x_0)$ または $\dfrac{d^2 f(x_0)}{dx^2}$ と記し，$f(x)$ の点 x_0 での **2 次微分係数**という．すべての点で $f'(x)$ が微分可能のとき，$f'(x)$ の導関数を $f''(x)$ または $\dfrac{d^2 f(x)}{dx^2}$ と記し，$f(x)$ の **2 次(2 階)導関数**という．

以下同様に 3 次以上の微分係数，3 次(3 階)以上の導関数を定義することができる．一般に点 x_0 での n 次の微分係数を $f^{(n)}(x_0)$，n 次(n 階)の導関数を $f^{(n)}(x)$ または $\dfrac{d^n f(x)}{dx^n}$ と記す．また，以下で $f(x)$ を $f^{(0)}(x)$ と記すことがある．

次の問題の結果は既に上の解法で使った．

―― 問題 2 ――――――――――――――――――――――――

m が正整数のとき関数 $f(x)=x^m$ の n 次導関数を求めよ．

解答 二項定理によって

$$(x+h)^m = x^m + mx^{m-1}h + \binom{m}{2}x^{m-2}h^2 + \cdots + mxh^{m-1} + h^m$$

が成り立つので

$$\frac{(x+h)^m - x^m}{h} = mx^{m-1} + \sum_{k=2}^{m} \binom{m}{k} x^{m-k} h^{k-1}$$

$$= mx^{m-1} + h \sum_{k=2}^{m} \binom{m}{k} x^{m-k} h^{k-2}$$

となり，

$$\lim_{h \to 0} \frac{(x+h)^m - x^m}{h} = mx^{m-1}$$

が得られる．すなわち

$$f'(x) = mx^{m-1}$$

が得られる．$f'(x)$ をさらに微分すると

$$f''(x) = m(m-1)x^{m-2}$$

となる．以下これを繰り返して $n \leq m$ のとき

$$f^{(n)}(x) = m(m-1)\cdots(m-n+1)x^{m-n}$$

を示すことができる．したがって $f^{(m)}(x)$ は定数関数 $m!$ となるので，$n > m$ であれば

$$f^{(n)}(x) = 0$$

である．

関数 $y=f(x)$ のグラフを描けば，微分係数 $f'(x_0)$ の幾何学的な意味が明らかになる．

$$\frac{f(x_0+h)-f(x_0)}{h}$$

はグラフの2点 $(x_0, f(x_0))$, $(x_0+h, f(x_0+h))$ を通る直線の傾きを表わし，したがって $h \to 0$ の極限は点 $(x_0, f(x_0))$ での接線の傾きを表わす（図2.3）．このことから接線を引けないグラフの点では関数は微分できないことが分かる．たとえば $y=|x|$ のグラフでは原点 $(0,0)$ で接線を引くことができない（図2.4）．また不連続点でも接線を引くことができないから微分できない．さらに2次の微分係数は折れ線の傾きの変化の度合いを表わしていると解釈することができる．このことは凸関数を考えるときに大切な役割をする．

次の問題を解く前に，関数の連続性の定義を復習しておこう．

> **定義 2.1** 区間 $(a,b)=\{x|a<x<b\}$ で定義された関数 $f(x)$ が点 $x_0 \in (a,b)$ で
>
> $$\lim_{x \to x_0} f(x) = f(x_0)$$
>
> が成り立つときに関数 $f(x)$ は点 x_0 で**連続**であるという．区間 (a,b) のすべての点で $f(x)$ が連続のとき $f(x)$ は区間 (a,b) で連続であるという．

第 2 章 凸関数と微分

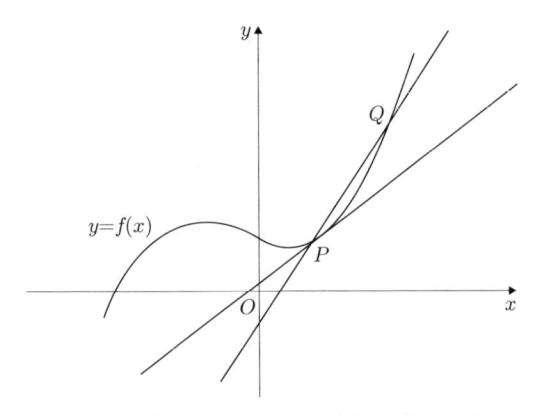

図 2.3 グラフ上の点 Q が点 P に近づくときに点 P, Q を結ぶ直線は点 P での接線に近づく．微分係数は接線の傾きと解釈できる．

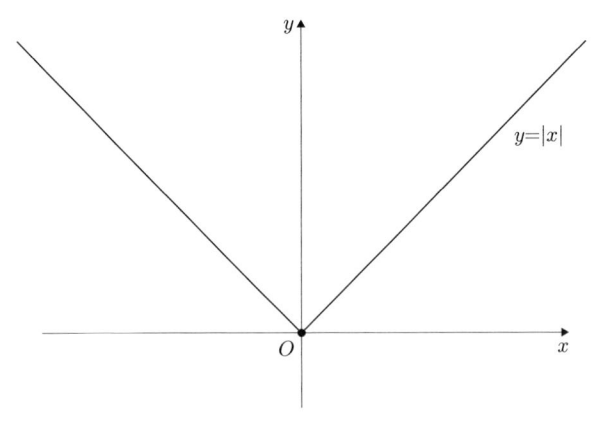

図 2.4 $y=|x|$ は原点で接線を持たない．

---- 問題 3 ----

区間 (a,b) の各点で微分可能な関数 $f(x)$ は，この区間で連続であることを示せ． (神戸大学 改題)

素朴に考えれば，次のように解答を与えることができる．点 $c \in (a,b)$ に対して

$$\lim_{x \to c} f(x) = A$$

とおく．もし $A \neq f(c)$ であれば

$$\lim_{h \to 0} \frac{f(c+h)-f(c)}{h} = \lim_{h \to 0} \frac{A-f(c)}{h}$$

となって極限が存在せず，点 c で微分可能という仮定に反する．したがって $A=f(c)$ でなければならない．これで完璧と思いたいが実は $\lim_{x \to c} f(x)$ が存在することを仮定していて不十分である．

解答 $|h|>0$ が十分小さいときに

$$\frac{f(c+h)-f(c)}{h} = f'(c)+A(h)$$

とおくと，$A(h)$ は h の関数となる．$f(x)$ が $x=c$ で微分可能であることは

$$\lim_{h \to 0} A(h) = 0$$

であることを意味する．したがって

$$f(c+h) = f(c)+f'(c)h+A(h)h$$

が成り立つことから

$$\lim_{h \to 0} f(c+h) = f(c)$$

となり $f(x)$ は点 c で連続である．

ほとんど先にのべた解答と変わらないように思われるが，この解答では $\lim_{x \to c} f(x)$ が存在することを仮定していないことに注意したい．

ところで微分の定義から微分が次の性質（線形性）をもつことは明らかであろう．

定理 2.2 $f(x), g(x)$ が点 c で微分可能であれば，任意の実数 α, β に対して $\alpha f(x)+\beta g(x)$ は点 $x=c$ で微分可能であり

第 2 章 凸関数と微分

$$\frac{d(\alpha f+\beta g)}{dx}(c) = \alpha f'(c)+\beta g'(c)$$

が成り立つ．

重要な関数の導関数を記しておく．三角関数と指数関数，対数関数の微分については節を改めて説明する．

$$\frac{dx^n}{dx} = nx^{n-1} \tag{2.3}$$

$$\frac{d\sin x}{dx} = \cos x \tag{2.4}$$

$$\frac{d\cos x}{dx} = -\sin x \tag{2.5}$$

$$\frac{de^x}{dx} = e^x \tag{2.6}$$

$$\frac{d\log x}{dx} = \frac{1}{x} \tag{2.7}$$

また，積の微分

$$\frac{d}{dx}(f(x)g(x)) = f'(x)g(x)+f(x)g'(x) \tag{2.8}$$

は次のようにして証明できる．

$$\lim_{h\to 0}\frac{f(x+h)g(x+h)-f(x)g(x)}{h}$$
$$= \lim_{h\to 0}\frac{f(x+h)g(x+h)-f(x)g(x+h)+f(x)g(x+h)-f(x)g(x)}{h}$$
$$= \lim_{h\to 0}\left(\frac{f(x+h)-f(x)}{h}\right)g(x+h)+\lim_{h\to 0}f(x)\left(\frac{g(x+h)-g(x)}{h}\right)$$
$$= f'(x)g(x)+f(x)g'(x)$$

同様に $g(x)$ が 0 にならないとき商の微分は

$$\frac{d}{dx}\left(\frac{f(x)}{g(x)}\right) = \frac{f'(x)g(x)-f(x)g'(x)}{g(x)^2} \tag{2.9}$$

となる．これは読者の演習問題としよう（章末の演習問題とその解答を参照のこと）．

2.2 微分

ところで微分の計算では合成関数の微分を使うと簡単に計算できる場合が多い．$f(x)$, $x=g(t)$ のとき，$F(t)=f(g(t))$ の微分は

$$F'(t) = f'(g(t))g'(t) \tag{2.10}$$

で与えられる．これは次のように考えれば納得できるであろう．h が十分小さければ

$$g(t+h) = g(t)+\Delta x$$

と書いたときに Δx も小さいと考えられる．したがって

$$\frac{F(t+h)-F(t)}{h} = \frac{f(g(t+\Delta x))-f(g(t))}{\Delta x} \frac{g(t+h)-g(t)}{h}$$

と書けるので，$h \to 0$ とすると $\Delta x \to 0$ と考えられるので

$$F'(t) = f'(g(t))g'(t)$$

が得られる．実は h の値によっては $\Delta x=0$ になることがあるので上の議論は問題 3 の解法にならって少し修正する必要がある．

合成関数の微分を使えば，任意の実数 a に対して $x>0$ で

$$\frac{dx^a}{dx} = ax^{a-1} \tag{2.11}$$

を示すことができる．ここで x^a は

$$x^a = e^{a \log x} \tag{2.12}$$

で定義される関数である．この関数の微分はていねいに計算を記すと

$$\frac{dx^a}{dx} = \frac{de^{a \log x}}{dx} = e^{a \log x} \frac{d\, a \log x}{dx} = e^{a \log x} \cdot \frac{a}{x} = \frac{ax^a}{x} = ax^{a-1}$$

となる．結果は a が整数の場合と同じである．

さて以上の直感的な説明をもとに入試問題をいくつか解いてみよう．

---- 問題 4 ----

関数 $f(x)$ はすべての実数に対して定義され微分可能であって $f(0)=0$ となるものとする．このとき

第 2 章　凸関数と微分

$$g(x) = \begin{cases} \dfrac{f(x)}{x} & (x \neq 0 \text{ のとき}) \\ f'(0) & (x = 0 \text{ のとき}) \end{cases}$$

とおけば $g(x)$ は $x=0$ において連続となる．このことを微分係数の定義を用いて証明せよ．　　　　　　　　　　　　　　　　　（慶応義塾大学医学部）

解答　連続性の定義から，この問題は

$$\lim_{x \to 0} g(x) = g(0)$$

がいえればよいことが分かる．このことは，$f(x)$ は $x=0$ で微分可能であり，$f(0)=0$ であるので $x \neq 0$ のとき

$$\lim_{x \to 0} g(x) = \lim_{x \to 0} \frac{f(x)}{x} = \lim_{x \to 0} \frac{f(0+x) - f(0)}{x}$$
$$= f'(0) = g(0)$$

が成り立つことから示される．

── 問題 5 ──

1. $f(x)$ が $x=a$ で微分可能な関数であるとき，式

$$\lim_{h \to 0} \frac{f(a+5h) - f(a+3h)}{h}$$

を $f'(a)$ を用いて表わせ．　　　　　　　　　　　（東北学院大学　類題）

2. 次の極限値を求めよ．

$$\lim_{n \to \infty} n\left(3^{\frac{1}{n}} - 1\right)$$

（小樽商科大学）

3. 関数 $y = \log(x + \sqrt{x^2+1})$ を微分せよ．　　　　　（成蹊大学工学部）

解答　1.　$\displaystyle f'(a) = \lim_{h \to 0} \frac{f(a+h) - f(a)}{h}$

より，上の最初の問題は

$$\begin{aligned}
\lim_{h\to 0}\frac{f(a+5h)-f(a+3h)}{h} &= \lim_{h\to 0}\frac{(f(a+5h)-f(a))-(f(a+3h)-f(a))}{h}\\
&= \lim_{h\to 0}\frac{f(a+5h)-f(a)}{h}-\lim_{h\to 0}\frac{f(a+3h)-f(a)}{h}\\
&= \lim_{5h\to 0}5\cdot\frac{(f(a+5h)-f(a))}{5h}\\
&\quad -\lim_{3h\to 0}3\cdot\frac{(f(a+3h)-f(a))}{3h}\\
&= 5f'(a)-3f'(a)=2f'(a)
\end{aligned}$$

と計算できることが分かる．

2. 指数関数 3^x の微分と関係している．指数関数，対数関数は本章 6 節で定義するが，ここではとりあえず

$$F(x)=3^x=e^{(\log 3)x}$$

であることを使う．

$$\lim_{n\to\infty}n\left(3^{\frac{1}{n}}-1\right)=\lim_{n\to\infty}\frac{3^{\frac{1}{n}}-1}{\frac{1}{n}}=\lim_{h\to 0}\frac{3^h-1}{h}=F'(0)=\log 3$$

ただし，ここで指数関数の微分 (2.6) と合成関数の微分 (2.10) を使った．

3. 対数関数の微分 (2.7) と合成関数の微分を使えばよい．

$$\begin{aligned}
\frac{d}{dx}\log(x+\sqrt{x^2+1}) &= \frac{1}{x+\sqrt{x^2+1}}\left(1+\frac{1}{2}\cdot\frac{2x}{\sqrt{x^2+1}}\right)\\
&= \frac{1}{\sqrt{x^2+1}}
\end{aligned}$$

2.3 凸関数

以上の準備のもとに再び問題 1 を考えよう．そのためには x^p が凸関数になるか否かが問題であった．

凸関数 (下に凸な関数) に関しては次の定理が基本的である．

第 2 章 凸関数と微分

コラム 2.1 多変数関数の微分

2 変数の関数 $f(x,y)$ はたとえば y を固定して考えれば x を変数とする関数となり微分を考えることができる．$y=y_0$ で $f(x,y_0)$ が $x=x_0$ で微分可能のとき $f(x,y)$ は点 (x_0,y_0) で x に関して**偏微分可能**であるといい，微分係数（より正確には偏微分係数）を

$$\frac{\partial f}{\partial x}(x_0, y_0), \quad f_x(x_0, y_0)$$

などと記す．同様に $f(x_0,y)$ が $y=y_0$ で微分可能なときは $f(x,y)$ は点 (x_0,y_0) で y に関して偏微分可能であるといい，その偏微分係数を

$$\frac{\partial f}{\partial y}(x_0, y_0), \quad f_y(x_0, y_0)$$

などと記す．関数 $f(x,y)$ が定義されているすべての点，あるいはその一部分のすべての点 (x,y) で x に関して偏微分可能であれば，偏微分係数は 2 変数の関数となる．これを $f(x,y)$ の x に関する**偏導関数**といい

$$f_x(x, y), \quad \frac{\partial f}{\partial x}(x, y)$$

などと記す．同様に y に関する偏導関数

$$f_y(x, y), \quad \frac{\partial f}{\partial y}(x, y)$$

などと記す．$f_x(x,y)$ がさらに x に関して偏微分可能であるとき，その偏微分係数を

$$f_{xx}(x, y), \quad \frac{\partial^2 f}{\partial x^2}(x, y)$$

などと記し，**2 階偏導関数**という．また $f_x(x,y)$ がさらに y に関して偏微分可能であるとき，その偏微分係数を

$$f_{xy}(x, y), \quad \frac{\partial^2 f}{\partial y \partial x}(x, y)$$

などと記す．f_{xy} と $\dfrac{\partial^2 f}{\partial y \partial x}$ の x,y の順序に注意する．f に近い方の文字が最初に偏微分する変数であると考える．したがって $f_{xy}(x,y)$ と $f_{yx}(x,y)$ とは定義が異なる．前者は関数 $f(x,y)$ をまず x に関して偏微分し，次に y に関して偏微分したもので，後者は $f(x,y)$ をまず y に関して偏微分し，次に x に関

して偏微分したものである．この両者は関数として多くの場合は一致するが，異なる場合もあるので注意を要する．このように 2 階偏導関数は $f_{xy}(x,y)$, $f_{xy}(x,y)$, $f_{yx}(x,y)$, $f_{yy}(x,y)$ の 4 種類が考えられる．さらに高階の偏導関数も考えることができる．関数

$$f(x,y) = \begin{cases} \dfrac{xy}{x^2+y^2} & (x,y) \neq (0,0) \\ 0 & (x,y) = (0,0) \end{cases}$$

を考えてみよう．直線 $y=mx$ 上で (x,y) を原点 $(0,0)$ に近づけると $x \neq 0$ のとき $f(x,mx)=m/2$ より $m/2$ に近づく．したがって $(x,y) \to (0,0)$ のとき $f(x,y)$ は近づき方によって異なる値に収束するので $f(x,y)$ は原点では連続でない．一方 $f(x,0)=0$ であるので $f(x,y)$ は原点で x に関して偏微分可能であり

$$f_x(0,0) = 0$$

である．同様に原点では y に関しても偏微分可能であり

$$f_y(0,0) = 0$$

である．このように連続でない点でも偏微分可能になることがあり，偏微分可能であることは 1 変数の場合の微分可能であることより弱い概念であることが分かる．

また $(x,y) \neq (0,0)$ のときも $f(x,y)$ は x に関しても y に関しても偏微分可能であり

$$f_x(x,y) = \frac{-x^2y+y^3}{(x^2+y^2)^2}$$

$$f_y(x,y) = \frac{x^3-xy^2}{(x^2+y^2)^2}$$

である．これより $(x,y) \neq (0,0)$ のとき

$$f_{xy}(x,y) = \frac{-x^4+6x^2y^2-y^4}{(x^2+y^2)^3}$$

$$f_{yx}(x,y) = \frac{-x^4+6x^2y^2-y^4}{(x^2+y^2)^3}$$

であることが分かり，$f_{xy}(x,y)=f_{yx}(x,y)$ である．しかし，$f_x(0,y)=\dfrac{1}{y}$,

第 2 章 凸関数と微分

$f_y(x,0) = \dfrac{1}{x}$ より $(0,0)$ では $f_{xy}(0,0)$, $f_{yx}(0,0)$ は存在しない.

1 変数関数の微分可能性に対応する概念は次のように定義される.

関数 $f(x,y)$ が点 (x_0, y_0) およびその近くで定義されているとする. 定数 α, β をうまくとって

$$f(x,y) = f(x_0, y_0) + \alpha(x-x_0) + \beta(y-y_0) + \varepsilon(x,y;x_0,y_0)$$

かつ

$$\lim_{(x,y) \to (x_0,y_0)} \frac{\varepsilon(x,y;x_0,y_0)}{\sqrt{(x-x_0)^2 + (y-y_0)^2}} = 0$$

とすることができるとき $f(x,y)$ は点 (x_0, y_0) で微分可能または**全微分可能**であるという. このとき

$$\lim_{(x,y) \to (x_0,y_0)} f(x,y) = f(x_0, y_0)$$

であるので $f(x,y)$ は点 (x_0, y_0) で連続である. また $f(x,y)$ は点 (x_0, y_0) で x と y に関して偏微分可能であり

$$f_x(x_0, y_0) = \alpha, \quad f_y(x_0, y_0) = \beta$$

であることが分かる.

以上のことは 3 変数以上の関数に対しても拡張することができる.

定理 2.3 関数 $f(x)$ の 2 階導関数が存在する場合には次のことが成り立つ.

(1) 区間内で常に $f''(x) \geq 0$ であれば $f(x)$ は下に凸な関数である. さらに区間内で常に $f''(x) > 0$ であれば $f(x)$ は狭義の凸関数, すなわち区間内の任意の 2 点 $x_1 < x_2$ に対して常に

$$f\left(\frac{x_1+x_2}{2}\right) < \frac{f(x_1) + f(x_2)}{2}$$

が成り立つ.

(2) $f(x)$ が下に凸な関数であれば区間内で常に $f''(x) \geq 0$ である.

上に凸な関数の場合は, この定理の不等号と反対の不等号が成立する.

この定理は直感的には明らかである. $f''(x) \geq 0$ であれば定理 2.1 より $f'(x)$

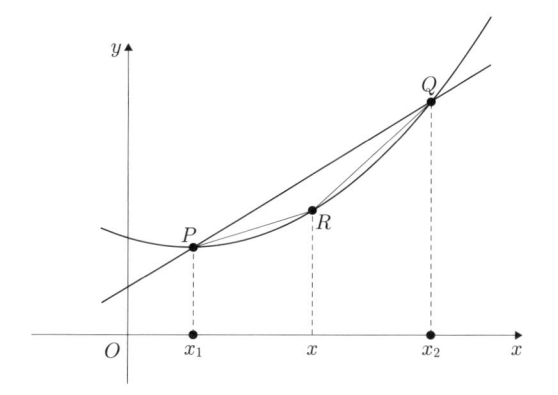

図 2.5 下に凸な関数 $y=f(x)$ では $P=(x_1,f(x_1))$, $Q=(x_2,f(x_2))$, $R=(x,f(x))$ とおくと，線分 PR の傾き<線分 PQ の傾き<線分 RQ の傾き，が成り立つ．

は単調増加関数である．$f'(x)$ は点 x での関数 $y=f(x)$ の接線の傾きを表わすので，傾きが増加していくことはグラフを考えれば関数が下に凸であることを意味している（図 2.5）．厳密に証明するためには平均値の定理（定理 2.8）が必要となる．

[問題 1 の別解] 定理 2.3 を $f(x)=x^p$ に適用すると

$$f''(x) = p(p-1)x^{p-2}$$

であるので $x>0$ では $p>1$ のとき $f''(x)>0$, $0<p<1$ のとき $f''(x)<0$ となり，それぞれ下に凸，上に凸な関数となり，これで A,B の間の不等号が求まる．すなわち $p>1$ であれば

$$\left(\frac{a+b}{2}\right)^p \leq \frac{a^p+b^p}{2}$$

したがって $A \leq B$ となり，$0<p<1$ であれば

$$\left(\frac{a+b}{2}\right)^p \geq \frac{a^p+h^p}{2}$$

したがって $A \geq B$ となる．さらに $x>0$ で $g''(x) \neq 0$ であるので $a \neq b$ のとき真の不等号であることも定理より分かる．

第 2 章　凸関数と微分

このように，問題の背後に何があるかを真剣に考えれば，ほとんど計算することもなく問題を解くことができる．問題を解くことは，単に正解を求めることではなく，問題の背後にある数学の考え方を見出すことである．この大切な訓練が現在の学校教育から失われていることは日本の将来にとって重大なことである．

── 問題 6 ──────────────────────────

ある区間 I で定義された関数 $f(x)$ が下に凸であるための必要十分条件は，区間内の点 $x_1<x<x_2$ に対して $y=f(x), y_1=f(x_1), y_2=f(x_2)$ とおくと

$$\frac{y-y_1}{x-x_1} \leq \frac{y_2-y}{x_2-x}$$

が常に成り立つことである．またこの条件は

$$\begin{vmatrix} 1 & 1 & 1 \\ x_1 & x & x_2 \\ y_1 & y & y_2 \end{vmatrix} \geq 0$$

と同値であることを示せ．

解答　図 2.5 とそこの記号を使う．関数 $f(x)$ が下に凸であるための必要十分条件は

$$\text{線分 } PR \text{ の傾き} \leq \text{線分 } RQ \text{ の傾き}$$

が区間内の任意の 3 点 $x_1<x<x_2$ で成り立つことである．ただし $P=(x_1, y_1), R=(x,y), Q=(x_2,y_2)$ とおいた．ところでこの条件は

$$\frac{y-y_1}{x-x_1} \leq \frac{y_2-y}{x_2-x}$$

に他ならない．一方，上の行列式を計算してみると

$$\begin{vmatrix} 1 & 1 & 1 \\ x_1 & x & x_2 \\ y_1 & y & y_2 \end{vmatrix} = \begin{vmatrix} 1 & 1 & 0 \\ x_1 & x & x_2-x \\ y_1 & y & y_2-y \end{vmatrix}$$

$$= \begin{vmatrix} 1 & 0 & 0 \\ x_1 & x-x_1 & x_2-x \\ y_1 & y-y_1 & y_2-y \end{vmatrix} = (x-x_1)(y_2-y)-(x_2-x)(y-y_1) \geq 0$$

となり，これは上の不等式と同値である．

さて，本題に戻って，凸関数に関する上の定理 2.3 を証明しよう．すでに述べたように直感的には下に凸な関数の場合，各点での折れ線の傾き $f'(x)$ は増加していくので $f''(x) \geq 0$ となると考えられる．この直感をどのようにして数学の証明に結びつけるかが問題である．

[定理 2.3 の証明]　(1) 区間内に $x_1 < x_2$ ととると $f'(x)$ に次節 2.4 で述べる平均値の定理 2.8 を適用して

$$\frac{f'(x_2)-f'(x_1)}{x_2-x_1} = f''(\xi), \quad x_1 < \xi < x_2$$

が成り立つように ξ を見出すことができる．仮定より $f''(\xi) \geq 0$ なので

$$f'(x_1) \leq f'(x_2), \quad x_1 < x_2$$

が区間内で常に成り立ち，$f'(x)$ は単調増加関数である．次に区間 $[x_1, x]$ と $f(x)$ に対して平均値の定理を適用すると

$$\frac{f(x)-f(x_1)}{x-x_1} = f'(\xi_1), \quad x_1 < \xi_1 < x$$

が成り立つように ξ_1 を見出すことができ，同様に

$$\frac{f(x_2)-f(x)}{x_2-x} = f'(\xi_2), \quad x < \xi_2 < x_2$$

が成り立つように ξ_2 を見出すことができる．$\xi_1 < \xi_2$ であるので $f'(\xi_1) \leq f'(\xi_2)$ が成り立ち，したがって

$$\frac{f(x)-f(x_1)}{x-x_1} \leq \frac{f(x_2)-f(x)}{x_2-x}$$

が成り立つ．したがって問題 6 より $f(x)$ は下に凸な関数である．特に $f''(x) > 0$ であれば，上の不等式で真の不等号が成り立つ．

(2) 区間内に $x_1<x<x_2$ となるように点 x をとり，$y_1=f(x_1)$, $y=f(x)$, $y_2=f(x_2)$ とおく．さらに図 2.5 のように点 $P=(x_1,y_1)$, $Q=(x_2,y_2)$, $R=(x,y)$ とおく．関数が下に凸という条件から線分 RQ の傾きは線分 PR の傾きより大きいか等しい．

$$\frac{y-y_1}{x-x_1} \leq \frac{y_2-y}{x_2-x}$$

これより[*1]

$$\frac{y-y_1}{x-x_1} \leq \frac{y_2-y_1}{x_2-x_1} \leq \frac{y_2-y}{x_2-x} \tag{2.13}$$

が成り立つ．したがって

$$f'(x_1) = \lim_{x \to x_1} \frac{y-y_1}{x-x_1} \leq \frac{y_2-y_1}{x_2-x_1}$$

が成り立つ．一方

$$f'(x_2) = \lim_{x \to x_2} \frac{y-y_2}{x-x_2} \geq \frac{y_2-y_1}{x_2-x_1}$$

が成り立つので

$$f'(x_1) \leq f'(x_2), \quad x_1 < x_2$$

が区間内で常に成り立ち，したがって $f'(x)$ は区間内で単調増加関数である．よって $f''(x) \geq 0$ が成り立つ．　　　　　　　　　　　　　　　【証明終】

凸関数に関しては次の重要な不等式が成り立つ．この不等式はイェンセン（Jensen）の不等式と呼ばれることがある．

定理 2.4 関数 $f(x)$ は $x>0$ で定義され下に凸と仮定する．$a_i>0$, $t_i>0$, $i=1, 2, \ldots, n$ かつ $\sum_{i=1}^{n} t_i=1$ のとき不等式

[*1]
$$0 < \frac{b_1}{a_1} \leq \frac{b_2}{a_2}$$
が成り立てば
$$\frac{b_1}{a_1} \leq \frac{b_1+b_2}{a_1+a_2} \leq \frac{b_2}{a_2}$$
が成り立つ．

$$f(\sum_{i=1}^{n} t_i a_i) \leq \sum_{i=1}^{n} t_i f(a_i)$$

が成り立つ．$f(x)$ が上に凸な関数であるときは逆向きの不等式

$$f(\sum_{i=1}^{n} t_i a_i) \geq \sum_{i=1}^{n} t_i f(a_i)$$

が成り立つ．

[証明]　n に関する帰納法で証明する．$n=1$ のときは明らかであるので $n=2$ を考える．$t=t_1$ とおくと $t_2=1-t$ と書けるので

$$f(ta_1+(1-t)a_2) \leq tf(a_1)+(1-t)f(a_2)$$

を証明すればよい．これは関数が下に凸であることから直ちに分かる(図 2.6 を参照)．

$n-1$ まで定理が正しいと仮定する．仮定より

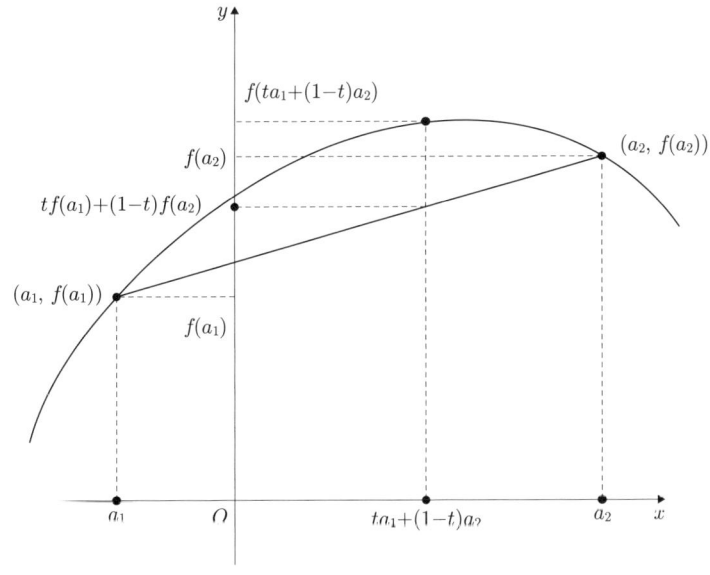

図 2.6　上に凸な関数 $f(x)$ の場合 $f(ta_1+(1-t)a_2) \geq tf(a_1)+(1-t)f(a_2)$ が成り立つ．

第 2 章 凸関数と微分

$$f\left(\frac{\sum_{i=1}^{n-1} t_i a_i}{\sum_{i=1}^{n-1} t_i}\right) \leq \frac{\sum_{i=1}^{n-1} t_i f(a_i)}{\sum_{i=1}^{n-1} t_i} \qquad (2.14)$$

が成り立つ．また

$$\sum_{i=1}^{n-1} t_i = 1-t_n$$

より

$$a_0 = \frac{\sum_{i=1}^{n-1} t_i a_i}{\sum_{i=1}^{n-1} t_i}$$

とおくと $n=2$ の場合の不等式から

$$f((1-t_n)a_0+t_n a_n) \leq (1-t_n)f(a_0)+t_n f(a_n) \qquad (2.15)$$

が成り立つ．不等式 (2.14) より

$$f(a_0) \leq \frac{\sum_{i=1}^{n-1} t_i f(a_i)}{1-t_n}$$

が成り立ち，したがって

$$(1-t_n)f(a_0) \leq \sum_{i=1}^{n-1} t_i f(a_i)$$

が成り立つが，不等式 (2.15) より

$$f((1-t_n)a_0+t_n a_n) \leq (1-t_n)f(a_0)+t_n f(a_n) \leq \sum_{i=1}^{n-1} t_i f(a_i)+t_n f(a_n)$$

が成り立つ．a_0 の定義より，これは

$$f(\sum_{i=1}^{n} t_i a_i) \leq \sum_{i=1}^{n} t_i f(a_i)$$

を意味する．これが求める不等式である．

　関数 $f(x)$ が上に凸のときは逆の不等式が成り立つことは，上と同様の議論

で示される. 　　　　　　　　　　　　　　　　　　　　　　　　　【証明終】

この定理を使って次のよく知られた相加平均と相乗平均に関する不等式を証明してみよう.

—— 問題 7 ——————————————————————————

$a_i > 0$, $i=1, 2, \ldots, n$ に対して相加平均は相乗平均以上であること, すなわち不等式

$$\frac{a_1+a_2+\cdots+a_n}{n} \geq \sqrt[n]{a_1 a_2 \cdots a_n}$$

が成り立つことを示せ. また等号は

$$a_1 = a_2 = \cdots = a_n$$

に限って成り立つことを示せ.

解答 $f(x)=\log x$ は $f''(x)=-1/x^2<0$ より上に凸な関数である. したがって上の定理 2.4 より

$$\log\left(\frac{a_1+a_2+\cdots+a_n}{n}\right) \geq \frac{\log a_1+\log a_2+\cdots+\log a_n}{n}$$
$$= \frac{1}{n}\log(a_1 a_2 \cdots a_n)$$

が成り立つ. 対数関数は単調増加関数であるので(後に証明する定理 2.14 より従う), これより

$$\frac{a_1+a_2+\cdots+a_n}{n} \geq \sqrt[n]{a_1 a_2 \cdots a_n}$$

が成り立つ. また $f(x)=\log x$ は直線ではなく真に上に凸であるので, $a_1 \neq a_2$ であれば

$$\log \frac{a_1+a_2}{2} > \frac{1}{2}(\log a_1+\log a_2)$$

が成り立ち, 真の不等号が成り立つ. また同様に $a_1 \neq a_2$ であれば $0<t<1$ に対して

$$\log(ta_1+(1-t)a_2) > t\log a_1+(1-t)\log a_2$$

第 2 章　凸関数と微分

が成り立つ．したがって a_i のうち少なくとも 2 個，たとえば a_1 と a_n が異なれば

$$b = \frac{a_1 + a_2 + \cdots + a_{n-1}}{n-1} \neq a_n$$

となり

$$\log\left(\frac{1}{n}a_n + \left(1 - \frac{1}{n}\right)b\right) > \frac{1}{n}\log a_n + \left(1 - \frac{1}{n}\right)\log b$$

が成り立つ．これより

$$\begin{aligned}
&\log \frac{a_1 + a_2 + \cdots + a_n}{n} \\
&> \frac{1}{n}\log a_n + \left(1 - \frac{1}{n}\right)\log \frac{a_1 + a_2 + \cdots + a_{n-1}}{n-1} \\
&\geq \frac{1}{n}\log a_n + \left(1 - \frac{1}{n}\right)\frac{1}{n-1}(\log a_1 + \log a_2 + \cdots + \log a_{n-1}) \\
&= \frac{1}{n}\log(a_1 a_2 \cdots a_n)
\end{aligned}$$

が成り立ち，真の不等号が最初と最後の式の間に成り立つ．

この証明で使ったように，$f(x) > 0$ で $\log f(x)$ が上や下に凸である場合が解析では重要である．第 4 章 2 節のガンマ関数のところで対数的に凸な関数が重要な働きをする．

2.4　平均値の定理

凸関数に関する定理 2.3 で使った平均値の定理について述べよう．そのために連続関数の性質を簡単に調べておこう．より精密な議論はイプシロン・デルタ論法を使って第 6 章 3 節で行う．まず，連続関数の定義をすこし拡張しておこう．

定義 2.2　区間 (a, b) で定義された関数 $f(x)$ が点 $x_0 \in (a, b)$ で

$$\lim_{x \to x_0,\, x-x_0>0} f(x) = f(x_0)$$

が成り立つとき，言い換えると点 x が数直線上で右側から x_0 に近づくときに $f(x)$ が $f(x_0)$ に近づくとき，$f(x)$ は点 x_0 で**右連続**という．同様に点 x が数直線上で左側から x_0 に近づくときに $f(x)$ が $f(x_0)$ に近づくとき

$$\lim_{x \to x_0,\, x-x_0<0} f(x) = f(x_0)$$

が成り立つとき，$f(x)$ は点 x_0 で**左連続**という．なお

$$\lim_{x \to x_0,\, x-x_0>0} f(x)$$

は通常

$$\lim_{x \to x_0+} f(x)$$

と表わし，

$$\lim_{x \to x_0,\, x-x_0<0} f(x)$$

は通常

$$\lim_{x \to x_0-} = f(x)$$

と記すことが多い．なお閉区間 $[a,b]$ で定義された関数 $f(x)$ は開区間 (a,b) で連続で

$$\lim_{x \to a+} f(x) = f(a)$$

$$\lim_{x \to b-} f(x) = f(b)$$

が成り立つときに $f(x)$ は閉区間 $[a,b]$ で連続であるという．

この定義より関数 $f(x)$ は $x_0 \in (a,b)$ で右連続かつ左連続であることと点 x_0 で連続であることとが同値であることが分かる．

直感的には明らかな次の定理の証明には第 6 章で述べる実数の基本的な性質を必要とする．

第 2 章　凸関数と微分

定理 2.5(中間値の定理)　関数 $f(x)$ が区間 $[a,b]$ で連続であれば $f(a)$ と $f(b)$ の間のすべての値を $f(x)$ はこの区間でとる．

この証明は第 6 章で述べる．

連続関数の持つ重要な性質として次の定理がある．

定理 2.6　閉区間 $[a,b]=\{x|a\leq x\leq b\}$ で連続な関数 $f(x)$ は最大値，最小値を必ず持つ(図 2.7)．

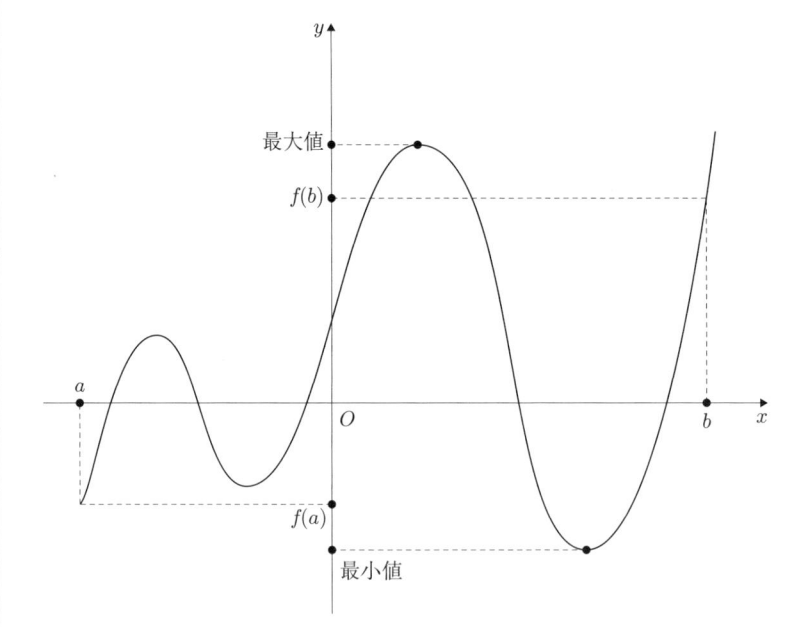

図 2.7　区間 $[a,b]$ で連続であれば $f(a)$ と $f(b)$ の間のすべての値を $f(x)$ はこの区間で取る．また最大値，最小値もかならずこの区間内でとる．

グラフを描けばほとんど明らかな事実であるが，いざ証明しようとすると意外に手強い．というより，いったいどうやって証明したらよいのか見当がつかないであろう．実はこの定理も実数の持つ性質と密接に関係している．また閉区間であることが重要である．開区間 (a,b) で連続な関数は最大値や最小値を持つとは限らない．たとえば

2.4 平均値の定理

$$f(x) = \frac{1}{x-a}$$

は区間 (a,b) で最大値を持たない．また

$$f(x) = \frac{1}{(x-a)(x-b)}$$

は区間 (a,b) で最大値も最小値も持たない．定理 2.6 の証明も第 6 章で与える（定理 6.8）．

―― 問題 8 ――――――――――――――――――――――

a は定数とし，$f(x)=x^3+2x^2+3x+4$ とおく．関数 $g(t)$ $(t>0)$ は

$$\frac{f(a+t)-f(a)}{t} = f'(a+g(t)t), \quad 0 < g(t) < 1$$

を満たしているとする．このとき，$\lim_{t\to +0} g(t)$ を求めよ．（京都府立医科大学）

――――――――――――――――――――――――――

$\lim_{t\to +0} g(t)$ は $\lim_{t\to 0+} g(t)$ と同じ意味である．この問題は具体的な関数 $f(x)$ に関する問題であるが，a を含む区間で定義され，その区間で微分可能などの関数 $f(x)$ に対しても

$$\frac{f(a+t)-f(a)}{t} = f'(a+g(t)t), \quad 0 < g(t) < 1$$

となる $g(t)$ は関数 $f(x)$ が a と $a+t$ の間で定義されていれば必ず存在することが下で述べる平均値の定理 2.8 より分かる．しかし，この問題は平均値の定理から直接解くことはできない．$g(t)$ が存在することが分かっても，その形は一般には分からないからである．この問題は具体的に計算すれば解くことができるが，ここではもう少し発展的な解法を記しておこう．

解答 ここでは計算を簡単にするために少し工夫をする．
$f(x)$ は 3 次式であるので

$$f(x) = f(a)+f'(a)(x-a)+\frac{f''(a)}{2!}(x-a)^2+\frac{f^{(3)}(a)}{3!}(x-a)^3$$

が成り立つ．このことは次のように示される．

$$F(x) = f(x)-\left(f(a)+f'(a)(x-a)+\frac{f''(a)}{2!}(x-a)^2+\frac{f^{(3)}(a)}{3!}(x-a)^3\right)$$

第 2 章　凸関数と微分

とおくと $F(x)$ は 3 次以下の式であり，かつ

$$F(a) = F'(a) = f''(a) = F^{(3)}(a) = 0$$

が成り立つ．一方

$$F(x) = b_0 + b_1(x-a) + b_2(x-a)^2 + b_3(x-a)^3$$

と書くと

$$F(a) = b_0, \quad F'(a) = b_1, \quad F''(a) = 2b_2, \quad F^{(3)}(a) = 6b_3$$

となり，$b_0 = b_1 = b_2 = b_3 = 0$ となるから $F(x) = 0$ である．

さて，いま $t = x - a$ とおくと $x = a + t$ であり

$$f(a+t) = f(a) + f'(a)t + \frac{f''(a)}{2!}t^2 + \frac{f^{(3)}(a)}{3!}t^3$$

となるので

$$\frac{f(a+t) - f(a)}{t} = f'(a) + \frac{f''(a)}{2}t + \frac{f^{(3)}(a)}{6}t^2$$

と書ける．同様に $f'(x)$ は 2 次式であるので，t のかわりに $g(t)t$ をとって考えると

$$f'(a + g(t)t) = f'(a) + f''(a)g(t)t + \frac{f^{(3)}(a)}{2}g(t)^2 t^2$$

が成り立つことが分かる．問題の条件は

$$\frac{f(a+t) - f(a)}{t} = f'(a + g(t)t)$$

であったので

$$\frac{f''(a)}{2}t + \frac{f^{(3)}(a)}{6}t^2 = f''(a)g(t)t + \frac{f^{(3)}(a)}{2}g(t)^2 t^2$$

が成り立つことが分かる．問題の $f(x)$ のとき実際に微分を計算すると

$$(3a+2) + t = 2(3a+2)g(t) + 3tg(t)^2 \tag{2.16}$$

となる．したがって $t \to 0+$ を考えると

$$(3a+2) = 2(3a+2)\lim_{t\to 0+} g(t)$$

となるので

$$\lim_{t\to 0+} g(t) = \frac{1}{2}$$

であることが分かる．しかし，この解法では $\lim_{t\to 0+} g(t)$ の存在を仮定しているので解答としては不完全である．

そこで $g(t)$ を未知数と考えて上の 2 次方程式 (2.16) を解くと

$$g(t) = \frac{-(3a+2) \pm \sqrt{(3a+2)^2 + 3t\{t+(3a+2)\}}}{3t}$$

となり，$0 < g(t) < 1$ の仮定より

$$g(t) = \frac{-(3a+2) + \sqrt{(3a+2)^2 + 3t\{t+(3a+2)\}}}{3t}$$

であることが分かる．分子を有理化すると

$$g(t) = \frac{(3a+2)^2 + 3t\{t+(3a+2)\} - (3a+2)^2}{3t[\sqrt{(3a+2)^2 + 3t\{t+(3a+2)\}} + (3a+2)]}$$
$$= \frac{t+(3a+2)}{\sqrt{(3a+2)^2 + 3t\{t+(3a+2)\}} + (3a+2)}$$

これより

$$\lim_{t\to +0} g(t) = \frac{1}{2}$$

であることが分かる．

さて平均値の定理を考察しよう．平均値の定理を証明するために必要なロルの定理をまず証明しよう．

定理 2.7 (ロルの定理)　関数 $f(x)$ は区間 $[a,b]$ で連続であり，(a,b) で微分可能とする．$f(a)=f(b)$ であれば区間 (a,b) のある点 ξ において $f'(\xi)=0$ となる (図 2.8)．

第 2 章　凸関数と微分

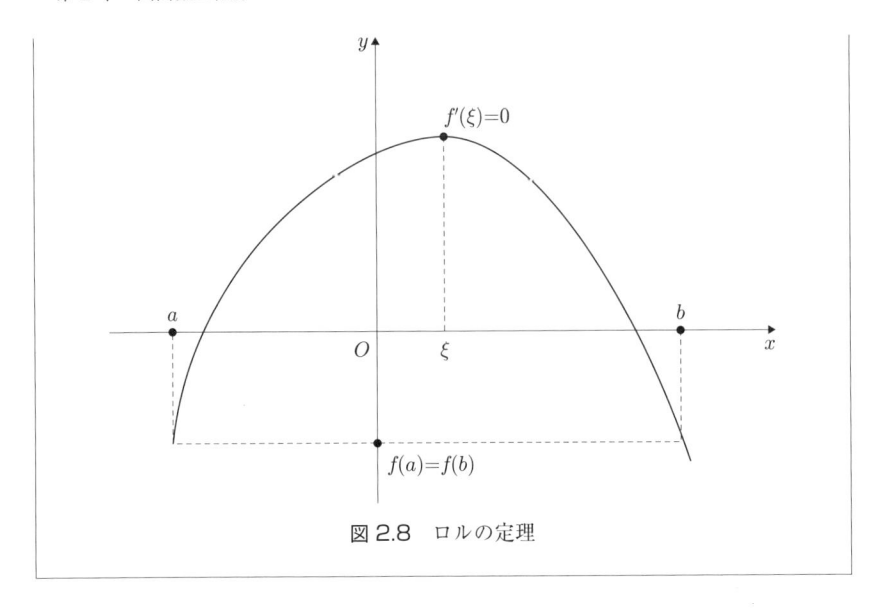

図 2.8　ロルの定理

この定理はグラフを描いてみればほとんど自明であるが，正確には次のように証明する．

[証明]　$f(x)$ のかわりに $f(x)-f(a)$ を考えることによって $f(a)=f(b)=0$ と仮定しても一般性を失わない．$f(x)\equiv 0$ であれば定理は明らかに成り立つので $f(x)\not\equiv 0$ と仮定する．さらに $f(x)>0$ となる点 $x\in(a,b)$ が存在すると仮定してよい（もし (a,b) で $f(x)<0$ であれば $f(x)$ のかわりに $-f(x)$ を考えればよい）．上で述べた定理 2.6 より $f(x)$ は区間 $[a,b]$ で最大値をとる．$f(a)=f(b)=0, f(x)>0$ となる点 x があると仮定したので，この最大値は正である．したがって最大値をとる点 ξ は開区間 (a,b) に含まれる．$f(\xi+h)\leq f(\xi)$ であるので $h>0$ のとき

$$f'(\xi) = \lim_{h\to 0+} \frac{f(\xi+h)-f(\xi)}{h} \leq 0$$

が成り立つ．一方，$h<0$ のときは

$$f'(\xi) = \lim_{h\to 0-} \frac{f(\xi+h)-f(\xi)}{h} \geq 0$$

が成り立つ．したがって $f'(\xi)=0$ であることが分かる．　　　　【証明終】

2.4 平均値の定理

このようにロルの定理は定理 2.6 からの直接の帰結である．定理 2.6 は関数の微分可能性とは関係しない定理であるが，それがロルの定理と結びつくところに不思議さがある．これは，第 6 章で示すように，煎じ詰めると実数の基本性質からの帰結である．その意味ではロルの定理，さらには次に示す平均値の定理は実数の基本性質から導かれる微分可能な関数の持つ性質であるということができる．

定理 2.8（平均値の定理） 関数 $f(x)$ は区間 $[a,b]$ で連続であり，(a,b) で微分可能とする．このとき

$$\frac{f(b)-f(a)}{b-a} = f'(\xi), \quad a < \xi < b$$

となる点 ξ が存在する（図 2.9）．

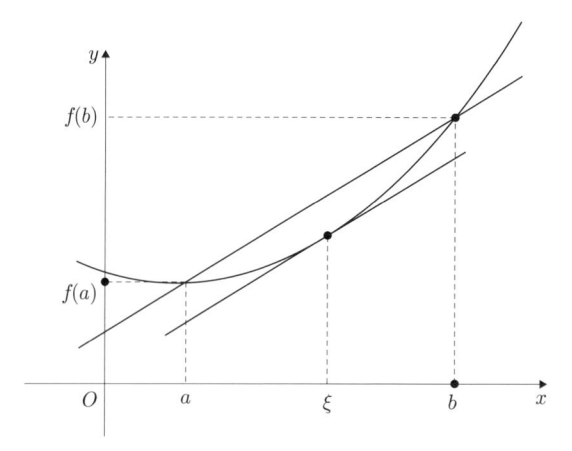

図 2.9 平均値の定理 点 $(a, f(a))$, $(b, f(b))$ を通る直線の傾きと同じ傾きを持つ $y=f(x)$ の接線が存在する．

[証明] 定数 A を $F(x)=f(x)-Ax$ とおいたときに $F(a)=F(b)$ になるように選ぶことができる．なぜならば

$$f(a)-Aa = f(b)-Ab$$

が成り立つためには

第 2 章　凸関数と微分

$$A = \frac{f(b)-f(a)}{b-a}$$

ととればよいからである．するとロルの定理によって $F'(\xi)=0$ となる点 $\xi \in (a,b)$ が存在する．$F'(x)=f'(x)-A$ であるので，これは

$$f'(\xi) = \frac{f(b)-f(a)}{b-a}$$

を意味する． 　　　　　　　　　　　　　　　　　　　　　　　　【証明終】

ところで $\xi \in (a,b)$ は

$$\xi = a+\eta(b-a), \quad 0<\eta<1$$

と書くことができるので，平均値の定理の結論は

$$\frac{f(b)-f(a)}{b-a} = f'(a+\eta(b-a)), \quad 0<\eta<1$$

となる η が存在すると書き換えてもよいことが分かる．

平均値の定理は次の形に一般化される．この方が応用には便利である．

定理 2.9　関数 $f(x), g(x)$ は閉区間 $[a,b]$ で連続であり，開区間 (a,b) で微分可能とする．さらに $g(a) \neq g(b)$ かつ $f'(x), g'(x)$ は区間 (a,b) で同時に 0 となることはないと仮定する．このとき

$$\frac{f(b)-f(a)}{g(b)-g(a)} = \frac{f'(\xi)}{g'(\xi)}$$

となる $a<\xi<b$ が存在する．

$f(x), g(x)$ に平均値の定理を適用するとすぐにこの定理が証明できるように思われるが，これは正しくない．

$$\frac{f(b)-f(a)}{b-a} = f'(\xi_1), \quad a<\xi_1<b$$
$$\frac{g(b)-g(a)}{b-a} = g'(\xi_2), \quad a<\xi_2<b$$

は成り立つが一般に $\xi_1 \neq \xi_2$ である．

[証明]　$F(x)=\alpha f(x)-\beta g(x)$ とおいて $F(a)=F(b)$ が成り立つように α, β

を決める．この条件は

$$\alpha f(a) - \beta g(a) = \alpha f(b) - \beta g(b)$$

であるので

$$\alpha = g(b) - g(a), \quad \beta = f(b) - f(a)$$

ととればよい．そこで $F(x)$ にロルの定理を適用すると

$$F'(\xi) = 0$$

となる $\xi \in (a,b)$ が存在することが分かる．これは

$$(g(b)-g(a))f'(\xi) - (f(b)-f(a))g'(\xi) = 0$$

を意味するので定理が成り立つことが分かる． 【証明終】

　これまで一般論が続いたので以下，具体的に三角関数，指数関数，対数関数について述べよう．これらの関数は高校数学でおなじみであるが，実はその取り扱いには不十分なところがある．そこで少し詳しく論じることにする．

2.5 三角関数

　三角関数の微分を考える場合は角度の単位が重要になる．そこで最初に弧度法を復習しよう．

(1) 弧度法

　三角関数の微分を考えるときには角の角度は通常使う「度」ではなく180度をπラジアンとする角度の単位「ラジアン」を使う．その理由は三角関数の微分を考えると明らかになる(演習問題2.4を参照のこと)．単位円上の弧が囲む角度をこの弧の長さで測る単位をラジアンという(図2.10)．したがって $180°$ は π ラジアン，$360°$ は 2π ラジアンとなる．角度 θ ラジアンの正弦は $\sin\theta$ と記し単位ラジアンは記さない．

　この定義は皆が納得するが，よく考えると円弧が長さを持つことを当たり前

第 2 章 凸関数と微分

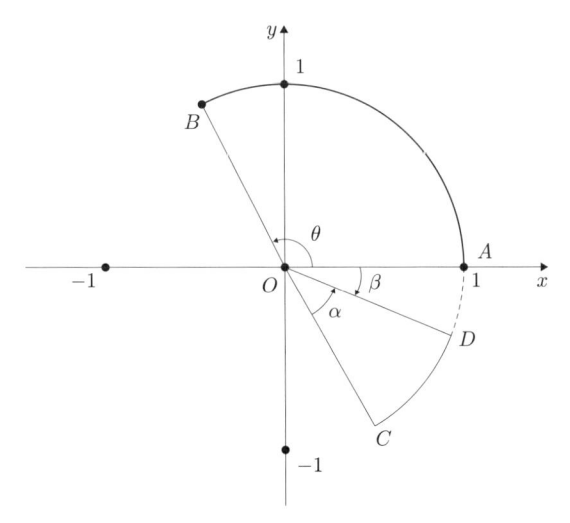

図 2.10　角度の単位ラジアンは単位円の円弧の長さで測る．ただし，反時計回りに測った角は正，時計回りに測った角度は負と定義する．$\theta = \overset{\frown}{AB}$, $\alpha = \overset{\frown}{CD}$, $\beta = -\overset{\frown}{DA}$

として定義されている．線分とは異なり円弧のように曲がった曲線の長さはきちんと定義する必要がある．その定義に基づいて円弧は長さを持つことを示さなければならない．

　一般に曲線の長さは曲線上に点をとってそれらの点を結んで折れ線で曲線を近似し，各線分の長さを 0 に近づけたとき極限値が存在するときに，その極限値を曲線の長さと定義する (図 2.11)．このことは第 3 章 5 節で詳しく論じる．ここでは円弧の長さはきちんと定義されていると仮定して議論を進める．

　さて三角関数の正弦関数 $\sin\theta$，余弦関数 $\cos\theta$ は次のように定義される．原点 O を中心とする単位円周上に点 P をとり，線分 OP と x 軸の正の部分とのなす角を x 軸の正の部分から測ったとき θ ラジアンとして，点 P の座標が $(\cos\theta, \sin\theta)$ である (図 2.12)．したがって

$$\sin(\theta+2\pi) = \sin\theta, \quad \cos(\theta+2\pi) = \cos\theta \tag{2.17}$$

や

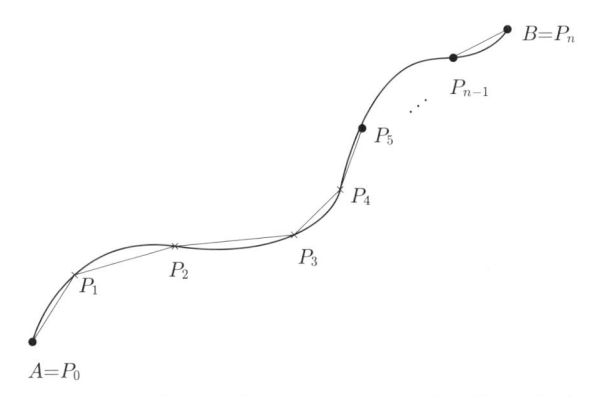

図 2.11 曲線を折れ線で近似して，折れ線の長さに基づいて曲線の長さを定義する．

$$\sin(-\theta) = -\sin\theta, \quad \cos(-\theta) = \cos\theta \tag{2.18}$$

であることが直ちに分かる．また

$$\sin(\theta+\pi) = -\sin\theta, \quad \cos(\theta+\pi) = -\cos\theta \tag{2.19}$$

や

$$\sin(\theta+\frac{\pi}{2}) = \cos\theta, \quad \cos(\theta+\frac{\pi}{2}) = -\sin\theta \tag{2.20}$$

も図 2.12 から直ちに分かる．

$(\cos\theta, \sin\theta)$ は単位円周上の点であるので

$$\sin^2\theta + \cos^2\theta = 1$$

が成り立つ．さらに正接関数 $\tan\theta$ は

$$\tan\theta = \frac{\sin\theta}{\cos\theta}$$

と定義する．したがって $\cos\theta=0$ となる $\theta=\frac{\pi}{2}+n\pi$ (n は整数) では $\tan\theta$ は定義されない．図 2.12 より明らかなように，$\tan\theta$ は点 $(1,0)$ または $(-1,0)$ から x 軸に立てた垂線と，原点と点 $(\cos\theta, \sin\theta)$ を結ぶ線分の延長との交点の y 座標である．さらに $\sin\theta, \cos\theta$ はすべての点で連続であることは定義から明

第 2 章 凸関数と微分

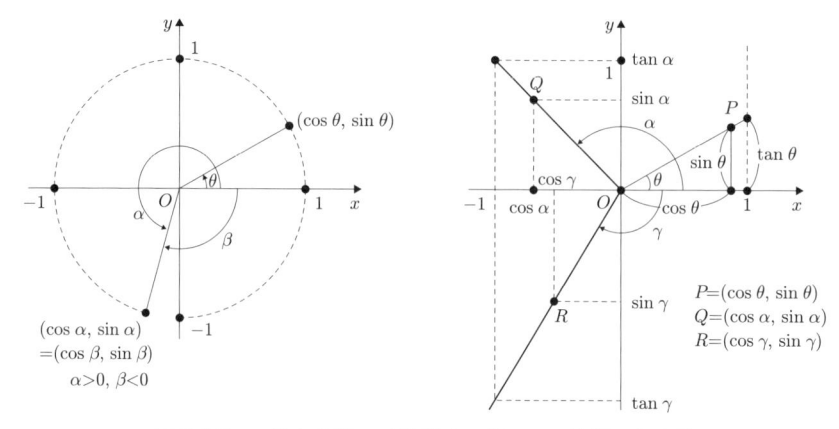

図 2.12 x 軸から測って角度 θ ラジアンの位置にある単位円上の点の座標は $(\cos\theta, \sin\theta)$ である．$\tan\theta = \dfrac{\sin\theta}{\cos\theta}$

らかであろう．したがって $\tan\theta$ は $\theta \neq \dfrac{\pi}{2} + n\pi$（$n$ は整数）で連続である．

さらに重要なのは三角関数の加法公式である．

定理 2.10（加法公式）

$$\sin(\theta_1 \pm \theta_2) = \sin\theta_1 \cos\theta_2 \pm \cos\theta_1 \sin\theta_2 \tag{2.21}$$

$$\cos(\theta_1 \pm \theta_2) = \cos\theta_1 \cos\theta_2 \mp \sin\theta_1 \sin\theta_2 \tag{2.22}$$

この定理の証明は高校数学では幾何学的に行われるが，本書では第 2 章 9 節で別の方法で証明する．幾何学的な証明は教科書を参照して欲しい．

三角関数の微分は，この加法公式と次の不等式に基づいている．この不等式では角度の単位がラジアンであることが本質的である．

定理 2.11 $0 < \theta < \dfrac{\pi}{2}$ のとき次の不等式が成り立つ．

$$0 < \sin\theta < \theta < \tan\theta \tag{2.23}$$

この定理の証明は高校の教科書では次のように行われる．

$0 < \theta < \dfrac{\pi}{2}$ と仮定しているので $0 < \sin\theta$ は明らか．図 2.13 で $\triangle BB'A$ は直角三角形であるので

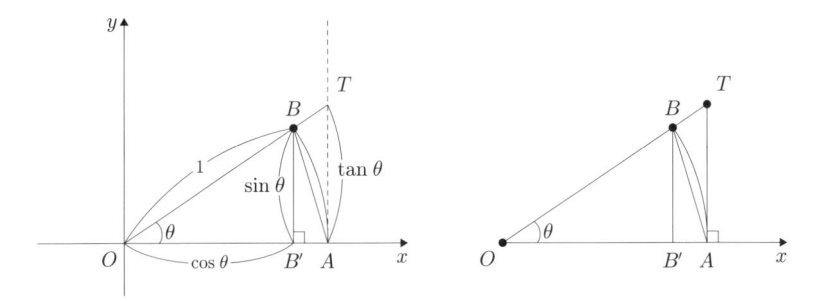

図 2.13 △OAT の面積は扇形 OAB の面積より大である．

$$BB' < AB$$

となる．弧 AB は線分 AB より長いので（2 点を結ぶ最短線は線分である．正確にはこのことも証明する必要がある．円弧の長さの定義によって線分と折れ線とを比較すればよいので，「三角形の二辺の和は他の一辺よりも長い」を使えば簡単に証明できる．）

$$\overline{BB'} < \widehat{AB}$$

したがって

$$\sin\theta = \overline{BB'} < \widehat{AB} = \theta$$

が成り立つ．これが前半の不等式である．問題は最後の不等式での証明である．

高校の教科書では次のように「証明」される．

点 A で単位円に接線を引きそれと線分 OB の延長との交わりを T とすると $AT=\tan\theta$ である（図 2.13）．このとき △OAT は扇形 OAB を内部に含むので △OAT の面積は扇形 OAB の面積より真に大きい．円の面積は π であるので扇形の面積は

$$\pi \cdot \frac{\theta}{2\pi} = \frac{\theta}{2}$$

となり，面積の不等式より

第 2 章　凸関数と微分

$$\frac{\theta}{2} < \frac{1}{2}\tan\theta$$

が成り立つ．したがって最後の不等式が成り立つ．

　これで証明は完璧のように思われる．しかし，よく考えてみると円が面積を持つこと，さらには扇形が面積を持つことは，円弧が長さを持つことと同様に証明する必要がある．円が面積を持つことは小学校以来明らかと思っているが，学校数学では実際にはどこにもきちんと証明されていない．

　図形の面積は積分の考えを使って定義される．積分の計算には微分を用いることが多いので，下手をすると循環論法に陥ってしまう．残念ながら，現行の高校の数学教科書では，このことを明確に指摘していない．もちろん，循環論法に陥らないように上の議論を正しく行うことができる．そのためには円弧の長さや円や扇形の面積を求めるのに三角関数の微分や積分を使わずに実行しなければならない．その具体的な処方箋は巻末に挙げた文献『測る』を参照されたい．

　ここでは円弧の長さの定義（次章 5 節で行う）だけを使って不等式

$$\theta < \tan\theta$$

を証明してみよう．図 2.14 のように点 B で円に接線を引き線分 AT との交点を C と記す．$\angle TBC$ は直角であるので直角三角形 TBC を考えると

$$BC < CT$$

である．円弧 $\overset{\frown}{AB}$ 上に点 $P_0=A, P_1, P_2, \ldots, P_{n-1}, P_n=B$ をとって折れ線 $P_0P_1P_2\cdots P_n$ の長さと円弧の長さ θ との差が $CT-BC$ より小さくなるようにできる．すなわち $\theta = \overset{\frown}{AB}$ であるので

$$\overset{\frown}{AB} - (P_0P_1 + P_1P_2 + \cdots + P_kP_{k+1} + \cdots + P_{n-1}P_n) < CT - BC$$

が成り立つようにできる．これを書き換えると

$$\overset{\frown}{AB} - CT + BC < P_0P_1 + P_1P_2 + \cdots + P_kP_{k+1} + \cdots + P_{n-1}P_n \quad (2.24)$$

が成り立つように P_k をとることができることが分かる．線分 $P_{k-1}P_k$ を延長

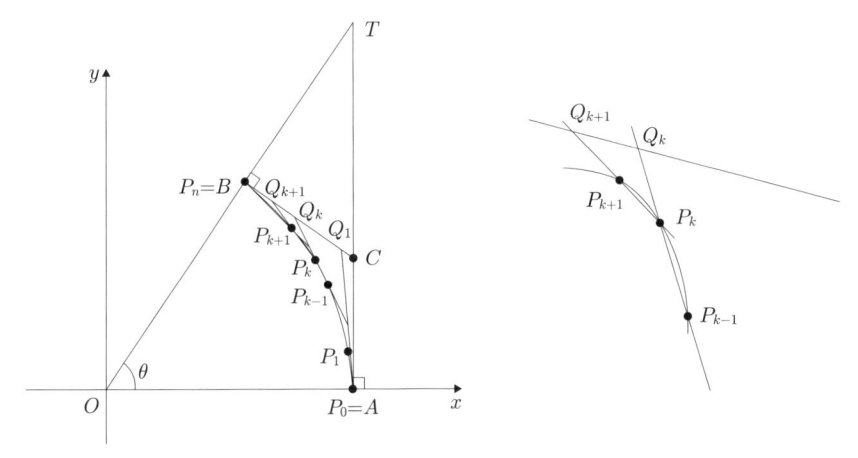

図 2.14 線分 $P_{k-1}P_k$ を延長して BC との交点を Q_k とおく.

して BC との交点を Q_k とおくと

$$P_0P_1 + P_1Q_1 < AC + CQ_1$$

$$P_1P_2 + P_2Q_2 < P_1Q_1 + Q_1Q_2$$

$$\cdots < \cdots$$

$$P_kP_{k+1} + P_{k+1}Q_{k+1} < P_kQ_k + Q_kQ_{k+1}$$

$$\cdots < \cdots$$

$$P_{n-1}P_n < P_{n-1}Q_{n-1} + Q_{n-1}B$$

が成り立つ. この両辺を足すと

$$P_0P_1 + P_1P_2 + \cdots + P_kP_{k+1} + \cdots + P_{n-1}P_n < AC + BC$$

が成り立つ. したがって式(2.24)より

$$\widehat{AB} - CT + BC < AC + BC$$

が成り立ち不等式

第 2 章 凸関数と微分

$$\theta = \widehat{AB} < AT = \tan\theta$$

が得られる．　　　　　　　　　　　　　　　　　　　　　　【証明終】

さて定理 2.11 より $\pi/2 > \theta > 0$ のとき

$$\cos\theta < \frac{\sin\theta}{\theta} < 1 \tag{2.25}$$

が成り立つ．一方，$-\pi/2 < \theta < 0$ のときは $\theta = -\alpha$ とおくと $\pi/2 > \alpha > 0$ となり

$$\frac{\sin\theta}{\theta} = \frac{\sin\alpha}{\alpha}, \quad \cos\theta = \cos\alpha$$

が成り立つので，$-\pi/2 < \theta < 0$ の場合も不等式 (2.25) が成り立つことが分かる．この不等式より

$$\lim_{\theta \to 0} \frac{\sin\theta}{\theta} = 1 \tag{2.26}$$

であることが分かる．この式が三角関数の微分の要となる．$\sin 0 = 0$ であるので，

$$\frac{d\sin\theta}{d\theta}(0) = 1$$

であることが分かった．

定理 2.12

$$\frac{d\sin\theta}{d\theta} = \cos\theta, \quad \frac{d\cos\theta}{d\theta} = -\sin\theta, \quad \frac{d\tan\theta}{d\theta} = \frac{1}{\cos^2\theta}$$

[証明] 三角関数の加法公式より

$$\begin{aligned}\sin(x+h) - \sin x &= \sin\left(\left(x+\frac{h}{2}\right) + \frac{h}{2}\right) - \sin\left(\left(x+\frac{h}{2}\right) - \frac{h}{2}\right) \\ &= 2\sin\frac{h}{2}\cos\left(x+\frac{h}{2}\right)\end{aligned}$$

を得る．したがって

$$\lim_{h\to 0}\frac{\sin(x+h)-\sin x}{h}=\lim_{h\to 0}\frac{\sin\frac{h}{2}}{\frac{h}{2}}\cos(x+\frac{h}{2})=\cos x$$

を得る．ここで余弦関数はすべての点で連続であることを使った．また式 (2.20) より $\cos x=\sin(x+\frac{\pi}{2})$ であり，再び式 (2.20) を使うことによって

$$\frac{d}{dx}\cos x=\frac{d}{dx}\sin(x+\frac{\pi}{2})=\cos(x+\frac{\pi}{2})=-\sin x$$

が成り立つことが分かる．$\tan x$ の微分は商の微分を使うことによって直ちに分かる． 【証明終】

逆三角関数は三角関数の逆関数として定義される．ただ，三角関数は周期関数であるので逆関数を考える場合は，三角関数の定義域を制限して考える必要がある．

2.6　指数関数と対数関数

この節では指数関数，対数関数を定義してこれらの関数の微分について考える．高校数学では指数関数と対数関数は直感的に定義され，その微分に関してもきちんとした議論はされていない．その理由は以下の議論から明らかになるであろう．指数関数の定義には実数の基本性質がどうしても必要になるのである．そのことを実感してもらうためにていねいに議論を進めることにする．

(1) 指数関数の定義

正の数 $a\neq 1$ に対して，すべての実数 x について a^x を定義しよう．x が有理数 p/q (p は整数，q は正整数) のときは

$$a^{p/q}=\left(a^{1/q}\right)^p$$

と定義する．ここで正の数 a に対して $a^{1/q}=\sqrt[q]{a}$ は q 乗して a となる正の数である．このような正の数はただ 1 つ存在する．$p/q=p_1/q_1$ のとき

$$a^{p/q}=a^{p_1/q_1}$$

は次のように証明される．簡単のため p/q は既約分数と仮定しても一般性を失わない．このとき $p_1=ps, q_1=qs$ となる正整数 s が存在する．すると $(a^{1/q_1})^s$ は q 乗すると a となる正の数であるので

$$a^{1/q} = \left(a^{1/q_1}\right)^s$$

が成り立つ．すると

$$a^{p/q} = \left(a^{1/q}\right)^p = \left(\left(a^{1/q_1}\right)^s\right)^p = \left(a^{1/q_1}\right)^{sp} = \left(a^{1/q_1}\right)^{p_1} = a^{p_1/q_1}$$

が成り立つことが分かる．このことから，任意の有理数 s,t に対して指数法則

$$a^s a^t = a^{s+t}, \quad (a^s)^t = a^{st}$$

が成り立つことが s,t が整数の場合の指数法則から簡単に導くことができる．

一般の無理数 x に対しては，まず有理数の列 $\{r_n\}$ で

$$r_1 \leq r_2 \leq r_3 \leq \cdots \leq r_n \leq r_{n+1} \leq \cdots \leq x \tag{2.27}$$

で

$$\lim_{n \to \infty} r_n = x$$

となるものを選ぶ．たとえば x を無限小数に展開して小数点第 n 位まで取った数を r_n とおけば求める数が得られる．

―― 問題 9 ――――――――――――――――――――――――――――

2つの有理数 $s<t$ に対して $a>1$ であれば

$$a^s < a^t$$

$0<a<1$ であれば

$$a^s > a^t$$

であることを示せ．

解答 $a>1$ であれば正整数 q に対して $a^{1/q}>1$ である．なぜならば $b=a^{1/q}$ とおくと，もし $b<1$ であれば $b>0$ より $b^q<1$ となるからであ

2.6 指数関数と対数関数

る．したがって正整数 p に対して $a^{p/q}>1$ である．すなわち，任意の正の有理数 r に対して $a^r>1$ である．したがって $s<t$ のとき $t-s>0$ であり

$$1 < a^{t-s} = \frac{a^t}{a^s}$$

が成り立つので不等式 $a^s<a^t$ が得られる．

$0<a<1$ のときは $b=a^{-1}>1$ とおいて，b と $-s>-t$ に上の結果を当てはめると

$$b^{-s} > b^{-t}$$

が成り立つ．$b^{-s}=(a^{-1})^{-s}=a^s$ が成り立ち

$$a^s > a^t$$

が成立することが分かった．

そこで $a>1$ と仮定して先ず議論する．不等式 (2.27) を満たし，x に収束する有理数列 $\{r_n\}$ が与えられると

$$a^{r_1} \le a^{r_2} \le \cdots \le a^{r_n} \le a^{r_{n+1}} \le \cdots$$

が得られる．さらに $x<M$ である正整数 M を選ぶと $r_n<M$ より不等式 $a^{r_n}<a^M$ が上の問題から得られることになる．すなわち数列 $\{a^{r_n}\}$ は上に有界な単調増加数列である．すると第 6 章で証明する定理 6.2 より数列 $\{a^{r_n}\}$ は収束する．その極限値を a^x と定義する．

$$a^x = \lim_{n \to \infty} a^{r_n}$$

ただし，a^x は x に収束する単調増加有理数列 $\{r_n\}$ によって極限値は変わるかもしれない (定理 6.2 は数列が収束することしか保証しない) ので，a^x が $\{r_n\}$ のとり方によらないことを示す必要がある．

そのためにもっと一般に x に収束する有理数列 $\{s_n\}$ を考えよう (単調増加は仮定しない)．すると

第 2 章　凸関数と微分

$$\lim_{n\to\infty}(r_n-s_n)=0$$

が成り立つ．$t_n=r_n-s_n$ とおくと

$$a^{t_n}=\frac{a^{r_n}}{a^{s_n}}$$

が成り立つので，

$$\lim_{n\to\infty}a^{t_n}=1$$

がいえれば

$$\lim_{n\to\infty}\frac{a^{r_n}}{a^{s_n}}=1$$

となり

$$\lim_{n\to\infty}a^{s_n}=\lim_{n\to\infty}a^{r_n}=a^x$$

が成り立つことが分かる．これが証明すべきことであった．そこで次の補題を証明しよう．

補題 2.13

$$\lim_{n\to\infty}t_n=0$$

となる有理数列 $\{t_n\}$ に対して $0<a$ であれば

$$\lim_{n\to\infty}a^{t_n}=1$$

が成り立つ．

[証明]　数 a,b に対して大きい方を $\max\{a,b\}$ と記す($a=b$ のときは $\max\{a,b\}=a$ と定義する)．そこで

$$w_n=\max\{t_n,0\}$$

とおくと

2.6 指数関数と対数関数

$$\lim_{n\to\infty} w_n = 0$$

である．$a>1$ のとき

$$\lim_{n\to\infty} a^{w_n} = 1$$

を先ず証明する．非負の有理数列 $\{w_n\}$ は 0 に収束するので各正整数 n に対して

$$0 \leq w_n \leq \frac{1}{K_n}$$

となる正整数 K_n を

$$K_1 < K_2 < \cdots < K_n < K_{n+1} < \cdots$$

であるように選ぶことができる．このとき

$$1 < a^{w_n} \leq a^{1/K_n}$$

が成り立つので

$$\lim_{n\to\infty} a^{1/K_n} = 1$$

が言えればよい．$\{K_n\}$ は増大する正整数の列であるので，これには正整数 m に対して

$$\lim_{m\to\infty} a^{1/m} = 1$$

が言えれば十分である．$a>1$ と仮定しているので問題 9 より

$$a > a^{1/2} > a^{1/3} > \cdots > a^{1/m} > a^{1/(m+1)} > \cdots > 1$$

が成り立つ．これは下に有界な単調減少数列であるので，第 6 章の定理 6.2 によって

$$b = \lim_{m\to\infty} a^{1/m} \geq 1$$

が存在する．すると任意の正整数 n に対して

第 2 章　凸関数と微分

$$a^{1/n} > b$$

であるので

$$a > b^n$$

が成り立つ．そこで，もし $b>1$ であれば b^n は n が大きくなるにつれて無限大に発散するが，一方，これは a で押さえられている．これは矛盾である．したがって $b=1$ でなければならない．これより

$$1 \leq \lim_{n \to \infty} a^{w_n} \leq \lim_{n \to \infty} a^{1/K_n} = 1$$

が成り立ち

$$\lim_{n \to \infty} a^{w_n} = 1$$

であることが分かった．次に $0<a<1$ と仮定しよう．このときは再び問題 9 から

$$1 > a^{w_n} > a^{1/K_n}$$

および

$$a < a^{1/2} < a^{1/3} < \cdots < a^{1/m} < a^{1/(m+1)} < \cdots < 1$$

が成り立つ．これより再び定理 6.2 を使って

$$a < c = \lim_{m \to \infty} a^{1/m} \leq 1$$

が存在することが分かる．$c<1$ とすると上と同様の議論によって矛盾が導かれる．したがって

$$\lim_{m \to \infty} a^{1/m} = 1$$

であることが分かり，

$$1 \geq \lim_{n \to \infty} a^{w_n} \geq \lim_{n \to \infty} a^{1/K_n} = 1$$

が成り立つことから，$0<a<1$ の場合も

$$\lim_{n\to\infty} a^{w_n} = 1$$

であることが分かった．

次に数 a,b に対して小さい方の数を $\min\{a,b\}$ と定義する（$a=b$ のときは $\min\{a,b\}=a$ と定義する）．

$$z_n = \min\{t_n, 0\}$$

とおくと $\{z_n\}$ は 0 に収束する非正数である．$v_n=-z_n$ とおいて，上の議論を使うと

$$\lim_{n\to\infty} a^{z_n} = \lim_{n\to\infty} a^{-v_n} = \lim_{n\to\infty} (a^{-1})^{v_n} = 1$$

が得られる．w_n, z_n の作り方より，これは

$$\lim_{n\to\infty} a^{t_n} = 1$$

を意味する． 【証明終】

補題が証明されたことによって x に近づくすべての有理数列 $\{r_n\}$ に対して

$$\lim_{n\to\infty} a^{r_n} = a^x$$

であることが分かり，すべての実数 x に対して a^x が定義された．このようにして指数関数 $f(x)=a^x$ が定義される．指数関数は次の性質を持っている．

定理 2.14 $0<a\neq 1$ に対して定義された指数関数 $f(x)=a^x$ に関して以下のことが成立する．
(1) 任意の実数 x,y に対して $a^{x+y}=a^x a^y$．
(2) 任意の実数 x,y に対して $(a^x)^y=a^{xy}$．
(3) $f(x)$ はすべての点で連続である．
(4) $f(x)$ は $a>1$ のとき狭義の増加関数，$0<a<1$ のとき狭義の減少関数である．すなわち $x_1<x_2$ であれば $a>1$ のとき $a^{x_1}<a^{x_2}$，$0<a<1$ のとき $a^{x_1}>a^{x_2}$．

第 2 章　凸関数と微分

(5)　$f(x)$ は区間 $(-\infty,+\infty)$ から $(0,+\infty)$ への全単射である．すなわち $f(x)=f(y)$ であれば $x=y$（単射）であり，また任意の $z\in(0,+\infty)$ に対して $f(x)=z$ となる実数 x が存在する．

[証明]　(1) x,y が有理数のときは $a^{x+y}=a^x a^y$ が成り立つことは容易に分かる．一般の場合は $\{p_n\},\{q_n\}$ をそれぞれ x,y に収束する有理数の列とすると $\{p_n+q_n\}$ は $x+y$ に収束する有理数の列となる．このとき

$$a^{p_n+q_n}=a^{p_n}a^{q_n}$$

となるので $n\to\infty$ にすると

$$a^{x+y}=a^x a^y$$

が成り立つことが分かる．

(2)　上の記号を使うと

$$(a^{p_n})^{q_n}=a^{p_n q_n}$$

が成り立つ．したがって $n\to\infty$ を考えると

$$(a^x)^y=a^{xy}$$

が成り立つ．

(3)　$\{x_n\}$ を x に収束する実数列とする．$y_n=x_n-x$ とおくと $\{y_n\}$ は 0 に収束する実数の列である．このとき

$$|y_n|<\frac{1}{K_n}$$

を満たす正整数の増加列 $\{K_n\}$ が存在する．$a>1$ であれば

$$1<a^{|x_n-x|}<a^{1/K_n}$$

$K_n\to\infty\,(n\to\infty)$ であるので

$$1\leq \lim_{n\to\infty}a^{|x_n-x|}\leq \lim_{n\to\infty}a^{1/K_n}=1$$

$0<a<1$ のときは

$$a^{1/K_n} < a^{|x_n-x|} < 1$$

が成り立つので，このときも

$$\lim_{n\to\infty} a^{|x_n-x|} = 1$$

が成り立つ．したがって $x_n>x$ がすべての n で成り立てば $x_n-x=|x_n-x|$ であるので

$$\lim_{n\to\infty} a^{x_n} = a^x$$

同様に $x_n<x$ がすべての n に対して成り立てば，$x_n-x=-|x_n-x|$ であるので

$$a^{x_n-x} = (a^{-1})^{|x_n-x|}$$

が成り立つので

$$\lim_{n\to\infty} a^{x_n} = a^x$$

が成り立つ．以上によって

$$\lim_{n\to\infty} f(x_n) = f(x)$$

が成り立つことが分かる．

(4) $a>1$ のとき $x_2-x_1>0$ であれば

$$1 < a^{x_2-x_1} = \frac{a^{x_2}}{a^{x_1}}$$

が成り立つので

$$a^{x_1} < a^{x_2}$$

$0<a<1$ のときは

$$1 > a^{x_2-x_1} = \frac{a^{x_2}}{a^{x_1}}$$

であるので
$$a^{x_1} > a^{x_2}$$

(5) $f(x)$ は狭義の増加関数もしくは減少関数であるので $x \neq y$ であれば $f(x) \neq f(y)$．したがって単射である．任意の正の数 z に対して

$$a^m < z < a^n$$

が成り立つように整数 m, n を見出すことができる．$a>1$ であれば $m<n$ であり，$0<a<1$ であれば $m>n$ である．$f(z)$ は連続関数であるので，2.4節で説明した中間値の定理(定理2.5)によって $f(x)=z$ となる点 x が $a>1$ のときは $x \in (m,n)$，$0<a<1$ のときは $x \in (n,m)$ として存在する．したがって $f(x)$ は $(-\infty, \infty)$ から $(0, \infty)$ への全射である． 【証明終】

(2) 対数関数と指数関数の微分

定理2.14によって任意の正の数 x に対して $x=a^y$ となる数 y がただ一つ存在することが分かる．このとき

$$y = \log_a x$$

と記し，y は a を底とする x の**対数**という．x が正の数を動くとき $\log_a x$ は実数値をとる関数となる．これを**対数関数**という．対数関数は指数関数の逆関数に他ならない．指数関数 a^x は連続関数であるので対数関数 $\log_a x$ も連続関数であることが分かる．

以上の準備のもとに指数関数の微分を考えてみよう．

$$\frac{a^{x+h} - a^x}{h} = \frac{a^x(a^h - 1)}{h}$$

であるので

$$\lim_{h \to 0} \frac{a^h - 1}{h}$$

が存在することが分かれば，指数関数はすべての x で微分可能であることが分かる．

そこで $a>1$, $h>0$ の場合をまず考えよう．このとき $a^h>1$ であるが補題 2.13 を使うことによって
$$\lim_{h\to 0} a^h = 1$$
が示される．したがって
$$s = \frac{1}{a^h-1} > 0$$
とおくと
$$\lim_{h\to 0} s = +\infty$$
であることが分かる．
$$a^h = 1+\frac{1}{s}$$
であるので
$$h = \log_a\left(1+\frac{1}{s}\right)$$
が成り立ち，これより
$$\frac{a^h-1}{h} = \frac{1}{sh} = \frac{1}{s\log_a\left(1+\frac{1}{s}\right)} = \frac{1}{\log_a\left(1+\frac{1}{s}\right)^s} \tag{2.28}$$
$h\to 0$ のとき $s\to\infty$ であるので
$$\lim_{s\to\infty}\left(1+\frac{1}{s}\right)^s$$
の存在が問題となる．そこで次の問題を考えてみよう．

―― 問題 10 ――
(1) 正整数 n に対して
$$a_n = 1+1+\frac{1}{2!}+\frac{1}{3!}+\cdots+\frac{1}{n!}$$
とおくと数列 $\{a_n\}$ は収束することを示せ．

(2) この収束値を e と記し

$$e = 1+1+\frac{1}{2!}+\frac{1}{3!}+\cdots+\frac{1}{n!}+\cdots$$

と記す．このとき

$$e = 2.718\cdots$$

であることを示せ．

(3) 正整数 n に対して

$$b_n = \left(1+\frac{1}{n}\right)^n$$

とおくと数列 $\{b_n\}$ は e に収束することを示せ．

解答 (1) $n! = 1 \cdot 2 \cdot 3 \cdot \cdots \cdot n > 2^{n-1}$ が成り立つので

$$a_n < 1+1+\frac{1}{2}+\frac{1}{2^2}+\cdots+\frac{1}{2^{n-1}} = 1+\frac{1-\frac{1}{2^n}}{1-\frac{1}{2}} = 3-\frac{1}{2^{n-1}}$$

が成り立つ．したがって

$$a_1 < a_2 < a_3 < \cdots < a_n < a_{n+1} < \cdots < 3$$

が成り立つ．よって数列 $\{a_n\}$ は上に有界な単調増加数列であるので定理 6.2 より収束する．

(2)

$$\frac{1}{3!} = \frac{1}{6} = 0.166666666\cdots$$
$$\frac{1}{4!} = \frac{1}{24} = 0.041666666\cdots$$
$$\frac{1}{5!} = \frac{1}{120} = 0.00833333\cdots$$
$$\frac{1}{6!} = \frac{1}{720} = 0.00138888\cdots$$

したがって

$$1+1+\frac{1}{2!}+\frac{1}{3!}+\frac{1}{4!}+\frac{1}{5!}+\frac{1}{6!} = 2.71805555\cdots \qquad (2.29)$$

が成り立つ．また

$$\frac{1}{n!} + \frac{1}{(n+1)!} + \frac{1}{(n+2)!} + \cdots$$
$$= \frac{1}{n!}\left\{1 + \frac{1}{n+1} + \frac{1}{(n+1)(n+2)} + \frac{1}{(n+1)(n+2)(n+3)} + \cdots\right\}$$
$$< \frac{1}{n!}\left\{1 + \frac{1}{n+1} + \frac{1}{(n+1)^2} + \frac{1}{(n+1)^3} + \cdots\right\}$$
$$= \frac{1}{n!} \cdot \frac{1}{1 - \frac{1}{n+1}} = \frac{1}{n!} \cdot \frac{n+1}{n}$$

が成り立つ．$n=7$ の場合，

$$\frac{1}{7!} = 0.000198412698412698 4126\cdots$$

であるので $\frac{1}{7!} < 0.0002$ が成り立ち，先の不等式を使うと

$$\frac{1}{7!} + \frac{1}{8!} + \frac{1}{9!} + \cdots < \frac{1}{7!} \cdot \frac{8}{7} < 0.0002 \times \frac{8}{7} < 0.00023$$

が得られる．したがって式(2.29)より

$$e = 2.718\cdots$$

であることが分かる．

(3) 二項定理によって

$$\left(1+\frac{1}{n}\right)^n = 1 + \binom{n}{1}\frac{1}{n} + \binom{n}{2}\frac{1}{n^2} + \cdots + \binom{n}{n-1}\frac{1}{n^{n-1}} + \frac{1}{n^n}$$
$$= 1 + 1 + \frac{\left(1-\frac{1}{n}\right)}{2!} + \frac{\left(1-\frac{1}{n}\right)\left(1-\frac{2}{n}\right)}{3!} + \cdots$$
$$+ \frac{\left(1-\frac{1}{n}\right)\left(1-\frac{2}{n}\right)\cdots\left(1-\frac{n-2}{n}\right)}{(n-1)!}$$
$$+ \frac{\left(1-\frac{1}{n}\right)\left(1-\frac{2}{n}\right)\cdots\left(1-\frac{n-1}{n}\right)}{n!}$$

第 2 章 凸関数と微分

が成り立つ．したがって
$$a_n - b_n = \sum_{k=2}^{n} \frac{1}{k!} \left\{ 1 - \left(1 - \frac{1}{n}\right) \cdots \left(1 - \frac{k-1}{n}\right) \right\} > 0$$
が得られる．ここで相加平均と相乗平均に関する不等式（本章の問題 7 を参照）
$$\sqrt[m]{c_1 c_2 \cdots c_m} \leq \frac{c_1 + c_2 + \cdots + c_m}{m}, \quad c_i > 0$$
を使うと
$$\left(1 - \frac{1}{n}\right)\left(1 - \frac{2}{n}\right) \cdots \left(1 - \frac{k-1}{n}\right)$$
$$\leq \left\{ \frac{\left(1 - \frac{1}{n}\right) + \left(1 - \frac{2}{n}\right) + \cdots + \left(1 - \frac{k-1}{n}\right)}{k-1} \right\}^{k-1}$$
$$= \left\{ \frac{k - 1 - \frac{k(k-1)}{2n}}{k-1} \right\}^{k-1} = \left(1 - \frac{k}{2n}\right)^{k-1}$$
が得られるので
$$0 < a_n - b_n \leq \sum_{k=2}^{n} \frac{1}{k!} \left\{ 1 - \left(1 - \frac{k}{2n}\right)^{k-1} \right\}$$
が成り立つ．さらに因数分解 $(x^m - y^m) = (x-y)(x^{m-1} + x^{m-2}y + \cdots + xy^{m-2} + y^{m-1})$ を使うと
$$1 - \left(1 - \frac{k}{2n}\right)^{k-1} = \frac{k}{2n} \left\{ 1 + \left(1 - \frac{k}{2n}\right) + \left(1 - \frac{k}{2n}\right)^2 + \cdots + \left(1 - \frac{k}{2n}\right)^{k-2} \right\}$$
$$< \frac{k(k-1)}{2n}$$
が成り立つので，最終的に不等式
$$0 < a_n - b_n \leq \sum_{k=2}^{n} \frac{1}{k!} \cdot \frac{k(k-1)}{2n} = \frac{1}{2n} \sum_{k=2}^{n} \frac{1}{(k-2)!} = \frac{1}{2n} \sum_{m=0}^{n-2} \frac{1}{m!}$$
$$< \frac{1}{2n} \sum_{m=0}^{\infty} \frac{1}{m!} = \frac{e}{2n}$$

が得られる．これより
$$\lim_{n \to \infty}(a_n - b_n) = 0$$
が得られ，
$$\lim_{n \to \infty} b_n = \lim_{n \to \infty} a_n = e$$
が成り立つ．

この問題の結果を使って次の補題を証明しよう．

補題 2.15
$$\lim_{s \to +\infty}\left(1 + \frac{1}{s}\right)^s = e$$

［証明］ s を 1 つ選ぶと
$$n \leq s < n+1$$
が成り立つように整数 n を見出すことができる．このとき
$$\left(1 + \frac{1}{n+1}\right)^n < \left(1 + \frac{1}{s}\right)^s < \left(1 + \frac{1}{n}\right)^{n+1}$$
が成り立つ．これより不等式
$$\frac{\left(1 + \frac{1}{n+1}\right)^{n+1}}{1 + \frac{1}{n+1}} < \left(1 + \frac{1}{s}\right)^s < \left(1 + \frac{1}{n}\right)\left(1 + \frac{1}{n}\right)^n$$
が成り立つ．一方 $s \to +\infty$ のとき $n \to +\infty$ が成り立つので，この不等式から
$$\lim_{s \to +\infty}\left(1 + \frac{1}{s}\right)^s = e$$
が成り立つことが分かる． 【証明終】

以上の準備のもとに指数関数 a^r の微分を考えよう．式(2.28)より $h>0$ のとき

$$\lim_{h\to 0, h>0}\frac{a^h-1}{h}=\frac{1}{\log_a e}=\log_e a$$

が成り立つ．e を底とする対数は**自然対数**と呼ばれ，底 e を省略して $\log a$ と記す．数学以外では自然対数は $\ln a$ と記されることが多い．

これまでは $h>0$ として議論してきたが h を $-h$ に替えて計算すると

$$\lim_{h\to 0, h>0}\frac{a^{-h}-1}{-h}=\lim_{h\to 0, h>0}\frac{1-a^{-h}}{h}=\lim_{h\to 0, h>0}\frac{a^h-1}{h}\cdot\frac{1}{a^h}=\log a$$

が得られ，

$$\frac{da^x}{dx}(0)=\log a$$

が得られる．一般の x に対しては

$$\lim_{h\to 0}\frac{a^{x+h}-a^x}{h}=\lim_{h\to 0}\frac{a^x(a^h-1)}{h}=a^x\log a$$

であることが分かる．特に $a=e$ のときは

$$\frac{d}{dx}e^x=e^x$$

ときれいな形になる．これが e を底とする指数関数が使われる理由である．

対数関数は指数関数の逆関数であるので，自然対数 $y=\log x$ は

$$x=e^y$$

を意味し，この両辺を x に関して微分すると

$$1=e^y\frac{dy}{dx}=x\frac{dy}{dx}$$

が得られ

$$\frac{d}{dx}\log x=\frac{1}{x}$$

であることが分かる．一般の対数関数 $y=\log_a x$ に対しては

$$x=a^y$$

であり，この両辺を微分して

コラム 2.2 不等式を使わないオイラーの解析学

本書でも明らかなように解析では不等式が大切な役割をする．解析では $A \leq B$, $A \geq B$ を示して $A=B$ と結論を得ることが多い．しかし，このように解析学で不等式を使うようになったのは意外に新しく，コーシーが大変プリミティブな形ではあるがイプシロン・デルタ論法を始めてからである．

18世紀解析学で偉大な貢献をしたオイラーでも不等式は本質的な役割をしていない．その代わり無限小や無限大があたかも数のように取り扱われ，それが不等式の代わりをしている．オイラーの『無限小解析』の中から指数関数の取り扱いを覗いてみよう．記号は原則としてオイラーのままとするので，虚数単位 i の用法に慣れた私たちからは奇妙な感じを抱くが，18世紀の雰囲気を味わってほしい．

『$a^0=1$ であるので，ω が無限小であれば

$$a^\omega = 1+\psi$$

と書くことができる．ここで ψ は無限小である．$\psi=\omega$, $\psi<\omega$, $\psi>\omega$ のいずれかが成り立つので

$$\psi = k\omega$$

とおく．k は a より決まる．$a^\omega=1+k\omega$ であるので無限大 i に対して二項定理により

$$a^{i\omega} = (1+k\omega)^i = 1+\frac{i}{1}k\omega+\frac{i(i-1)}{1\cdot 2}k^2\omega^2+\frac{i(i-1)(i-2)}{1\cdot 2\cdot 3}k^3\omega^3+\cdots$$

が成り立つ．ここで z を有限の数として

$$i = \frac{z}{\omega}$$

であるとしよう．$z=i\omega$ であるので，上の式を書き換えて

$$a^z = e^{i\omega} = 1+\frac{1}{1}kz+\frac{1\cdot(i-1)}{1\cdot 2i}k^2z^2+\frac{1\cdot(i-1)(i-2)}{1\cdot 2i\cdot 3i}k^3z^3+\cdots$$

が成り立つ．i は無限大であるので

$$\frac{i-1}{i}=1, \quad \frac{i-2}{i}=1, \quad \frac{i-3}{i}=1, \quad \cdots$$

第 2 章　凸関数と微分

が成り立ち，したがって上の式は

$$a^z = 1+kz+\frac{1}{1\cdot 2}k^2z^2+\frac{1}{1\cdot 2\cdot 3}k^3z^3+\cdots$$

と書くことができる．特に

$$a = 1+k+\frac{1}{1\cdot 2}k^2+\frac{1}{1\cdot 2\cdot 3}k^3+\cdots$$

である．

このように不等号は出てくるけれども本質的なものではない．

$$a^\omega = 1+k\omega$$

は今日では

$$\lim_{\omega\to 0}\frac{a^\omega-1}{\omega}=k$$

と記すべきものである．したがって $k=\log a$ である．オイラーは指数関数 a^z が $z=0$ で微分可能であることを仮定して議論していることが分かる．

以上のオイラーの議論を今日の厳密な議論に書き換えるためには極限操作とそれを支える不等式が必要になる．

$$1 = a^y\log a\frac{dy}{dx} = x\log a\frac{dy}{dx}$$

であるので

$$\frac{d}{dx}\log_a x = \frac{1}{x\log a}$$

が成り立つことが分かる．

2.7　方程式論への応用

多項式は至るところで微分可能であり，n 次多項式の $(n+1)$ 階以上の導関数は 0 である．このために多項式の議論に微分を使うと議論が簡単になる場合が多い．

2.7 方程式論への応用

―― 問題 11 ――

x の整式(多項式) $f(x)$ が $(x-\alpha)^2$ で割り切れるための必要十分条件は $f(\alpha)=f'(\alpha)=0$ である．このことを証明せよ． (山口大学)

解答 $f(x)$ が $(x-\alpha)^2$ で割り切れると仮定すると

$$f(x) = (x-\alpha)^2 g(x)$$

となる多項式 $g(x)$ が存在する．すると

$$f'(x) = 2(x-\alpha)g(x) + (x-\alpha)^2 g'(x)$$

と書け $f(\alpha)=f'(\alpha)=0$ が成り立つ．

逆を証明する．$f(x)$ を $(x-\alpha)^2$ で割ると

$$f(x) = (x-\alpha)^2 g(x) + Ax + B$$

と書くことができる．したがって

$$f'(x) = 2(x-\alpha)g(x) + (x-\alpha)^2 g'(x) + A$$

$f(\alpha)=f'(\alpha)=0$ と仮定すると

$$f(\alpha) = A\alpha + B = 0, \quad f'(\alpha) = A = 0$$

が成り立ち，これより $B=0$．したがって $f(x)$ は $(x-\alpha)^2$ で割り切れる．

この問題は次の定理に一般化することができる．

定理 2.16 多項式 $f(x)$ が m 重根 $(m\geq 2)$ [*2] α を持つための必要十分条件は

$$f(\alpha) = f'(\alpha) = \cdots = f^{(m-1)}(\alpha) = 0$$

が成り立つことである．またちょうど m 重根を持つ必要十分条件は上の条件

[*2] 多項式 $f(x)$ は $f(x)=(x-\alpha)^m g(x)$ と因数分解できるときに $f(x)$ は m 重根を持つという，さらに $f(x)=(x-\alpha)^{m+1}h(x)$ となるような多項式 $h(x)$ が存在しないときに，ちょうど m 重根を持つという．

と
$$f^{(m)}(\alpha) \neq 0$$
が共に成り立つことである.

[証明]
$$f(x) = (x-\alpha)^m g(x)$$
となる多項式 $g(x)$ が存在すると仮定する.このとき m に関する帰納法で
$$f(\alpha) = f'(\alpha) = \cdots = f^{(m-1)}(\alpha) = 0$$
を示す.$m=1$ のときは明らか.$m-1$ まで示されたと仮定する.そこで $h(x) = (x-\alpha)^{m-1} g(x)$ とおくと,帰納法の仮定により
$$h(\alpha) = h'(\alpha) = \cdots = h^{(m-2)}(\alpha) = 0$$
が成り立つ.$f(x) = (x-\alpha)h(x)$ と書けるので
$$f'(x) = h(x) + (x-\alpha)h'(x), \quad f''(x) = 2h'(x) + (x-\alpha)h''(x)$$
が成り立つ.さらに微分を続けることによって
$$f^{(m-1)}(x) = (m-1)h^{(m-2)}(x) + (x-\alpha)h^{(m-1)}(x)$$
が成り立つことが分かる.これより
$$f^{(m-1)}(\alpha) = 0$$
であることが分かる.一方,仮定より
$$f(\alpha) = f'(\alpha) = \cdots = f^{(m-2)}(\alpha) = 0$$
が成り立つので,必要条件が証明された.

十分条件を示すために

$$f(x) = (x-\alpha)^m g(x) + A_0 + A_1 x + \cdots + A_{m-1} x^{m-1}$$

と記す．このとき $0 = f^{(m-1)}(\alpha) = (m-1)! A_{m-1}$ より $A_{m-1} = 0$ でなければならない．すると $0 = f^{(m-2)}(\alpha) = (m-2)! A_{m-2}$ が成り立つので $A_{m-2} = 0$ である．以下この議論を続けて $A_k = 0$, $k = 0, 1, \ldots, m-1$ が示され，$f(x)$ は $(x-\alpha)$ で割り切れることが分かる．

$f(x)$ が $(x-\alpha)^m$ で割り切れ，$(x-\alpha)^{m+1}$ で割り切れないときは $f(x) = (x-\alpha)^m g(x)$ とおいたときに $g(x)$ が $x-\alpha$ で割り切れないことを意味し，これは $g(\alpha) \neq 0$ を意味する．

$$f^{(m)}(\alpha) = m! g(\alpha)$$

であるので，このとき $f^{(m)}(\alpha) \neq 0$ である． 【証明終】

---- 問題 12 ----

正の整数 n に対して整式 $x^n - nx^2 + nx - 1$ が $(x-1)^2$ で割り切れることを2通りの方法で証明せよ． (愛知教育大学)

解答 (第一の解答) $f(x) = x^n - nx^2 + nx - 1$ とおくと $f'(x) = nx^{n-1} - 2nx + n$ であるので $f(1) = f'(1) = 0$．したがって $f(x)$ は $(x-1)^2$ で割り切れる．

(第二の解答)

$$\begin{aligned} x^n - nx^2 + nx - 1 &= x^n - 1 - nx(x-1) \\ &= (x-1)(x^{n-1} + x^{n-2} + \cdots + x + 1) - nx(x-1) \\ &= (x-1)\{x^{n-1} + x^{n-2} + \cdots + (1-n)x + 1\} \end{aligned}$$

そこで

$$g(x) = x^{n-1} + x^{n-2} + \cdots + (1-n)x + 1$$

とおくと $g(1) = 0$ であるので $g(x)$ は $x-1$ で割り切れる．したがって $f(x)$ は $(x-1)^2$ で割り切れる．

この問題と関係して次の問題を考えてみよう．

第 2 章　凸関数と微分

---**問題 13**---

n 次の多項式 $P(x), Q(x)$ に対して

$$P(k) = Q(k), \quad k = 0, 1, 2, \ldots, n$$

が成り立てば $P(x)=Q(x)$ であることを示せ．

解答　$F(x)=P(x)-Q(x)$ とおくと $F(x)$ の次数は n 以下である．一方，仮定から

$$F(0) = F(1) = \cdots = F(n) = 0$$

が成り立ち，$F(x)$ は少なくとも $n+1$ 個の零点を持つ．これは $F(x)=0$ であることを意味する．

---**問題 14**---

n 次の多項式 $P(x)$ に対して

$$P(x) = P(a)+P'(a)(x-a)+\frac{P''(a)}{2!}(x-a)^2+\cdots$$
$$+\frac{P^{(k)}(a)}{k!}(x-a)^k+\cdots+\frac{P^{(n)}(a)}{n!}(x-a)^n \qquad (2.30)$$

が成り立つことを示せ．

解答　$P(x) = p_0+p_1(x-a)+p_2(x-a)^2+\cdots+p_k(x-a)^k+\cdots+p_n(x-a)^n$

とおくと

$$P(a) = p_0$$

一般に

$$\frac{d^k}{dx^k}(x-a)^m = \begin{cases} 0 & (m < k) \\ m(m-1)\cdots(m-k+1)(x-a)^{m-k} & (m \geq k) \end{cases}$$

が成り立つので

$$P^{(k)}(a) = k! p_k$$

が成り立つ．したがって(2.30)が成り立つ．

2.8 テイラーの定理

ところで，前節の問題14で多項式を点$x=a$でのk次微分係数を使って表わすことを取り扱った．ここではこの事実を一般の微分可能な関数に対して一般化しよう．

関数$f(x)$は点aの近傍の各点でn階まで微分可能と仮定する．このとき次の定理が成り立つ．

定理2.17(テイラーの定理) 関数$f(x)$はある区間でn階まで微分可能と仮定する．この区間の点aとxに対して

$$f(x) = f(a) + f'(a)(x-a) + \frac{f''(a)}{2!}(x-a)^2 + \frac{f^{(3)}(a)}{3!}(x-a)^3 + \cdots$$
$$+ \frac{f^{(n-1)}(a)}{(n-1)!}(x-a)^{n-1} + \frac{f^{(n)}(\xi)}{n!}(x-a)^n$$

が成り立つようにaとxの間の点ξを見出すことができる．ξは

$$\xi = a + \theta(x-a), \quad 0 < \theta < 1$$

と書くことができる．

[証明]

$$F(x) = f(x) - \left\{ f(a) + f'(a)(x-a) + \frac{f''(a)}{2!}(x-a)^2 + \frac{f^{(3)}(a)}{3!}(x-a)^3 + \cdots \right.$$
$$\left. + \frac{f^{(n-1)}(a)}{(n-1)!}(x-a)^{n-1} \right\}$$

とおく．すると

第 2 章　凸関数と微分

$$F(a) = F'(a) = F''(a) = \cdots = F^{(n-1)}(a) = 0$$

および

$$F^{(n)}(x) = f^{(n)}(x)$$

が成り立つ．そこで一般化された平均値の定理(定理 2.9)を $F(x)$ と $G(x) = (x-a)^n$ に区間 $[a,x]$ で適用すると

$$\frac{F(x)-F(a)}{G(x)-G(a)} = \frac{F(x)}{(x-a)^n} = \frac{F'(x_1)}{n(x_1-a)^{n-1}}$$

となる点

$$x_1 = a + \theta_1(x-a), \quad 0 < \theta_1 < 1$$

が存在する．次に $F'(x)$ と $G'(x)$ に対して再び定理 2.9 を区間 $[a, x_1]$ で適用する．$F'(a) = G'(a) = 0$ に注意すると

$$\frac{F'(x_1)}{n(x_1-a)^{n-1}} = \frac{F''(x_2)}{n(n-1)(x_2-a)^{n-2}}$$

が成り立つ点

$$x_2 = a + \theta_2(x_1-a), \quad 0 < \theta_2 < 1$$

が存在する．したがって

$$\frac{F(x)}{(x-a)^n} = \frac{F''(x_2)}{n(n-1)(x_2-a)^{n-2}}$$

が成立する．以下この操作を続けると

$$\frac{F(x)}{(x-a)^n} = \frac{F^{(n)}(\xi)}{n!} = \frac{f^{(n)}(\xi)}{n!}$$

となる点 ξ が a と x の間に存在することが分かる．これを書き換えると

$$F(x) = \frac{f^{(n)}(\xi)}{n!}(x-a)^n$$

となり定理が証明された． 【証明終】

さてテイラーの定理を指数関数 $f(x) = e^x$ に適用してみよう．指数関数はす

べての点で無限回微分可能であるので，上の定理の n は自由にとれる．$a=0$ として n の代わりに $n+1$ で定理を適用する．

$$f^{(m)}(0) = 1, \quad m = 0, 1, 2, \ldots$$

であるので

$$e^x = 1 + x + \frac{1}{2!}x^2 + \frac{1}{3!}x^3 + \cdots + \frac{1}{n!}x^n + \frac{e^\xi}{(n+1)!}x^{n+1}$$

が成り立つように 0 と x の間の点 ξ がとれる．M を任意に選んだ正の数として $|x| \leq M$ の範囲，すなわち区間 $[-M, M]$ で上の式を考えてみよう．

$$F_n(x) = e^x - \sum_{k=0}^{n} \frac{1}{k!}x^k = \frac{e^\xi}{(n+1)!}x^{n+1}$$

とおく．$|x| \leq M$ より $|\xi| < M$ が成り立ち，したがって $e^\xi < e^M$ である．したがって評価式

$$|F_n(x)| = \frac{e^\xi}{(n+1)!}|x|^{n+1} \leq \frac{e^M M^{n+1}}{(n+1)!}$$

が成り立つ．M は固定した正の数であるので

$$\lim_{n \to \infty} \frac{M^n}{n!} = 0$$

を示すことができる(第 6 章問題 4 を参照のこと)．したがって $|x| \leq M$ であれば

$$\lim_{n \to \infty} |F_n(x)| = 0$$

が成り立つ．すなわち n を大きくするに従って

$$\sum_{k=0}^{n} \frac{1}{k!}x^k$$

は e^x に収束する，しかもこの収束は $|x| \leq M$ である限り x の値に関係なく

$$\lim_{n \to \infty} \frac{e^M M^{n+1}}{(n+1)!} = 0$$

の収束のスピードで e^x に収束する．収束のスピードが x に関係しないので一様収束である(第 1 章 4 節，第 6 章 5 節定義 6.7 を参照のこと)．ところで

第 2 章　凸関数と微分

$$\lim_{n\to\infty} \sum_{k=0}^{n} \frac{1}{k!} x^k$$

を通常は

$$\sum_{k=0}^{\infty} \frac{1}{k!} x^k = 1+x+\frac{1}{2!}x^2+\frac{1}{3!}x^3+\cdots+\frac{1}{n!}x^n+\cdots \tag{2.31}$$

と記し，指数関数 e^x の原点を中心とする**テイラー展開**という．一般に x に関するベキ級数

$$\sum_{k=0}^{\infty} a_k x^k \tag{2.32}$$

は部分和

$$S_n(x) = \sum_{k=0}^{n} a_k x^k$$

をとり $n\to\infty$ のときに関数列 $\{S_n(x)\}$ が点 x で収束するときベキ級数 (2.32) は点 x で収束するという．このように定義するとベキ級数 (2.31) はすべての点 x で収束し，その値は e^x であるということができる．このことを

$$e^x = \sum_{k=0}^{\infty} \frac{1}{k!} x^k = 1+x+\frac{1}{2!}x^2+\frac{1}{3!}x^3+\cdots+\frac{1}{n!}x^n+\cdots$$

と表現する．

ところで一般にベキ級数はすべての点 x で収束するとは限らない．たとえば等比級数

$$1+x+x^2+x^3+\cdots+x^n+\cdots$$

は $|x|<1$ でのみ収束する．ベキ級数がどのような x で収束するかは重要な問題であるが，これについては本書の続編である「複素解析編」で詳しく議論する．とりあえずは章末の練習問題 2.8 を参照してほしい．

次に三角関数について考えてみよう．$f(x)=\sin x$ とおくと

$$f^{(n)}(x) = \begin{cases} (-1)^m \cos x & (n = 2m+1, \quad m = 0, 1, 2, \ldots) \\ (-1)^m \sin x & (n = 2m, \quad m = 0, 1, 2, \ldots) \end{cases}$$

となるので

$$f^{(n)}(0) = \begin{cases} (-1)^m & (n = 2m+1, \quad m = 0, 1, 2, \ldots) \\ 0 & (n = 2m, \quad m = 0, 1, 2, \ldots) \end{cases}$$

が成り立つ．そこで $a=0$, $n=2m+3$ に対してテイラーの定理を適用すると

$$\sin x = \sum_{k=0}^{m} \frac{(-1)^k}{(2k+1)!} x^{2k+1} + \frac{(-1)^{m+1} \sin \xi}{(2m+3)!} x^{2m+3}$$

が成り立つように 0 と x の間の点 ξ を見出すことができる．正数 M を任意に選んで $|x| \leq M$ の範囲で x を考える．$|\sin \xi| \leq 1$ であるので

$$\left| \sin x - \sum_{k=0}^{m} \frac{(-1)^k}{(2k+1)!} x^{2k+1} \right| \leq \frac{M^{2m+3}}{(2m+3)!}$$

が成り立ち

$$\lim_{m \to \infty} \left| \sin x - \sum_{k=0}^{m} \frac{(-1)^k}{(2k+1)!} x^{2k+1} \right| = 0$$

となる．したがって $|x| \leq M$ であれば

$$\sin x = \sum_{k=0}^{\infty} \frac{(-1)^k}{(2k+1)!} x^{2k+1} \tag{2.33}$$

であることが分かる．$|x| \leq M$ で右辺の収束のスピードは x によらず，したがって一様収束である．また，M は任意に選ぶことができたので，すべての点 x で (2.33) が成立する．すなわち正弦関数 $\sin x$ の原点を中心とするテイラー展開は (2.33) の右辺で与えられる．正弦関数は周期 2π を持つ周期関数であるがテイラー展開を見ただけでは周期 2π を持つことは見えてこない．これは考えてみると不思議なことである．

同様に余弦関数 $\cos x$ のテイラー展開は

$$\cos x = \sum_{m=0}^{\infty} \frac{(-1)^m}{(2m)!} x^{2m} \tag{2.34}$$

で与えられる．

ところで無限回微分可能な関数はテイラー展開を持つとは限らない．演習問題 2.2 の関数 $f(x)$ は $f^{(n)}(0)=0$, $n=0,1,2,\ldots$ であり，テイラー展開を持つとするとそれは 0 である．しかし $f(x)$ は恒等的には 0 でないので，テイラー展開は持たない．

第 2 章　凸関数と微分

点 a を中心とするテイラー展開を持つ関数は点 a で実解析的な関数と呼ばれる．多くの重要な関数は実解析的である．実解析的な関数が重要であるのは，テイラー展開を通して複素数を変数とする関数に自然に拡張できる点にある．このことを三角関数と指数関数に対して見てみよう．

2.9　オイラーの公式

複素数まで関数の定義域を拡張して考えると三角関数と指数関数とは密接に関係することを見出したのはオイラーであった．複素数を使った解析は，次の巻の主要なテーマになるが，ここではその準備も込めてオイラーが見出した三角関数と指数関数の関係式を導こう．

(1) 複 素 数

複素数を簡単に復習しておこう．2 乗して -1 になる数の 1 つを i と記し**虚数単位**と呼ぶ．実数 a,b に対して $a+bi$ と書くことのできる数を**複素数**という．2 つの複素数 $a+bi$ と $c+di$ は $a=c,\ b=d$ のとき，この 2 つの複素数は等しいと定義する．また $a+0i$ と a とを同一して実数 a は複素数の特別な場合であると考える．

さらに複素数 $a+bi$ に対して座標平面の点 (a,b) を対応させることによって複素数を幾何学的に取り扱うことができる．このときに，x 軸を**実軸**，y 軸を**虚軸**と呼び，座標平面を**複素平面**[*3]という（図 2.15）．複素数 $\alpha=a+bi$ で a を複素数 α の**実部**といい $\operatorname{Re}\alpha$ と記し，b を複素数 α の**虚部**といい $\operatorname{Im}\alpha$ と記す．複素数 $\alpha=a+bi$ に対して，その虚部の符号を変えたもの $a-bi$ を複素数 α の**共役複素数**といい，$\overline{\alpha}$ と記す．

複素数に対しても四則演算を定義することができる．

[*3] 高校数学では，複素平面を複素数平面とわざわざ異なる名称をつけているのは理解に苦しむところである．英語では complex plane といい，complex number plane という用語は使わない．実軸も実数軸の意味であるが，real line と呼んで real number line とは言わない．

2.9 オイラーの公式

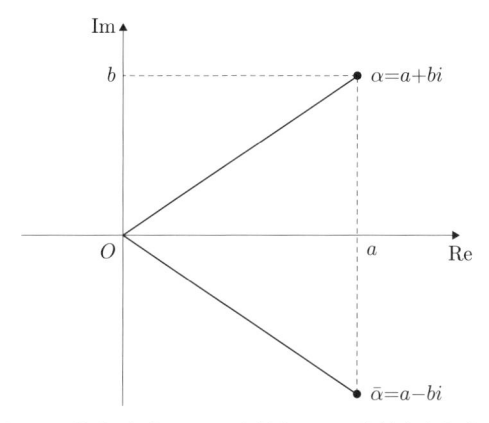

図 2.15 複素平面．Re は実軸を Im は虚軸を表わす．$\overline{\alpha}$ は α の複素共役.

$$(a+bi)+(c+di) = (a+c)+(b+d)i \tag{2.35}$$

$$(a+bi)-(c+di) = (a-c)+(b-d)i \tag{2.36}$$

$$(a+bi)\cdot(c+di) = (ac-bd)+(ad+bc)i = (c+di)\cdot(a+bi) \tag{2.37}$$

割り算を定義する前に複素数 $\alpha=a+bi$ とその共役複素数 $\overline{\alpha}=a-bi$ の積を計算してみよう．

$$(a+bi)(a-bi) = a^2+b^2$$

したがって，$\alpha\overline{\alpha}\geq 0$ であり，特に $\alpha\neq 0$ であれば $\alpha\overline{\alpha}>0$ である．そこで $\sqrt{\alpha\overline{\alpha}}=\sqrt{a^2+b^2}$ を複素数 α の**絶対値**といい $|\alpha|$ と記す．

$$|\alpha| = \sqrt{\alpha\overline{\alpha}} \tag{2.38}$$

絶対値は実数の場合の絶対値の自然な拡張になっている．さらに，式(2.38)を使うと

$$\frac{1}{|\alpha|^2}(a-bi)\cdot\alpha = 1$$

であることが分かるので

第 2 章 凸関数と微分

$$\frac{1}{\alpha} = \frac{1}{|\alpha|^2}(a-bi) \tag{2.39}$$

とおくことができる．この事実を使うと割り算は

$$(c+di)\div(a+bi) = (c+di)\times\frac{1}{a+bi} = \frac{1}{a^2+b^2}\{(ac-bd)+(ad-bc)i\} \tag{2.40}$$

と定義することができる．

複素数の数列 $\{\alpha_n\}$ が α に近づくとは，$n\to\infty$ のとき $|\alpha_n-\alpha|\to 0$ を意味する．このとき実数の場合と同様に $\alpha_n\to\alpha(n\to\infty)$ や $\lim_{n\to\infty}\alpha_n=\alpha$ などと記す．ところで複素数 $\alpha=a+bi$ と $\beta=c+di$ に対して，差の絶対値

$$|\alpha-\beta| = \sqrt{(a-c)^2+(b-d)^2}$$

は座標平面での点 (a,b), (c,d) の距離に他ならない．したがって $\alpha_n=a_n+b_n i$, $\alpha=a+bi$ であれば $\alpha_n\to\alpha(n\to\infty)$ は点列 (a_n,b_n) が点 (a,b) に収束することを意味する．また，$\lim_{n\to\infty}\alpha_n=\alpha$ であることは α_n も実部，虚部が $\lim_{n\to\infty}a_n=a$, $\lim_{n\to\infty}b_n=b$ であることと同値であることも簡単に示すことができる．これより，複素数列の収束は，その実部と虚部の収束の問題に帰着され，したがって実数の議論が適用できることが分かる．

(2) 複素数上の指数関数

複素数 z に対して無限級数

$$\sum_{k=0}^{\infty}\frac{z^k}{k!} = 1+z+\frac{z^2}{2!}+\cdots+\frac{z^n}{n!}+\cdots \tag{2.41}$$

を考える．z が実数 x の場合は前節で示したように，この無限級数は収束して指数関数 e^x を表わす．複素数の場合もこの無限級数は収束することが分かる．そのことは章末の演習問題 2.8 からの帰結である．

そこで(2.41)で定まる複素数の関数を e^z と記す．注意して欲しいのは z が複素数であれば e^z は e の z 乗ではない(そもそも複素数乗は意味がない)ことである．収束のことはしばらく考えないことにして，以下では形式的な計算をしてみよう．続編で，ここの議論が正当化される．

2.9 オイラーの公式

—— 問題 15 ——

複素数 z, w に対して指数法則の類似

$$e^z e^w = e^{z+w}$$

が成り立つことを示せ.

解答

$$\begin{aligned}
e^z e^w &= \sum_{k=0}^{\infty} \frac{z^k}{k!} \cdot \sum_{l=0}^{\infty} \frac{w^l}{l!} \\
&= \sum_{n=0}^{\infty} \left(\sum_{k+l=n} \frac{z^k}{k!} \cdot \frac{w^l}{l!} \right) \\
&= \sum_{n=0}^{\infty} \left(\sum_{k=0}^{n} \frac{z^k w^{n-k}}{k!(n-k)!} \right) \\
&= \sum_{n=0}^{\infty} \left(\frac{1}{n!} \sum_{k=0}^{n} \frac{n!}{k!(n-k)!} z^k w^{n-k} \right) \\
&= \sum_{n=0}^{\infty} \frac{1}{n!} (z+w)^n \\
&= e^{z+w}
\end{aligned}$$

無限和であるので, 足す順序を勝手に変えることは一般には許されない. 今の場合, 上のような変形が許されることは続編で述べる.

この問題によって

$$z = x+yi, \quad x, y \in \mathbb{R}$$

と記すと

$$e^z = e^x e^{iy}$$

と書くことができることが分かる. e^x は実数の指数関数である. では e^{iy} は何を意味するのだろうか. 定義に基づいて無限級数

$$\sum_{k=0}^{\infty} \frac{(iy)^k}{k!} = 1 + iy + \frac{(iy)^2}{2!} + \frac{(iy)^3}{3!} + \frac{(iy)^4}{4!} + \cdots$$

の実部と虚部を計算してみよう. 虚数単位 i の偶数乗は ± 1, 奇数乗は $\pm i$ に

第 2 章 凸関数と微分

注意すると

$$\begin{aligned}
e^{iy} &= 1+iy+\frac{(iy)^2}{2!}+\frac{(iy)^3}{3!}+\frac{(iy)^4}{4!}+\cdots \\
&= \left(1-\frac{y^2}{2!}+\frac{y^4}{4!}-\frac{y^6}{6!}+\cdots+(-1)^n\frac{y^{2n}}{(2n)!}+\cdots\right) \\
&\quad +i\left(y-\frac{y^3}{3!}+\frac{y^5}{5!}-\cdots+(-1)^{2n+1}\frac{y^{2n+1}}{(2n+1)!}+\cdots\right) \\
&= \cos y+i\sin y
\end{aligned}$$

が成り立つことが分かる．無限和の足す順序を変えることは一般には許されないが，ここでは許されることを証明する必要がある．そのことも続編で示す．

以上の形式的な計算から，無限級数の和を変更することが許されることを証明することによって，次の定理が証明される．

定理 2.18(オイラーの関係式)　実数 θ に関して
$$e^{i\theta} = \cos\theta+i\sin\theta \tag{2.42}$$
が成り立つ．

上の問題 15 によって

$$e^{i(\theta_1+\theta_2)} = e^{i\theta_1}e^{i\theta_2}$$

が成立する．オイラーの関係式 (2.42) によって，これは

$$\cos(\theta_1+\theta_2) = (\cos\theta_1+i\sin\theta_1)(\cos\theta_2+i\sin\theta_2)$$

が成り立つ．この右辺を計算することによって三角関数の加法公式が証明できる．

定理 2.19(三角関数の加法公式)　次の加法公式が成立する．
$$\sin(\theta_1\pm\theta_2) = \sin\theta_1\cos\theta_2\pm\cos\theta_1\sin\theta_2 \tag{2.43}$$
$$\cos(\theta_1\pm\theta_2) = \cos\theta_1\cos\theta_2\mp\sin\theta_1\sin\theta_2 \tag{2.44}$$

2.9 オイラーの公式

さらに

$$e^{in\theta} = \left(e^{i\theta}\right)^n$$

に注意すればド・モアブルの公式が成り立つことが直ちに分かる.

> **定理 2.20**(ド・モアブルの公式) すべての整数 n に対して
> $$(\cos\theta + i\sin\theta)^n = \cos n\theta + i\sin n\theta$$
> が成り立つ.

ド・モアブルの公式は通常は正の整数 n に対してしか証明されないが，上の考え方を使えば実は負の整数に対しても正しいことが分かる.

さらに等式(2.42)に $\theta=\pi$ を代入することによって

$$e^{\pi i} = -1, \quad e^{2\pi i} = 1 \qquad (2.45)$$

が成り立つことが分かる．これもオイラーの公式と呼ばれることがある.

ふたたび指数法則(問題 15)を使うことによって

$$e^{z+2\pi i} = e^z$$

であることが分かる.

> **定理 2.21** 複素数の指数関数 e^z は $2\pi i$ を基本周期に持つ周期関数である．すべての周期が，ある周期の整数倍になるときに，この周期を基本周期と呼ぶ.

[証明] $2\pi i$ が複素数の指数関数 e^z の周期であることは上で示した．そこで e^z の周期は $2\pi i$ の整数倍であることを示そう．これが示されれば $2\pi i$ が e^z の基本周期であることが分かる．そこで

$$e^{z+\alpha} = e^z$$

が成立したと仮定する．この両辺を e^z で割ることによって

第 2 章　凸関数と微分

$$e^\alpha = 1$$

が成り立つことが分かる．そこで

$$\alpha = a+bi, \quad a,b \in \mathbb{R}$$

と書くと

$$e^\alpha = e^a e^{ib} = e^a(\cos b + i\sin b) = 1$$

が成り立つ．したがって

$$\sin b = 0, \quad e^a \cos b = 1$$

でなければならない．$\sin b=0$ より，ある整数 m によって $b=m\pi$ と書けることが分かる．このとき $\cos b=\pm 1$ であるが，$e^a>0$ であるので

$$e^a = 1, \quad b = 2n\pi$$

であることが分かる．ここで n は整数である．これより $a=0$ であることも分かり，$\alpha=2n\pi i$ であることが分かった．　　　　　　　　　　　【証明終】

実数の指数関数では思いもつかないことであるが，複素数まで変数を拡げるとこのように指数関数は周期関数になるのである．

なお，第 1 章で取り扱ったフーリエ級数は複素数の指数関数

$$e^{in\theta}, \quad n = 0, \pm 1, \pm 2, \ldots$$

を使った方がきれいに書くことができる．

$$e^{inx} = \cos nx + i\sin nx$$

$$e^{-inx} = \cos nx - i\sin nx$$

より

$$\sin nx = \frac{e^{inx} - e^{-inx}}{2i}, \quad \cos nx = \frac{e^{inx} + e^{-inx}}{2}$$

が成り立つ．このことはすでに第 1 章で使ったが，フーリエ級数も

$$a_n \cos nx + b_n \sin nx = a_n \cdot \frac{e^{inx}+e^{-inx}}{2} + b_n \cdot \frac{e^{inx}-e^{-inx}}{2i}$$
$$= \frac{a_n-b_n i}{2} e^{inx} + \frac{a_n+b_n i}{2} e^{-inx}$$

を使って

$$\sum_{m=-\infty}^{\infty} c_n e^{imx}$$

の形に書き表わすことができる．

第2章 演習問題

2.1 $g(x)$ が 0 にならないときに商の微分は
$$\frac{d}{dx}\left(\frac{f(x)}{g(x)}\right) = \frac{f'(x)g(x)-f(x)g'(x)}{g(x)^2}$$
で与えられることを示せ．

2.2 関数 $f(x)$ を
$$f(x) = \begin{cases} e^{-\frac{1}{x^2}} & (x \neq 0) \\ 0 & (x = 0) \end{cases}$$
と定義すると $f(x)$ はすべての点で無限回微分可能であり
$$f^{(n)}(0) = 0$$
であることを示せ．

2.3 関数 $f(x)$ を
$$f(x) = \begin{cases} e^{-\frac{1}{x}} & (x > 0) \\ 0 & (x \leq 0) \end{cases}$$
と定義すると $f(x)$ はすべての点で無限回微分可能であり
$$f^{(n)}(0) = 0$$

であることを示せ.

2.4 ラジアンの代わりに度を使った三角関数 $\sin x°$ を考えるとき

$$\frac{d}{dx} = \sin x° = \frac{\pi}{180}\cos x°$$

を示せ.

2.5 すべての x に対して

$$e^x = \lim_{n\to\infty}\left(1+\frac{x}{n}\right)^n$$

が成り立つことを示せ. ここで n は正整数を動く.

2.6 正弦関数 $\sin x$ の点 a を中心とするテイラー展開は

$$\sin x = \sin a + (\cos a)(x-a) - \frac{\sin a}{2!}(x-a)^2$$
$$-\frac{\cos a}{3!}(x-a)^3 + \frac{\sin a}{4!}(x-a)^4 + \frac{\cos a}{5!}(x-a)^5 + \cdots$$
$$= \sum_{n=0}^{\infty}\left\{\frac{(-1)^n\cos a}{(2n+1)!}(x-a)^{2n+1} + \frac{(-1)^{n+1}\sin a}{(2n+2)!}(x-a)^{2n+2}\right\}$$

で与えられることを示せ. またこのベキ級数はすべての点 x で収束することを示せ.

2.7 関数 $\log(1-x)$ の原点を中心とするテイラー展開は

$$\log(1-x) = x + \frac{x^2}{2} + \frac{x^3}{3} + \cdots + \frac{x^n}{n} + \cdots$$

であることを示せ. このベキ級数はどのような x で収束するか.

2.8 ベキ級数

$$a_0 + a_1 x + a_2 x^2 + \cdots + a_n x^n + a_{n+1} x^{n+1} + \cdots$$

が $x=x_0$ で収束すれば $|x|<|x_0|$ であるすべての x で, このベキ級数は収束することを示せ. さらに $|z|<|x_0|$ を満たす複素数でも収束することを示せ.

3 積分とは何か

微分が関数の局所的な性質を記すのに適していることは前章の議論から明らかであろう．では，瞬間的な変化が積み重なっていくと何が起こるかをどのように記述したらよいのであろうか．この疑問に答えるのが積分である．

ニュートンとライプニッツは微分と積分が互いに逆の関係になっていることを見出した．彼らが微分積分学の創始者と称されるのはこの事実にある．ニュートンは微分を流率，積分を流量と呼んだ．流れの瞬間的な変化の割合が流率であり，ある時間内の流れの全量を流量と考えると微分と積分の関係が直感的に明らかになろう．本章では積分の意味を考え，微分との関係を明らかにする．

3.1 リーマン積分

現在の高校数学では，連続関数 $f(x)$ の定積分
$$\int_a^b f(x)\,dx$$
は $f(x)$ を導関数として持つ関数 $F(x)$（これを $f(x)$ の不定積分という）を使って
$$\int_a^b f(x)\,dx = F(b) - F(a)$$
と定義する．定義としてはこれでよいが，そうすると次のような問題と積分との関係が見えなくなってしまう．

第 3 章 積分とは何か

---- 問題 1 ----------

n を自然数とする．次の極限を求めよ．
$$\lim_{n\to\infty} \frac{1}{\log n}\left(1+\frac{1}{2}+\frac{1}{3}+\cdots+\frac{1}{n}\right)$$

(東京工業大学)

この問題は関数 $y=\dfrac{1}{x}$ の積分と深く関係している．定積分を不定積分から求めるのではなく区分求積法で求めることによって，問題を解くことができる．

そこで，まず定積分の定義を述べよう．不定積分からは不連続な関数の積分は直接求めることができないが，不連続関数でも定積分を定義できる場合があることも後の議論で重要になる．さらに，フーリエ解析やヒルベルト空間では，ここで定義する定積分（通常，リーマン積分と呼ばれる）では不十分で，積分概念を拡張することが必要となる．そのことは第 6 章のコラムで少し触れることにする．

微分が微小時間の変化率を表現しているのに対して，積分は微小時間の変化が積み重なって有限の時間にどれくらい変化したかを表わす量と考えることができる．

時刻 $t=a$ から $t=b$ までの各時刻 t での瞬間的な変化が関数 $f(t)$ で表わされたとすると，区間 $[a,b]$ を

$$t_0 = a < t_1 < t_2 < \cdots < t_{N-1} < t_N = b \tag{3.1}$$

と小さな区間に分けて（図 3.1）

図 3.1 区間 $[a,b]$ を分割する．

$$S = \sum_{j=1}^{N} f(\xi_j)(t_j - t_{j-1}), \quad t_{j-1} \leq \xi_j \leq t_j \tag{3.2}$$

を考えると，これが時刻 $t=a$ から $t=b$ までの変化の大まかな総量であることが図 3.2 から分かるであろう．ここで区間 $[a,b]$ の分割 (3.1) を t_j-t_{j-1}, $j=$

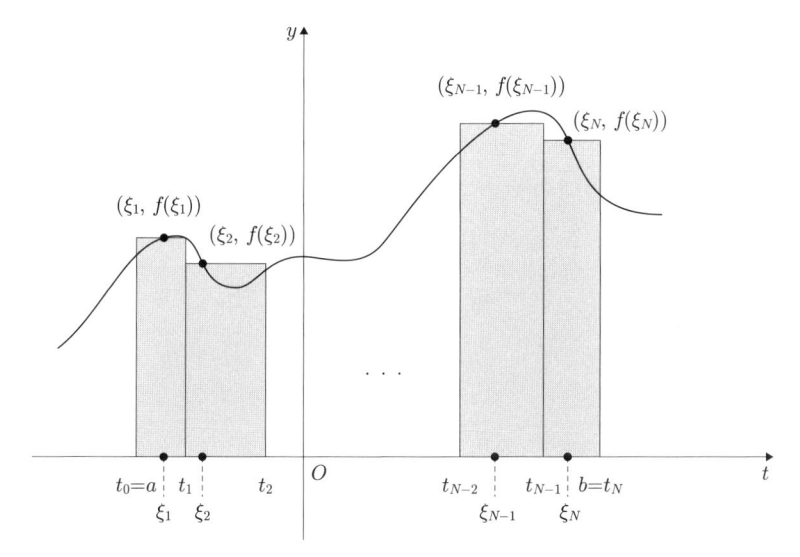

図 3.2 時刻 $t=a$ から $t=b$ までの変化の総量はほぼカゲをつけた部分の面積に等しい.

$1, 2, \ldots, N$ がどんどん小さくなるようにとっていったときに (3.2) の S がある値に近づけば $f(t)$ は区間 $[a, b]$ で積分可能であるといい,この極限値を

$$\int_a^b f(t)\,dt$$

と記し,関数 $f(t)$ の a から b までの**定積分**という.

図 3.2 から明らかなように,これは t 軸の区間 $[a, b]$ とその上にあるグラフで囲まれた図形の面積に他ならない.ただし,グラフが t 軸の下にあるときは面積は負と考える(図 3.3).この場合は (3.2) が負になることから明らかであろう.また $a<b$ のとき

$$\int_b^a f(t)\,dt = -\int_a^b f(t)\,dt$$

と約束する.

$f(x)$ が区間 $[a, b]$ で連続であるときに,上で定義した定積分 $\int_a^b f(x)\,dx$ は $f(x)$ の不定積分 $F(x)$ を使って

第 3 章 積分とは何か

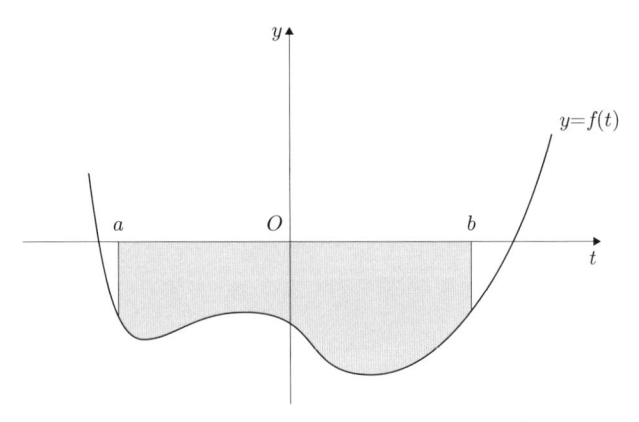

図 3.3 $y=f(t)$ のグラフが t 軸の下にあれば $\int_a^b f(t)dt$ は負となる．

$$\int_a^b f(x)\,dx = F(b) - F(a)$$

と計算できることは本章 3 節で示す．関数 $1/x$ が区間 $[a,b]$, $a>0$ でリーマン積分可能であることは次節で示すが，これを使って上の問題を解いてみよう．

[問題 1 の解答] 図 3.4 より

$$1 + \frac{1}{2} + \frac{1}{3} + \cdots + \frac{1}{n-1} < \int_1^n \frac{dx}{x} = \log n < 1 + \frac{1}{2} + \frac{1}{3} + \cdots + \frac{1}{n-1} + \frac{1}{n}$$

が成り立つ．したがって不等式

$$1 < \frac{1}{\log n}\left(1 + \frac{1}{2} + \frac{1}{3} + \cdots + \frac{1}{n-1} + \frac{1}{n}\right)$$

$$1 > \frac{1}{\log n}\left(1 + \frac{1}{2} + \frac{1}{3} + \cdots + \frac{1}{n-1}\right)$$

が成り立つ．最初の不等式から

$$1 \leq \lim_{n\to\infty} \frac{1}{\log n}\left(1 + \frac{1}{2} + \frac{1}{3} + \cdots + \frac{1}{n-1} + \frac{1}{n}\right) \tag{3.3}$$

が成り立つ．一方，二番目の不等式から

$$1 \geq \lim_{n\to\infty} \frac{1}{\log n}\left(1 + \frac{1}{2} + \frac{1}{3} + \cdots + \frac{1}{n-1}\right) \tag{3.4}$$

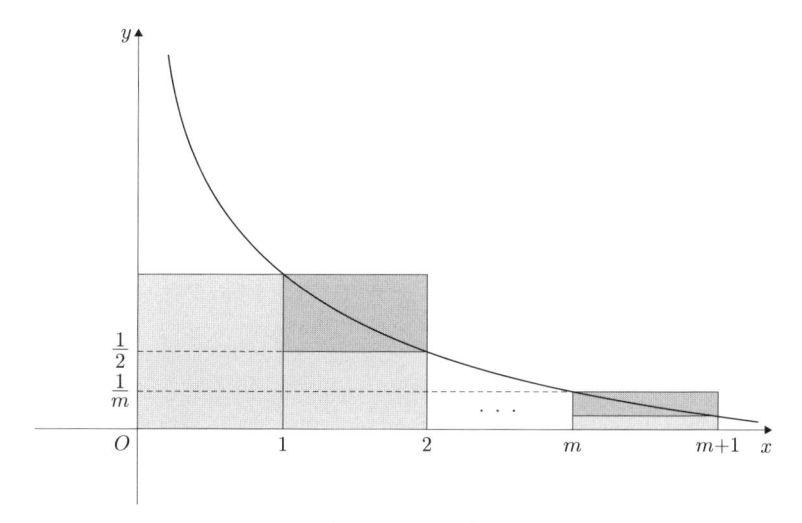

図 3.4 関数 $\dfrac{1}{x}$ の積分 $\displaystyle\int_1^n \dfrac{dx}{x}$ を近似する.

また
$$\lim_{n\to\infty} \frac{1}{n\log n} = 0$$
であるので不等式(3.4)より
$$1 \geq \lim_{n\to\infty} \frac{1}{\log n}\left(1+\frac{1}{2}+\frac{1}{3}+\cdots+\frac{1}{n-1}+\frac{1}{n}\right)$$
が成り立つ.不等式(3.3)とあわせて
$$\lim_{n\to\infty} \frac{1}{\log n}\left(1+\frac{1}{2}+\frac{1}{3}+\cdots+\frac{1}{n-1}+\frac{1}{n}\right) = 1$$
であることが分かる.

次の問題も同じ考え方で解くことができる.

―― 問題2 ――
(1) 極限値 $\displaystyle\lim_{n\to\infty} \sum_{k=n}^{2n} \frac{1}{k}$ を求めよ.
(2) 任意の正数 a に対して

第3章 積分とは何か

$$\lim_{n\to\infty}\sum_{k=n}^{2n}\frac{1}{a+k}$$

は(1)と同じ極限値を持つことを証明せよ．

(東京工業大学)

解答 (1) 再び図 3.4 より

$$\frac{1}{n+1}+\frac{1}{n+2}+\cdots+\frac{1}{2n}<\int_n^{2n}\frac{dx}{x}<\frac{1}{n}+\frac{1}{n+1}+\cdots+\frac{1}{2n-1}$$

が成り立つ．中央の積分を計算して

$$\frac{1}{n+1}+\frac{1}{n+2}+\cdots+\frac{1}{2n}<\log\left(\frac{2n}{n}\right)=\log 2<\frac{1}{n}+\frac{1}{n+1}+\cdots+\frac{1}{2n-1}$$

が成り立つ．これより

$$\sum_{k=n}^{2n}\frac{1}{k}<\frac{1}{n}+\log 2$$

$$\sum_{k=n}^{2n}\frac{1}{k}>\frac{1}{2n}+\log 2$$

が成り立ち

$$\lim_{n\to\infty}\sum_{k=n}^{2n}\frac{1}{k}=\log 2$$

であることが分かる．

(2) 整数 m を

$$m\leq a<m+1$$

であるように選ぶと

$$\sum_{k=n}^{2n}\frac{1}{k+m+1}<\sum_{k=n}^{2n}\frac{1}{a+k}<\sum_{k=n}^{2n}\frac{1}{k+m}$$

が成り立つ．一方

$$\sum_{k=n}^{2n}\frac{1}{k+m+1}=\sum_{k=n+m+1}^{2(n+m+1)}\frac{1}{k}-\sum_{k=2n+m+2}^{2(n+m+1)}\frac{1}{k}$$

が成り立ち，さらに

$$0 < \sum_{k=2n+m+2}^{2(n+m+1)} \frac{1}{k} < \frac{m}{2n+m+2}$$

であるので

$$\lim_{n \to \infty} \sum_{k=2n+m+2}^{2(n+m+1)} \frac{1}{k} = 0$$

が成り立つ．したがって(1)より

$$\lim_{n \to \infty} \sum_{k=n}^{2n} \frac{1}{k+m+1} = \lim_{n \to \infty} \sum_{k=n+m+1}^{2(n+m+1)} \frac{1}{k} = \log 2$$

が成り立つ．同様に

$$\lim_{n \to \infty} \sum_{k=n}^{2n} \frac{1}{k+m} = \log 2$$

が成り立つ．したがって

$$\lim_{n \to \infty} \sum_{k=n}^{2n} \frac{1}{a+k} = \log 2$$

である．

3.2 連続関数はリーマン積分可能

積分の定義はできたが，実際に積分することが可能な関数がたくさんなければ折角の定義も無意味になりかねない．実際には多くの関数が積分可能であることを次の定理が保証してくれる．

> **定理 3.1** $f(t)$ が閉じた区間 $[a,b]$ で連続であれば $f(t)$ は積分可能である．

この定理の証明でも基本となるのは，第6章で示す実数の持つ重要な性質を示している定理6.2である．連続関数が積分可能であることを証明するためには第2章4節で述べた連続関数の持つ重要な性質，定理2.6を使う．この証

明にも定理 6.2 を用いる．定理 2.6 の証明は第 6 章 3 節にまわして定理 3.1 を証明しよう．

[証明]　区間 $[a,b]$ の分割

$$K : t_0 = a < t_1 < t_2 < \cdots < t_{N-1} < t_N = b$$

と点列

$$\xi : t_0 \leq \xi_1 \leq t_1 \leq \xi_2 \leq t_2 \leq \xi_3 \leq \cdots \leq \xi_{N-1} \leq t_{N-1} \leq \xi_N \leq t_N$$

を考え (3.2) を

$$S(K;\xi) = \sum_{j=1}^{N} f(\xi_j)(t_j - t_{j-1}), \quad t_{j-1} \leq \xi_j \leq t_j$$

と記そう．さらに区間 $[t_{j-1}, t_j]$ での関数 $f(t)$ の最大値を M_j，最小値を m_j と記し

$$S_-(K) = \sum_{j=1}^{N} m_j(t_j - t_{j-1})$$

$$S_+(K) = \sum_{j=1}^{N} M_j(t_j - t_{j-1})$$

とおく．このとき，

$$S_-(K) \leq S(K;\xi) \leq S_+(K)$$

であることが分かる．

さて区間 K をさらに細かく分割したものを

$$K^{(1)} : \; t_0 = a = s_0^{(1)} < s_1^{(1)} < \cdots < s_{n_1}^{(1)} = t_1 < s_{n_1+1}^{(1)} < s_{n_1+2}^{(1)} < \cdots$$
$$< s_{n_2}^{(1)} = t_2 < s_{n_2+1}^{(1)} < \cdots < s_{n_{N-1}}^{(1)} = t_{N-1} < s_{n_{N-1}+1}^{(1)} < \cdots < s_{n_N}^{(1)}$$
$$= t_N = b$$

とし，区間 $K^{(1)}$ に ξ と同じように分割した各区間から点 $\xi_j^{(1)}$ を 1 つ選び上と同様に

$$S(K^{(1)}; \xi^{(1)}) = \sum_{k=1}^{n_N} f(\xi_k^{(1)})(s_k^{(1)} - s_{k-1}^{(1)}), \quad s_{k-1}^{(1)} \leq \xi_k^{(1)} \leq s_k^{(1)}$$

と定義する．また区間 $[s_{k-1}^{(1)}, s_k^{(1)}]$ での $f(x)$ の最大値を $M_k^{(1)}$，最小値を $m_k^{(1)}$ とおくと $[s_{k-1}^{(1)}, s_k^{(1)}] \subset [t_{j-1}, t_j]$ となる区間があるので

$$m_k^{(1)} \geq m_j, \quad M_k^{(1)} \leq M_k$$

が成り立つ．したがって

$$S_-(K) \leq S_-(K^{(1)}) \leq S(K^{(1)}) \leq S_+(K^{(1)}) \leq S_+(K)$$

が成り立つことが分かる．このようにして区間の分割 K を上のように次々に分割して $K, K^{(1)}, K^{(2)}, \ldots$ ができれば $\{S_-(K^{(n)})\}$ は上に有界な単調増加数列，$\{S_+(K^{(n)})\}$ は下に有界な単調減少数列になる．したがって定理 6.2 より

$$\lim_{n \to \infty} S_-(K^{(n)}) = S_-(f) \leq \lim_{n \to \infty} S_+(K^{(n)}) = S_+(f)$$

と極限が存在することが分かる．そこで

$$S_-(f) = S_+(f)$$

を示そう．

これは区間を小さくしていくと $M_k^{(n)} - m_k^{(n)}$ がどんどん小さくなっていくので正しいように思えるが油断は禁物である．ちりも積もると山となることもあるからである．このことは次のようにして示すことができる．今，大きな正整数 K を 1 つ用意する．このときすべての k に対して

$$M_k^{(n)} - m_k^{(n)} \leq \frac{1}{K}$$

が成り立つような分割 $K^{(n)}$ があることをまず言おう．これは関数のグラフ $y = f(x)$ を考えて y 軸を $1/K$ の幅で切っていく（図 3.5）．すると $f(x)$ が l/K と $(l+1)/K$ の間に入るような x の全体

$$f^{-1}([l/K, (l+1)/K]) = \left\{ x \in [a, b] \mid \frac{l}{K} \leq f(x) \leq \frac{l+1}{K} \right\}$$

を考えるとこれらはいくつかの閉じた区間と点から成っている（関数は連続なのでグラフは途中で穴が空いたりジャンプしたりしていない．このことから $f^{-1}([l/K, (l+1)/K])$ がいくつかの閉じた区間と点から成ることが分かる）．

111

第 3 章 積分とは何か

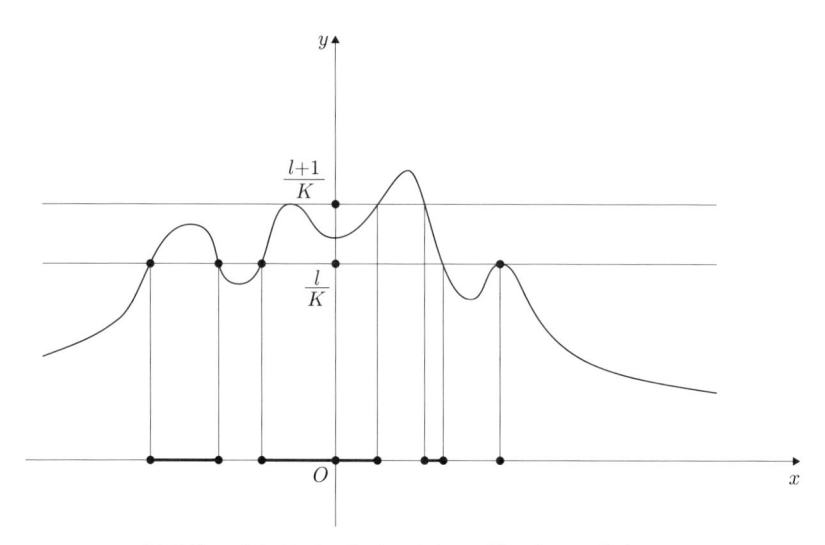

図 3.5 $f(x)$ が l/K と $(l+1)/K$ の間に入るような x の全体は閉区間と点から成る.

また区間 $[a,b]$ での $f(x)$ の最大値を M,最小値を m とすると

$$\frac{l_0}{K} \leq m \leq M \leq \frac{l_1}{K}$$

となる l_0, l_1 を決めると $l_0 \leq l \leq l_1$ を満たす l のみを考えればよいことが分かる.

この条件を満たす l に対して $f^{-1}([l/K,(l+1)/K])$ に現れる閉じた区間は有限個しかないから,$K^{(n)}$ に含まれる区間はすべて $f^{-1}([l/K,(l+1)/K])$ に現れる閉じた区間に含まれるように K の細分を構成できる.このとき $M_k^{(n)} - m_k^{(n)} < 1/K$ が成立するので

$$\begin{aligned}&S_+(K^{(n)}) - S_-(K^{(n)})\\&= \sum_{k=0}^{k_N^{(n)}} (M_k^{(n)} - m_k^{(n)})(s_k^{(n)} - s_{k-1}^{(n)}) < \frac{1}{K} \sum_{k=0}^{k_N^{(n)}} (s_k^{(n)} - s_{k-1}^{(n)}) = \frac{b-a}{K}\end{aligned}$$

となる.K はいくらでも大きくできるので,このことは

$$\lim_{n\to\infty} S_-(K^{(n)}) = \lim_{n\to\infty} S_+(K^{(n)})$$

を意味する.もし $[a,b]$ の分割 K,L が与えられたときは K と L の両方をあわ

せて新しい分割 $K \cup L$ をつくると

$$S_-(K) \leq S_-(K \cup L) < S_+(K \cup L) \leq S_+(K)$$
$$S_-(L) \leq S_-(K \cup L) < S_+(K \cup L) \leq S_+(L)$$

が成り立つので L を細分していったものも同じ極限値 $S_-(f)=S_+(f)$ を持つことが分かる. 【証明終】

3.3 微分積分学の基本定理と不定積分

―― 問題3 ――――――――――――――――――――
関数 $f(x)=(x-1)^2$ に対して極限

$$\lim_{x \to 0} \frac{1}{x} \int_0^x f(t)\,dt$$

を求めよ. (山形大学)

―――――――――――――――――――――――――

このような問題を見たらすぐ計算したくなるかもしれない.しかし,得られた結果を見るともっと一般の関数 $f(x)$ に対しても成り立つのではと考えたくなる.実際,この問題は積分の意味を考えれば $\int_0^x f(t)\,dt$ は x が十分に小さければ $f(0)x$ とそれほど変わらず,したがって上の問題は計算するまでもなく答えは $f(0)$ となることが期待できる.この考え方を一般化したものが微分積分学の基本定理に他ならない.

区間 $[a,b]$ で定義された関数 $f(t)$ が,この区間で積分可能であれば

$$F(s) = \int_a^s f(t)\,dt$$

とおくと $F(s)$ も区間 $[a,b]$ で定義された関数になる.$F(s)$ が連続関数であることは積分の定義から明らかであろう.

$$\lim_{s \to c} F(s) = \lim_{s \to c} \int_a^s f(t)\,dt = \int_a^c f(t)\,dt = F(c)$$

それでは $F(s)$ は微分可能であろうか？

第 3 章　積分とは何か

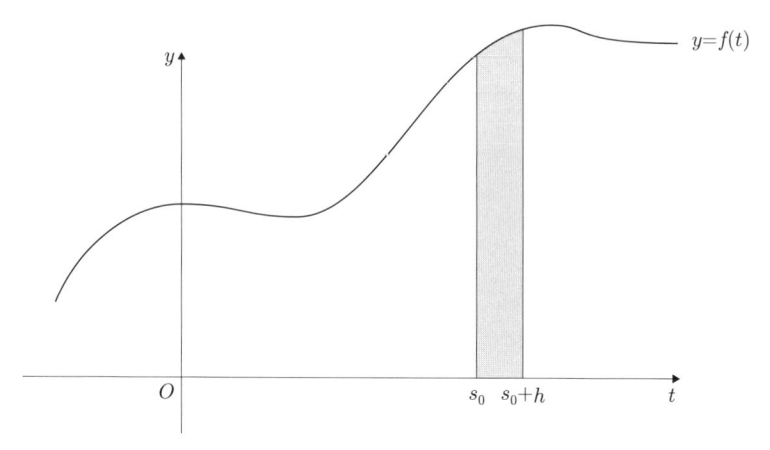

図 3.6　カゲをつけた部分の面積は h が小さいときは $f(s_0)h$ とそれ程変わらない．

$$F(s_0+h)-F(s_0) = \int_a^{s_0+h} f(t)\,dt - \int_a^{s_0} f(t)\,dt = \int_{s_0}^{s_0+h} f(t)\,dt$$

関数 $f(t)$ が $t=s_0$ で連続であれば h が十分小さいときは $\int_{s_0}^{s_0+h} f(t)\,dt$ は $f(s_0)h$ とほとんど変わらない（図 3.6）．したがって

$$\lim_{h \to 0} \frac{1}{h} \int_{s_0}^{s_0+h} f(t)\,dt = f(s_0)$$

であることが分かり，$F(s)$ は s_0 で連続である．直感的にはこの議論で十分であるが，正確には第 6 章で議論するイプシロン・デルタ論法を使う必要がある．そこで第 6 章を先取りして証明を記しておく．第 6 章を読んでイプシロン・デルタ論法を理解した後で，以下の証明を再読して欲しい．

$f(t)$ が点 $t=s_0$ で連続であることはイプシロン・デルタ論法を使うと次のように定義される．

> **定義 3.1**　任意の $\varepsilon>0$ に対して正数 δ を $|s-s_0|<\delta$ であれば常に
>
> $$|f(s)-f(s_0)| < \varepsilon$$
>
> が成り立つように見出すことができるとき（δ は ε によって変わってよい），関数 $f(t)$ は点 s_0 で連続であるという．

証明を続けよう．$\varepsilon>0$ を任意に選ぶと上の定義のように $\delta>0$ を選ぶことができる．したがって $|h|<\delta$ であれば

$$|f(s_0+h)-f(s_0)|<\varepsilon$$

が成り立つ．よって

$$\left|\int_{s_0}^{s_0+h}(f(t)-f(s_0))\,dt\right|\leq\left|\int_{s_0}^{s_0+h}|f(t)-f(s_0)|dt\right|<\varepsilon|h|$$

が成り立ち，$0<|h|<\delta$ のとき

$$\left|\frac{1}{h}\int_{s_0}^{s_0+h}(f(t)-f(s_0))\,dt\right|<\varepsilon$$

が成り立つ．一方

$$\frac{1}{h}\int_{s_0}^{s_0+h}f(s_0)\,dt=\frac{f(s_0)h}{h}=f(s_0)$$

が成り立つので，$0<|h|<\delta$ であれば

$$\left|\frac{1}{h}\int_{s_0}^{s_0+h}f(t)\,dt-f(s_0)\right|<\varepsilon \tag{3.5}$$

が成り立つ．このように任意の $\varepsilon>0$ に対して δ が $0<|h|<\delta$ であれば(3.5)が成り立つので $F(s)=\int_a^b f(t)\,dt$ は点 s_0 で微分可能である．このようにして次の重要な定理が証明できたことになる．

定理 3.2(微分積分の基本定理)　関数 $f(t)$ が区間 $[a,b]$ で連続であれば $F(s)=\int_a^s f(t)\,dt$ は区間 (a,b) で微分可能であり，

$$F'(s)=f(s)$$

が成り立つ．

この定理の本質的な部分は 17 世紀後半にニュートンとライプニッツが独立に見出したもので，この定理によって微分と積分が逆の関係にあることが分かり微分積分学が確立した．ただし，定理をこの形に定式化したのはコーシーである．この定理によって多くの連続関数の積分の計算が簡単にできるようになる．

第 3 章 積分とは何か

一般に連続関数 $f(t)$ に対して $G'(t)=f(t)$ となる関数 $G(t)$ が存在するときに $G(t)$ を $f(t)$ の**原始関数**あるいは**不定積分**という．原始関数が存在すれば

$$\int_a^b f(t)\,dt = G(b)-G(a)$$

が成り立つ．なぜならば上の $F(t)$ も $f(t)$ の原始関数であり $F(a)=0$, $F(b)=\int_a^b f(t)\,dt$ なので $G(t)-F(t)$ が定数であることを示せばよい．$g(t)=G(t)-F(t)$ と定義すると常に $g'(t)=G'(t)-F'(t)=f(t)-f(t)=0$ である．関数 $g(t)$ のグラフの接線の傾きは常に 0 なのでこれは定数関数でなければならない．

より正確に証明するには平均値の定理(定理 2.8)を使えばよい．点 $a \leq t \leq b$ を任意にとると平均値の定理より

$$\frac{g(t)-g(a)}{t-a} = g'(\eta), \quad a < \eta < t$$

が成り立つが $g'(t)$ は恒等的に 0 であるので $g(t)=g(a)$ となり，$g(t)$ は定数関数であることが分かる．

この事実から，定積分の計算は原始関数が分かっていれば簡単であることが分かる．$G(t)$ が $f(t)$ の原始関数であるときに積分の計算にでてくる $G(b)-G(a)$ を

$$[G(t)]_a^b$$

と記す．

さらに原始関数の考え方を使って積分の計算法の一つである置換積分について述べておこう．いま区間 $[\alpha,\beta]$ で定義されて微分可能な関数 $g(t)$ が与えられ，$a=g(\alpha)$, $b=g(\beta)$ かつ $g([\alpha,\beta]) \subset [a,b]$ であり，さらに $g'(t)$ が連続であるときには $x=g(t)$ とおいて

$$\int_a^b f(x)\,dx = \int_\alpha^\beta f(g(t))g'(t)\,dt$$

と計算することができる．なぜならば

$$G'(x) = f(x)$$

であれば $H(t)=G(g(t))$ とおくと

3.3 微分積分学の基本定理と不定積分

$$H'(t) = G'(g(t))g'(t) = f(g(t))g'(t)$$

が成り立つので

$$\int_\alpha^\beta f(g(t))g'(t)\,dt = G(g(\beta))-G(g(\alpha)) = G(b)-G(a) = \int_a^b f(x)\,dx$$

が成り立つからである.

たとえば

$$\int_0^1 \sqrt{1-x^2}\,dx$$

の計算には区間 $[0,\pi/2]$ で増加する正弦関数 $\sin\theta$ を考えると $\sin 0=0$, $\sin \pi/2 =1$ なので $x=\sin\theta$ とおくと $x'(\theta)=\cos\theta$, $\sqrt{1-\sin^2\theta}=\cos\theta$ となり

$$\int_0^1 \sqrt{1-x^2}\,dx = \int_0^{\pi/2} \cos^2\theta\,d\theta = \int_0^{\pi/2} \frac{1+\cos 2\theta}{2}\,d\theta = \left[\frac{\theta}{2}+\frac{\sin 2\theta}{4}\right]_0^{\pi/2}$$
$$= \frac{\pi}{4}$$

と積分が計算できる. 積分は単位円の $1/4$ の面積を計算している. ところで区間 $[0,1]$ を n 等分して

$$\sum_{k=0}^{n-1} \frac{1}{n}\cdot\sqrt{1-\left(\frac{k}{n}\right)^2}$$

を考えるとこれは $\sqrt{1-x^2}$ に関する定積分を定義するための式(3.2)の特別な場合になっており $\sqrt{1-x^2}$ は積分可能なので

$$\lim_{n\to\infty} \sum_{k=0}^{n-1} \frac{1}{n}\cdot\sqrt{1-\left(\frac{k}{n}\right)^2} = \int_0^1 \sqrt{1-x^2}\,dx$$

であることが分かる. したがって

$$\lim_{n\to\infty} \sum_{k=0}^{n-1} \frac{1}{n}\cdot\sqrt{1-\left(\frac{k}{n}\right)^2} = \frac{\pi}{4}$$

が成り立つことが分かる.

第 3 章　積分とは何か

もう一つ積分の計算に有効な方法が**部分積分**である．f, g が微分可能な関数であれば関数の積の微分は

$$(fg)' = f'g + fg'$$

であった．これを

$$f'g = (fg)' - fg'$$

と書き換えると，部分積分の公式

$$\int_a^b f'(x)g(x)\,dx = [f(x)g(x)]_a^b - \int_a^b f(x)g'(x)\,dx \tag{3.6}$$

が得られる．本書でもしばしば利用する．

3.4　面積と体積

定積分

$$\int_a^b f(x)\,dx$$

は関数 $y=f(x)$ のグラフと $x=a, x=b$ と x 軸に囲まれた領域の面積を与えていることから，曲線で囲まれた図形の面積を積分を使って計算できることは納得されるであろう．実際，多くの入試問題が作られている．

—— 問題 4 ——————————————————————————
曲線

$$\begin{aligned} x &= t - \sin t \\ y &= 1 - \cos t \end{aligned} \quad (0 \leq t \leq \pi)$$

と x 軸および直線 $x=\pi$ とで囲まれる部分の面積を求めよ．　　（筑波大学）

解答　パラメータ t を消去して $y=f(x)$ とすれば求める面積 S は

$$S = \int_0^\pi y\,dx$$

である．この積分をパラメータ t の積分に変数変換する．$t=0$ のとき $(x,y)=(0,0)$, $t=\pi$ のとき $(x,y)=(\pi,2)$ であるので

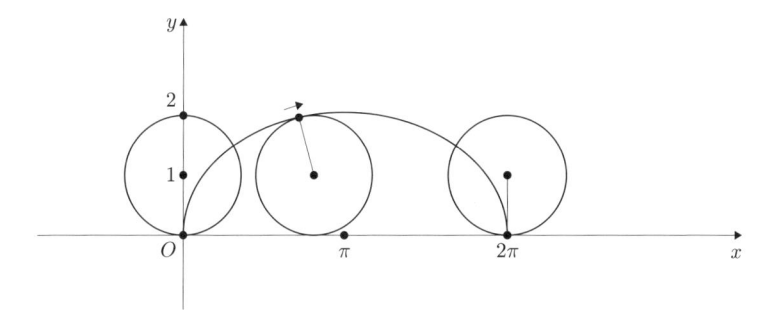

図3.7 直線上をすべらずに回転する円の周上の1点が描く軌跡がサイクロイド．

$$S = \int_0^\pi y(t)\frac{dx}{dt}\,dt = \int_0^\pi (1-\cos t)(1-\cos t)dt$$
$$= \int_0^\pi (1-2\cos t+\cos^2 t)\,dt$$
$$= \int_0^\pi \left(1-2\cos t+\frac{1+\cos 2t}{2}\right)dt$$
$$= \left[t-2\sin t+\frac{1}{2}t+\frac{1}{4}\sin 2t\right]_0^\pi$$
$$= \frac{3}{2}\pi$$

上の問題の曲線は，直線上をすべらずに回転する半径1の円の周上の1点が描く軌跡，サイクロイドと呼ばれる曲線の一部になっている(図3.7)．

こんどは体積の問題を考えてみよう．

---- 問題5 ----

xyz 空間の2点 $A(1,0,1), B(-1,0,1)$ を結ぶ直線を L とし，xy 平面における円 $x^2+y^2\leq 1$ を D とする．点 P が L 上を動き，点 Q が D 上を動くとき，線分 PQ が動いてできる立体を H とする．

平面 $z=t$ $(0\leq t\leq 1)$ による立体 H の切り口 H_t の面積 S_t と，H の体積 V を求めよ． (東北大学)

解答 直線 L 上の点 $P=(s,0,1)$ を1つ固定し円 D 上の点 Q を動かすと線分 PQ の軌跡は P を頂点とする斜円錐となる(図3.8)．

平面 $z=t$ とこの斜円錐の切り口は，この平面と線分 OP (O は原点)の

第 3 章　積分とは何か

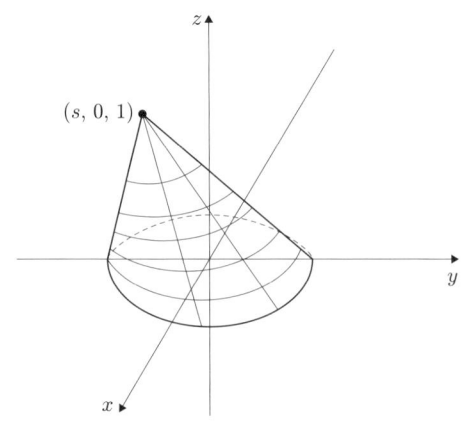

図 3.8　点 $P=(s,0,1)$ を 1 つ固定し円 D 上の点 Q を動かすと線分 PQ の軌跡は P を頂点とする斜円錐となる．

交点 $(st,0,t)$ を中心とする半径 $1-t$ の円である．点 P を線分 L 上を動かしてできる立体 H と $z=t$ との切り口は図 3.9 のカゲをつけた部分になる．

したがってその面積 S_t は

$$S_t = \pi(1-t)^2 + 2t \cdot 2(1-t) = \pi(1-t)^2 + 4t(1-t)$$

したがって H の体積 V は

$$\begin{aligned} V &= \int_0^1 S_t \, dt = \int_0^1 \{\pi(1-t)^2 + 4t(1-t)\} \, dt \\ &= \pi \left[-\frac{1}{3}(1-t)^3 \right]_0^1 + 4 \left[\frac{1}{2}t^2 - \frac{1}{3}t^3 \right]_0^1 \\ &= \frac{\pi}{3} + \frac{2}{3} = \frac{\pi+2}{3} \end{aligned}$$

この問題のように 3 次元空間で $z=a$ から $z=b$ の間に立体図形があり $z=t$ での切り口の面積が $S(t)$ で与えられれば，この立体図形の体積 V は

$$V = \int_a^b S(t) \, dt$$

で与えられる．このことは立体図形の形にかかわらず $z=t$ での切り口の面積

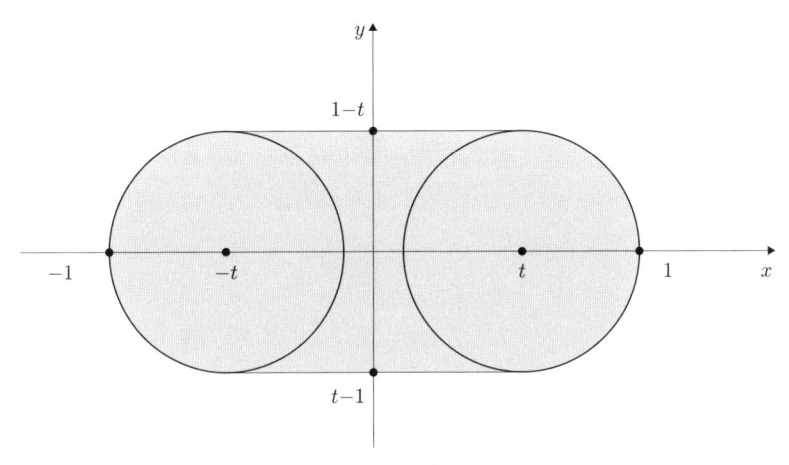

図 3.9 平面 $z=t$ と立体 H との切り口.

が等しければ体積が等しいことを意味している．これが高校数学で学んだ**カヴァリエリの原理**に他ならない．

3.5 曲線の長さ

曲線の長さは曲線を折れ線で近似することによって定義する．xy 平面にある曲線は区間 $[a,b]$ で定義された関数を使って $(x(t),y(t))$ と表示できる．そこで区間 $[a,b]$ を細かく分けて

$$a = t_0 < t_1 < t_2 < \cdots < t_{N-1} < t_N = b$$

とする．この分割を I_N と名づける．$(x(t_i),y(t_i))$ と $(x(t_{i-1}),y(t_{i-1}))$ を結んで折れ線を作るとその折れ線の長さ $L(I_N)$ は

$$L(I_N) = \sum_{i=1}^{N} \sqrt{(x(t_{i-1})-x(t_i))^2 + (y(t_{i-1})-y(t_i))^2}$$

で与えられる．したがって曲線 γ の長さは区間 $[a,b]$ の分割をどんどん細かく分けていったときに極限

$$\lim_{|t_i - t_{i-1}| \to 0} L(I_N) = \lim_{|t_i - t_{i-1}| \to 0} \sum_{i=1}^{N} \sqrt{(x(t_{i-1})-x(t_i))^2 + (y(t_{i-1})-y(t_i))^2}$$

第 3 章 積分とは何か

図 3.10 区間 $[a,b]$ の分割.

が存在するとき (図 3.10), この極限値が曲線 γ の長さである. これが通常の線分の長さの拡張になっていることは, 曲線の場合にもこの定義で線分の長さと同じ長さになることを言えばよい. これは簡単に証明できるので読者の演習問題とする.

さて, 以下では $x(t)$, $y(t)$ は区間 (a,b) で 1 回微分可能で, 導関数 $x'(t)$, $y'(t)$ も連続であると仮定する. 平均値の定理 (定理 2.8) を思い起こすと $t_{i-1} \leq \xi_i \leq t_i$ をうまく選べば

$$x'(\xi_i) = \frac{x(t_i) - x(t_{i-1})}{t_i - t_{i-1}}, \quad t_{i-1} \leq \xi_i \leq t_i$$

と書けた. 同様に

$$y'(\eta_i) = \frac{y(t_i) - y(t_{i-1})}{t_i - t_{i-1}}, \quad t_{i-1} \leq \eta_i \leq t_i$$

と書け, 曲線を折れ線で近似した長さ

$$L(I_N) = \sum_{i=1}^{N} \sqrt{(x(t_{i-1}) - x(t_i))^2 + (y(t_{i-1}) - y(t_i))^2}$$

は

$$L(I_N) = \sum_{i=1}^{N} \sqrt{x'(\xi_i)^2 + y'(\eta_i)^2} (t_i - t_{i-1}), \quad t_{i-1} \leq \xi_i, \eta_i \leq t_i$$

と書くことができる. ここで ξ_i, η_i は一般には一致せず, その大小関係もはっきりしない. しかし $t_i - t_{i-1}$ がどんどん小さくなるように分割を細かくしていくから $L(I_N)$ と

$$\sum_{i=1}^{N} \sqrt{x'(\zeta_i)^2 + y'(\zeta_i)^2} (t_i - t_{i-1}), \quad t_{i-1} \leq \zeta_i \leq t_i \quad (3.7)$$

の差はそれほどないと思われる. そこで $\max |t_i - t_{i-1}|$ が 0 になる極限を考えると曲線の長さ L は

$$L = \int_a^b \sqrt{x'(t)^2 + y'(t)^2} \, dt \quad (3.8)$$

3.5 曲線の長さ

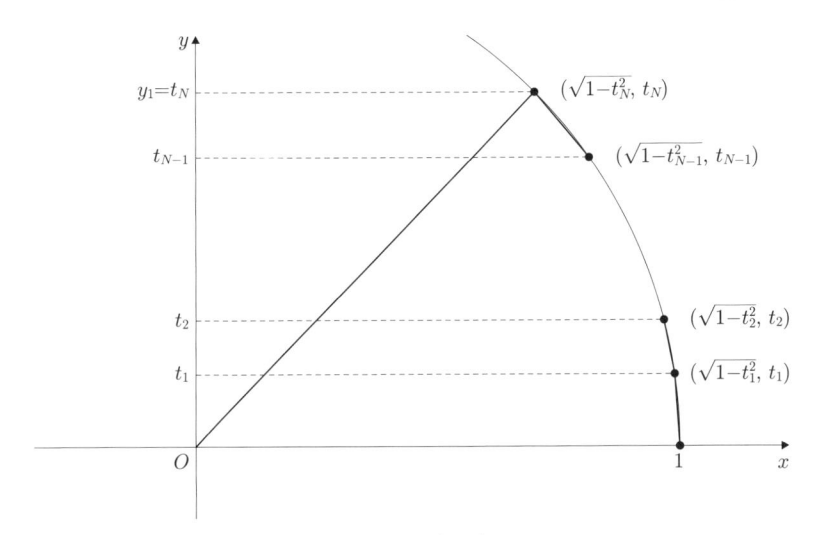

図 3.11 円弧の長さ.

で与えられることが分かる．仮定より $x'(t)$, $y'(t)$ は連続であるので，この積分は意味を持ち有限の値となる．

そこで第 2 章 5 節で弧度法を定義するときに仮定した事実「円弧は長さを持つ」ことを証明しよう（図 3.11）．簡単のため単位円の第 4 および第 1 象限にある半円部分の円弧を考えよう．

三角関数を使って表示したいところであるが，三角関数の微分は**円弧に長さが定義できる**ことを使っている．この半円の式は

$$x = \sqrt{1-y^2}$$

で与えられる．したがってこの半円は

$$(x, y) = (\sqrt{1-t^2}, t)$$

とパラメータ表示される．ここで t は $t=-1$ から $t=1$ まで考えることになる．したがってたとえば点 $(1,0)$ から点 (x_1, y_1), $y_1>0$ までの円弧の長さは

$$l = \int_0^{y_1} \sqrt{\left(\left(\frac{d}{dt}\sqrt{1-t^2}\right)^2 + \frac{dt}{dt}\right)^2}\, dt = \int_0^{y_1} \sqrt{\frac{t^2}{1-t^2}+1}\, dt = \int_0^{y_1} \frac{dt}{\sqrt{1-t^2}}$$

123

で与えられる．$\dfrac{1}{\sqrt{1-t^2}}$ は連続関数であるので積分が意味を持ち，したがって円弧は長さを持つことが分かった．これによって，弧度法が意味を持ち，第2章5節の定理 2.11 の証明が完結した．

このことによって三角関数の微分と積分が問題なくできることになる．三角関数を使えば単位円は

$$(x, y) = (\cos\theta, \sin\theta)$$

と表わすことができる．この表示で点 $(1,0)$ から点 $(\cos\theta_0, \sin\theta_0), \theta_0 > 0$ の円弧の長さは

$$\int_0^{\theta_0} \sqrt{\left(\frac{d\cos\theta}{d\theta}\right)^2 + \left(\frac{d\sin\theta}{d\theta}\right)^2}\, d\theta = \int_0^{\theta_0} \sqrt{\sin^2\theta + \cos^2\theta}\, d\theta = \int_0^{\theta_0} 1\, d\theta$$
$$= \theta_0$$

と，弧度法の定義に戻る．当然のことであるが，この計算が許されるのは円弧が長さを持つことが証明されているからである．

3.6 回転体の表面積

この節では微分可能な関数 $y=f(x)$, $a\leq x\leq b$ のグラフを x 軸のまわりに回転してできる回転体の表面積を考えてみよう．ただし，簡単のために関数 $y=f(x)$ は $a\leq x\leq b$ で $f(x)\geq 0$ であると仮定する．$x=x_0$ でのこの回転体の切り口は半径 $f(x_0)$ の円であり，その周の長さは $2\pi f(x_0)$ である．したがって体積を計算したときと同様に，表面積は

$$2\pi \int_a^b f(x)\, dx$$

で与えられると考えたくなる．しかし，よく考えてみると関数のグラフは一般には曲線であり，それを局所的に接線で近似すると x の小さい範囲 $x_i \leq x \leq x_{i+1}$ では回転体は x 軸を中心軸とする直円錐の $x_i \leq x \leq x_{i+1}$ の部分で近似される．

すると $2\pi(x_{i+1}-x_i)$ よりは，直円錐のこの範囲での母線の長さの近似

3.6 回転体の表面積

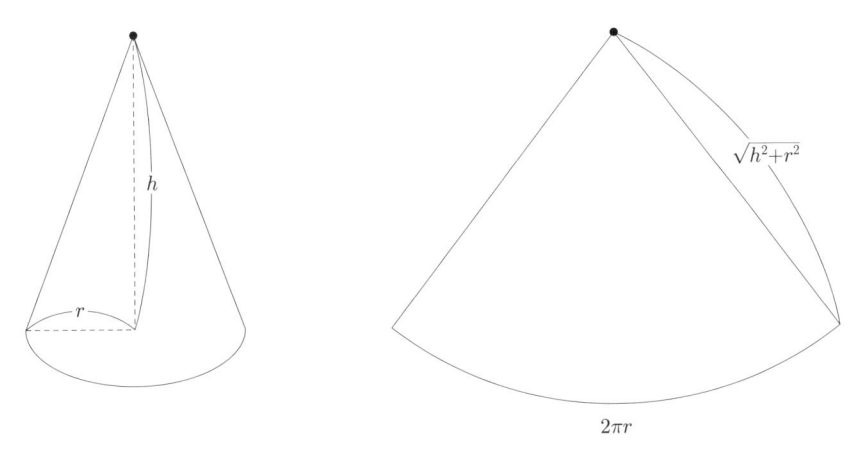

図 3.12 底面が半径 r の円, 高さが h の直円錐を母線に沿って切り開くと半径が $\sqrt{h^2+r^2}$, 円弧が $2\pi r$ の長さの扇形になる.

$$\sqrt{1+(f'(\xi))^2}(x_{i+1}-x_i), \quad x_i < \xi < x_{i+1}$$

を使って

$$2\pi f(\xi)\sqrt{1+(f'(\xi))^2}(x_{i+1}-x_i)$$

が表面積のよい近似と考えられる. したがって回転体の表面積は

$$2\pi \int_a^b f(x)\sqrt{1+(f'(x))^2}\,dx \tag{3.9}$$

で与えられると考えた方がより正確であることが推測される. 実際, 式(3.9)が正しい表面積の公式であることを証明しよう.

そのために, まず底面が半径 r の円, 高さが h の直円錐の表面積が

$$\pi r \sqrt{h^2+r^2} \tag{3.10}$$

であることに注意する. これは直円錐を母線に沿って切り開くことによって直ちに分かる(図 3.12).

そこで関数 $y=f(x)$ のグラフを x 軸を中心に回転してできる図形を考える. 点 x_i と x_{i+1} を $a \leq x_i < x_{i+1} \leq b$ かつ $x_{i+1}-x_i$ が十分小さいように選んでおく.

第 3 章　積分とは何か

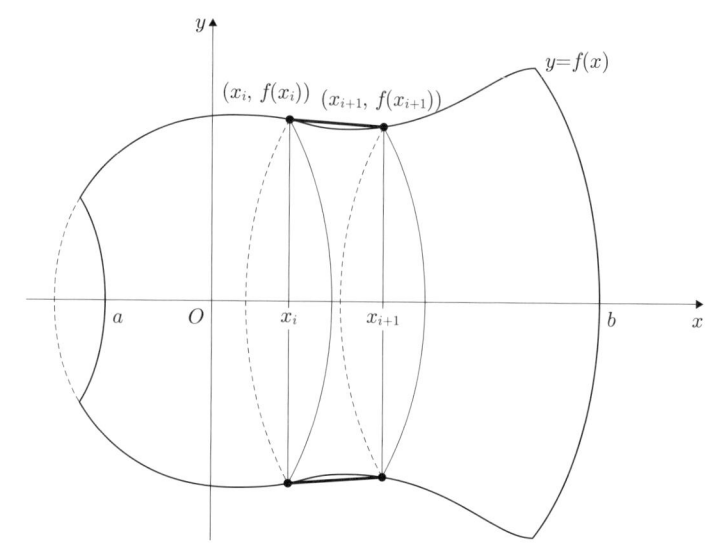

図 3.13　$y=f(x)$ を x 軸のまわりに回転してできる回転体の $a\leq x_i\leq x\leq x_{i+1}\leq b$ の部分は点 $(x_i, f(x_i))$, $(x_{i+1}, f(x_{i+1}))$ を結ぶ線分を x 軸のまわりに回転させてできる直円錐の部分で近似できる.

このとき xy 平面で点 $(x_i, f(x_i))$, $(x_{i+1}, f(x_{i+1}))$ を通る直線は

$$y-f(x_k) = \frac{f(x_{i+1})-f(x_i)}{x_{i+1}-x_i}(x-x_k), \quad k=i \text{ または } k=i+1$$

であるので x 軸との交点の x 座標は

$$h = x_i - \frac{x_{i+1}-x_i}{f(x_{i+1})-f(x_i)} \cdot f(x_i) = x_{i+1} - \frac{x_{i+1}-x_i}{f(x_{i+1})-f(x_i)} \cdot f(x_{i+1})$$

したがって点 $(x_i, f(x_i))$, $(x_{i+1}, f(x_{i+1}))$ を結ぶ線分を x 軸のまわりに回転させてできる直円錐の部分の表面積 $S(x_i, x_{i+1})$ は $f(x_i)>f(x_{i+1})$ であれば (図 3.13)

$$S(x_i, x_{i+1})$$
$$= \pi f(x_i)\sqrt{(h-x_i)^2+f(x_i)^2} - \pi f(x_{i+1})\sqrt{(h-x_{i+1})^2+f(x_{i+1})^2}$$
$$= \pi(f(x_i)^2-f(x_{i+1})^2)\sqrt{1+\left(\frac{x_{i+1}-x_i}{f(x_{i+1})-f(x_i)}\right)^2}$$

$$= -\pi(f(x_i)+f(x_{i+1}))\cdot(f(x_{i+1})-f(x_i))\sqrt{1+\left(\frac{x_{i+1}-x_i}{f(x_{i+1})-f(x_i)}\right)^2}$$

となり，平均値の定理によって

$$\frac{f(x_{i+1})-f(x_i)}{x_{i+1}-x_i} = f'(\xi_i), \quad x_i < \xi_i < x_{i+1}$$

となる ξ_i が存在するので，$f'(\xi_i)<0$ に注意すると

$$S(x_i, x_{i+1}) = -\pi\left(f(x_i)+f(x_{i+1})\right)f'(\xi_i)\sqrt{1+\frac{1}{f'(\xi_i)^2}}(x_{i+1}-x_i)$$
$$= \pi\left(f(x_i)+f(x_{i+1})\right)\sqrt{1+f'(\xi_i)^2}(x_{i+1}-x_i)$$

と書くことができる．また，この最後の式は $f(x_i)=f(x_{i+1})$ の場合，したがって $f'(\xi_i)=0$ のときも正しいことが分かる（もちろん現在の仮定 $f(x_i)>f(x_{i+1})$ では $f'(\xi_i)\neq 0$ である）．また同様の議論によって $f(x_i)<f(x_{i+1})$ のときも，この最後の式が成り立つことが分かる．よって $x_{i+1}-x_i$ が十分小さければ $S(x_i, x_{i+1})$ は

$$2\pi f(\xi_i)\sqrt{1+f'(\xi_i)^2}(x_{i+1}-x_i)$$

で近似でき，したがって回転体の表面積は

$$2\pi \int_a^b f(x)\sqrt{1+f'(x)^2}\, dx$$

で与えられることが分かった．

この公式を使って半径 r の球面の表面積を求めておこう．半径 r の球面は xy 平面の半径 r の半円 $y=\sqrt{r^2-x^2}$ を x 軸のまわりに回転してできる回転体と見ることができる．したがってその表面積 $S(r)$ は

$$S(r) = 2\pi \int_{-r}^{r} \sqrt{r^2-x^2}\cdot\sqrt{1+\left(\frac{-x}{\sqrt{r^2-x^2}}\right)^2}\, dx = 2\pi \int_{-r}^{r} r\, dx = 4\pi r^2$$

であることが分かる．

中学校や高校で学んだように半径 r の球の表面積 $S(r)$ が分かれば，半径 r

第 3 章　積分とは何か

コラム 　**3.1　体積有限で表面積が無限大の回転体**

$y=\dfrac{1}{x}$, $x\geq 1$ のグラフを x 軸のまわりに回転してできる回転体を考える（図3.14）．これは無限に長い回転体である．$1\leq x\leq M$ の間にある回転体の体積を $V(M)$，表面積を $S(M)$ と記す．

$$V(M) = \pi \int_1^M \frac{dx}{x^2} = \pi \cdot \left[-\frac{1}{x}\right]_1^M = \pi\left(1-\frac{1}{M}\right)$$

であるので

$$\lim_{M\to\infty} V(M) = \pi$$

である．一方

$$S(M) = 2\pi \int_1^M y\sqrt{1+(y')^2}\,dx > 2\pi \int_1^M y\,dx$$
$$= 2\pi \int_1^M \frac{dx}{x} = 2\pi\,[\log x]_1^M = 2\pi \log M$$

であるので

$$\lim_{M\to\infty} S(M) \geq \lim_{M\to\infty} 2\pi \log M = +\infty$$

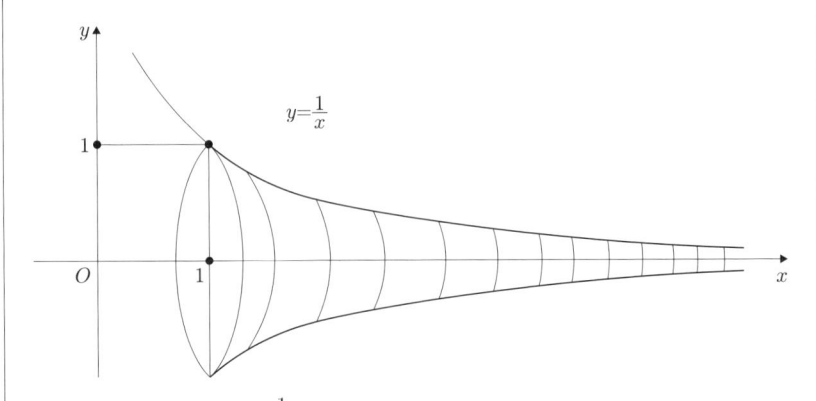

図 3.14　$y=\dfrac{1}{x}$, $x\geq 1$ のグラフを x 軸のまわりに回転してできる回転体の体積は π であるが表面積は無限大である．この回転体は無限に長いラッパの形をしているのでヨーロッパではガブリエル（天使の名前）のラッパと呼ばれることがある．

となり，この回転体の表面積は無限大である．無限に長い図形でありながら体積が有限であるのは不思議な感じがする．

の球の体積 $V(r)$ は
$$V(r) = \int_0^r S(t)\,dt = 4\pi \int_0^r t^2\,dt = 4\pi \cdot \left[\frac{t^3}{3}\right]_0^r = \frac{4}{3}\pi r^3$$
として計算することができる．

3.7　無限区間の積分

これまでは有限の区間の定積分
$$\int_a^b f(x)\,dx$$
を考えてきたが，この節では無限区間の積分を考えよう．

(1) ウォリスの公式

19 世紀後半に活躍したイギリスの物理学者ケルビン卿は積分
$$\int_{-\infty}^{\infty} e^{-x^2}\,dx = \sqrt{\pi} \tag{3.11}$$
が分かる人が数学者であると言っている．この積分はいろいろなところで登場する．

高校数学では有限の範囲での積分しか考えないが，数学を応用する場合，無限区間での積分を考える必要があることが多い．無限区間の積分はたとえば
$$\int_a^{\infty} f(x)\,dx = \lim_{M \to \infty} \int_a^M f(x)\,dx, \quad \int_{-\infty}^b f(x)\,dx = \lim_{N \to \infty} \int_{-N}^b f(x)\,dx$$
と通常の有限区間の定積分の極限として定義する．ここで注意しておきたいのは積分範囲が両方とも無限のときは
$$\int_{-\infty}^{\infty} f(x)\,dx = \lim_{M,N \to \infty} \int_{-N}^M f(x)\,dx$$
と M, N を独立して無限への極限をとることである．

第 3 章　積分とは何か

$$\lim_{M\to\infty}\int_{-M}^{M} f(x)\,dx$$

は存在するが，

$$\lim_{M,N\to\infty}\int_{-N}^{M} f(x)\,dx$$

は存在しないことがおこるのである．これは

$$\int_{-\infty}^{\infty} f(x)\,dx = \lim_{M,N\to\infty}\int_{-N}^{M} f(x)\,dx = \lim_{M\to\infty}\int_{0}^{M} f(x)\,dx + \lim_{N\to\infty}\int_{-N}^{0} f(x)\,dx$$

と書くことができることを考えると納得されるであろう．もちろん多くの積分によっては，このように厳密に議論する必要がない場合が多い．たとえば最初にあげた積分は

$$\int_{-\infty}^{\infty} e^{-x^2}\,dx = \lim_{N\to\infty}\int_{-N}^{0} e^{-x^2}\,dx + \lim_{M\to\infty}\int_{0}^{M} e^{-x^2}\,dx$$
$$= -\lim_{N\to\infty}\int_{N}^{0} e^{-x^2}\,dx + \lim_{M\to\infty}\int_{0}^{M} e^{-x^2}\,dx$$

（最初の積分で $x \mapsto -x$ と変数変換をした）

$$= \lim_{N\to\infty}\int_{0}^{N} e^{-x^2}\,dx + \lim_{M\to\infty}\int_{0}^{M} e^{-x^2}\,dx$$
$$= 2\lim_{M\to\infty}\int_{0}^{M} e^{-x^2}\,dx$$
$$= 2\int_{0}^{\infty} e^{-x^2}\,dx$$

となる．

この積分を計算するためにまず次の問題を考えてみよう．

―― 問題 6 ――――――――――――――――――――――――

0 以上の整数 n に対して

$$S_n = \int_{0}^{\pi/2} \sin^n x\,dx \quad (n = 0, 1, 2, \ldots)$$

とおく．
(1) S_0, S_1 を求めよ．
(2) 漸化式

$$S_n = \frac{n-1}{n} S_{n-2}, \quad n \geq 2$$

を示せ.

(3) $a_n = n S_n S_{n-1}$ $(n \geq 1)$ とおいて数列 $\{a_n\}$ についての漸化式を導き,a_n の値を求めよ.

(神戸商船大学)

この問題は次の問題の特別な場合である.

――― 問題 7 ―――

(1) 0 以上の整数 n に対して

$$S_n = \int_0^{\pi/2} \sin^n x \, dx$$

とおくと

$$S_n = \int_0^{\pi/2} \cos^n x \, dx$$

が成り立つことを示せ.

(2) 漸化式

$$S_n = \frac{n-1}{n} S_{n-2}, \quad n \geq 2$$

を示せ.また,これを使って

$$S_n = \begin{cases} \dfrac{(n-1)!!}{n!!} \dfrac{\pi}{2} & (n \text{ が偶数のとき}) \\ \dfrac{(n-1)!!}{n!!} & (n \text{ が奇数のとき}) \end{cases}$$

を示せ.ここで

$$n!! = \begin{cases} n(n-2) \cdots 4 \cdot 2 & (n \text{ が偶数のとき}) \\ n(n-2) \cdots 5 \cdot 3 \cdot 1 & (n \text{ が奇数のとき}) \end{cases}$$

である.

(3) S_n は n に関して単調減少であることを示し

第 3 章 積分とは何か

$$1 < \frac{S_{2n}}{S_{2n+1}} < \frac{S_{2n-1}}{S_{2n+1}} = \frac{2n+1}{2n}$$

を示せ．したがって

$$\lim_{n\to\infty} \frac{S_{2n}}{S_{2n+1}} = 1$$

が成り立つ．

(4) (2) より

$$\frac{S_{2n}}{S_{2n+1}} = \prod_{k=1}^{n}\left(1 - \frac{1}{4k^2}\right)\frac{\pi}{2}$$

が成り立つことを示せ．したがって (3) より

$$\prod_{k=1}^{\infty}\left(1 - \frac{1}{4k^2}\right) = \frac{2}{\pi} \tag{3.12}$$

が成り立つ．ここで $\prod_{k=1}^{n} a_k = a_1 \cdot a_2 \cdots \cdots a_n$, $\prod_{k=1}^{\infty} a_k = \lim_{n\to\infty} \prod_{k=1}^{n} a_k$ を意味する（無限積については，「代数編」第 1 章を参照のこと）．

(5) 二項係数 $\binom{2n}{n}$ を使うと

$$\lim_{n\to\infty} \frac{\sqrt{n}}{2^{2n}} \binom{2n}{n} = \frac{1}{\sqrt{\pi}} \tag{3.13}$$

が成り立つことを示せ．これは n が大きいときに二項係数 $\binom{2n}{n}$ がほぼ $\frac{2^{2n}}{\sqrt{n\pi}}$ に等しいことを意味する．ここで二項係数 $\binom{m}{l}$ は

$$\binom{m}{l} = \frac{m!}{l!(m-l)!}$$

で定義される．

解答 (1) $x = \frac{\pi}{2} - u$ と置き換えると $\cos(\frac{\pi}{2} - u) = \sin u$ より

$$\int_0^{\pi/2} \cos^n x\, dx = -\int_{\pi/2}^0 \cos^n(\frac{\pi}{2} - u)\, du = \int_0^{\pi/2} \sin^n u\, du = S_n$$

(2) 部分積分によって $n \geq 2$ のとき

$$S_n = \int_0^{\pi/2} \sin^n x \, dx = \left[-\cos x \sin^{n-1} x\right]_0^{\pi/2} + (n-1)\int_0^{\pi/2} \cos^2 x \sin^{n-2} x \, dx$$
$$= (n-1)\int_0^{\pi/2} \cos^2 x \sin^{n-2} x \, dx$$
$$= (n-1)\int_0^{\pi/2} (1-\sin^2 x) \sin^{n-2} x \, dx$$
$$= (n-1)S_{n-2} - (n-1)S_n$$

よって
$$nS_n = (n-1)S_{n-2}$$

が成り立つ．これより漸化式が得られ，さらに
$$S_0 = \int_0^{\pi/2} 1 \, dx = \frac{\pi}{2}, \quad S_1 = \int_0^{\pi/2} \sin x \, dx = \left[-\cos x\right]_0^{\pi/2} = 1$$

より S_n が計算できる．

(3)　$0 < x < \pi/2$ で $0 < \sin x < 1$ であるので
$$\sin^n x > \sin^{n+1} x$$

である．これを積分して
$$S_n > S_{n+1}$$

を得る．さらに(2)で示した漸化式より
$$\frac{S_{2n-1}}{S_{2n+1}} = \frac{2n+1}{2n}$$

を得，求める不等式が得られる．

(4)
$$(2n+1)!! = \prod_{k=0}^{n}(2k+1) = \prod_{k=1}^{n}(2k+1)$$
$$(2n-1)!! = \prod_{k=1}^{n}(2k-1)$$
$$(2n)!! = \prod_{k=1}^{n}(2k)$$

第 3 章 積分とは何か

に注意し (2) の結果を用いると

$$\frac{S_{2n}}{S_{2n+1}} = \frac{(2n-1)!!}{(2n)!!}\frac{(2n+1)!!}{(2n)!!}\frac{\pi}{2}$$

$$= \prod_{k=1}^{n}\frac{(2k-1)}{(2k)} \cdot \prod_{k=1}^{n}\frac{(2k+1)}{(2k)}\frac{\pi}{2}$$

$$= \prod_{k=1}^{n}\frac{(2k-1)(2k+1)}{(2k)^2}\frac{\pi}{2}$$

$$= \prod_{k=1}^{n}\left(1-\frac{1}{4k^2}\right)\frac{\pi}{2}$$

が得られる．この式と (3) より

$$\prod_{k=1}^{\infty}\left(1-\frac{1}{4k^2}\right) = \lim_{n\to\infty}\prod_{k=1}^{n}\left(1-\frac{1}{4k^2}\right) = \lim_{n\to\infty}\frac{S_{2n}}{S_{2n+1}}\frac{2}{\pi} = \frac{2}{\pi}$$

(5) (2) より

$$S_{2n}S_{2n+1} = \frac{(2n-1)!!}{(2n)!!}\cdot\frac{(2n)!!}{(2n+1)!!}\cdot\frac{\pi}{2} = \frac{\pi}{2(2n+1)}$$

が成り立つ．これより

$$\sqrt{n}\sqrt{S_{2n}S_{2n+1}} = \sqrt{\frac{n\pi}{2(2n+1)}} = \sqrt{\frac{\pi}{2\left(2+\frac{1}{n}\right)}}$$

が得られ

$$\lim_{n\to\infty}\sqrt{n}\sqrt{S_{2n}S_{2n+1}} = \frac{\sqrt{\pi}}{2}$$

であることが分かる．一方

$$\sqrt{S_{2n}S_{2n+1}} = S_{2n+1}\sqrt{\frac{S_{2n}}{S_{2n+1}}}$$

であるので (3) より

$$\lim_{n\to\infty}\sqrt{n}S_{2n+1} = \lim_{n\to\infty}\sqrt{n}S_{2n+1}\sqrt{\frac{S_{2n}}{S_{2n+1}}} = \lim_{n\to\infty}\sqrt{n}\sqrt{S_{2n}S_{2n+1}} = \frac{\sqrt{\pi}}{2}$$

が得られる．一方，$(2n)!! = 2^n n!$ に注意すると (2) より

3.7 無限区間の積分

$$S_{2n+1} = \frac{(2n)!!}{(2n+1)!!} = \frac{(2n)!!}{(2n+1)!/(2n)!!} = \frac{\{(2n)!!\}^2}{(2n+1)!}$$
$$= \frac{(2^n n!)^2}{(2n+1)!} = \frac{2^{2n}}{(2n+1)} \cdot \frac{1}{\binom{2n}{n}}$$

が得られる．したがって

$$\lim_{n\to\infty} \frac{\sqrt{n}}{2^{2n}}\binom{2n}{n} = \lim_{n\to\infty} \frac{\sqrt{n}}{(2n+1)S_{2n+1}}$$
$$= \frac{1}{2}\lim_{n\to\infty} \frac{1}{\left(1+\dfrac{1}{2\sqrt{n}}\right)\sqrt{n}S_{2n+1}} = \frac{1}{\sqrt{\pi}}$$

式(3.12), (3.13)は**ウォリスの公式**と呼ばれることがある．

さて以上の準備のもとに，最初に問題にした積分

$$\int_0^\infty e^{-x^2}\,dx$$

の計算を行おう．次の定理を証明する．

定理 3.3

$$\int_0^\infty e^{-x^2}\,dx = \frac{\sqrt{\pi}}{2}$$

したがって

$$\int_{-\infty}^\infty e^{-x^2}\,dx = \sqrt{\pi}$$

が成り立つ．

[証明] $x \neq 0$ のとき

$$e^x > 1+x$$

そこで x の代わりに $-x^2$ を代入すると

第 3 章 積分とは何か

$$e^{-x^2} > 1-x^2$$

同様に最初の不等式に x の代わりに x^2 を代入すると

$$e^{x^2} > 1+x^2$$

以上より

$$1-x^2 < e^{-x^2} < \frac{1}{1+x^2}$$

n 乗して

$$(1-x^2)^n < e^{-nx^2} < \frac{1}{(1+x^2)^n}$$

を得る．

ところで $x=\sin t$ と変数変換することによって

$$\int_0^1 (1-x^2)^n dx = \int_0^{\pi/2} \cos^{2n} t \cdot \cos t\, dt = \int_0^{\pi/2} \cos^{2n+1} t\, dt = S_{2n+1}$$

また $x=\tan t$ と変数変換することによって

$$\int_0^\infty \frac{dx}{(1+x^2)^n} = \int_0^{\pi/2} \cos^{2n} t \cdot \frac{dt}{\cos^2 t} = \int_0^{\pi/2} \cos^{2n-2} t\, dt = S_{2n-2}$$

が成り立つ．したがって

$$S_{2n+1} = \int_0^1 (1-x^2)^n\, dx < \int_0^\infty (1-x^2)^n\, dx < \int_0^\infty e^{-nx^2}\, dx < \int_0^\infty e^{-x^2}\, dx$$
$$< \int_0^\infty \frac{dx}{(1+x^2)^n} = S_{2n-2}$$

また

$$\int_0^\infty e^{-nx^2}\, dx = \frac{1}{\sqrt{n}} \int_0^\infty e^{-x^2}\, dx$$

より

$$\sqrt{n} S_{2n+1} < \int_0^\infty e^{-x^2}\, dx < \sqrt{n} S_{2n-2}$$

コラム 3.2 2変数関数の積分（重積分）

xy 平面上の長方形

$$D: a \leq x \leq b, \quad c \leq y \leq d$$

上で定義された有界な2変数関数 $f(x,y)$ の積分は1変数の場合のリーマン積分の類似で定義する．第6章4節でのリーマン積分の定義を使うのが便利である．長方形 D を辺が x 軸と y 軸に平行である小さな長方形に分割する．分割に名前をつけ，各小長方形を Δ_j と記す．

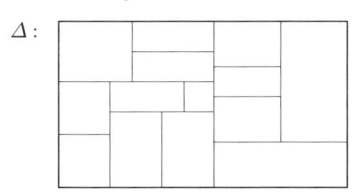

$\Delta:$

$m(\Delta_j)$ を Δ_j の面積とする．このとき和

$$S = \sum_j f(\xi_j) m(\Delta_j), \quad \xi_j \in \Delta_j$$

を考え D の小長方形による分割ですべての $m(\Delta_j)$ が 0 に近づいていくとき S が ξ_j や分割の仕方によらず一定の値に近づくとき，$f(x,y)$ は**積分可能である**といい，その極限値を

$$\iint_D f(x,y)\, dx\, dy$$

と記し，$f(x,y)$ の D における**二重積分**という．

D の各点で $f(x,y) \geq 0$ であれば，これはグラフ $z=f(x,y)$ の D 上にある部分とでできる立体の体積を表わしている．

関数 $f(x,y)$ が y を固定したとき区間 $[a,b]$ で積分可能であり

$$\int_a^b f(x,y)\, dx$$

が y の関数として区間 $[c,d]$ で積分可能なとき積分

$$\int_c^d \left(\int_a^b f(x,y)\, dx \right) dy$$

を

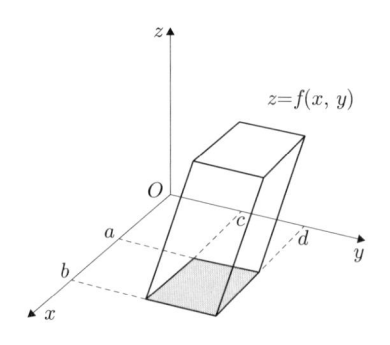

第 3 章　積分とは何か

$$\int_c^d \int_a^b f(x,y)\,dxdy$$

と略記することが多い．x を先に固定したとき $f(x,y)$ が区間 $[c,d]$ で積分可能であり

$$\int_c^d f(x,y)\,dy$$

が x に関して区間 $[a,b]$ で積分可能なときは，この順番で積分したものを

$$\int_a^b \int_c^d f(x,y)\,dydx$$

と記す．関数 $f(x,y)$ が D で連続であれば

$$\iint_D f(x,y)\,dxdy = \int_c^d \int_a^b f(x,y)\,dxdy = \int_a^b \int_c^d f(x,y)\,dydx \qquad (1)$$

が成り立つが，$f(x,y)$ が D で積分可能と仮定するだけでは，この等式は成立するとは限らない．

　D が長方形でない場合は D を含む長方形 $\widetilde{D}$ を考え，関数 $\widetilde{f}(x,y)$ を D 以外の点では 0 になると定義することによって $\widetilde{D}$ の関数 $\widetilde{f}(x,y)$ に拡張して考える．$\widetilde{f}(x,y)$ が $\widetilde{D}$ で積分可能のとき $f(x,y)$ は D で積分可能であるといい，$f(x,y)$ の D 上の積分を

$$\iint_D f(x,y)\,dxdy = \iint_{\widetilde{D}} \widetilde{f}(x,y)\,dxdy$$

と定義する．

　二重積分の場合も 1 変数同様に広義積分を定義することができる．たとえば xy 平面 $\mathbb{R}^2$ 全体での積分

$$\iint_{\mathbb{R}^2} f(x,y)\,dxdy$$

を考えることができる．これは上記の長方形 D をどんどん大きくしていった極限として定義できる．たとえば $e^{-(x^2+y^2)}$ は $\mathbb{R}^2$ で連続であるので式(1)が成り立ち

$$\iint_{\mathbb{R}^2} e^{-(x^2+y^2)}\,dxdy = \lim_{\substack{a,c\to -\infty\\ b,d\to +\infty}} \int_c^d \int_a^b e^{-(x^2+y^2)}\,dxdy$$

$$= \lim_{\substack{a,c\to -\infty\\ b,d\to +\infty}} \left(\int_c^d e^{-y^2}\,dy \cdot \int_a^b e^{-x^2}\,dx \right) = \int_{-\infty}^{+\infty} e^{-y^2}\,dy \cdot \int_{-\infty}^{+\infty} e^{-x^2}\,dx$$

$$= \left(\int_{-\infty}^{+\infty} e^{-x^2}\,dx \right)^2 \tag{2}$$

であることが分かる．

二重積分でも変数変換を考えることができるが少々複雑である．たとえば極座標表示

$$\begin{cases} x = r\cos\theta \\ y = r\sin\theta \end{cases}$$

を使うと

$$\iint_{\mathbb{R}^2} f(x,y)\,dxdy = \iint_{\substack{0\le r\\ 0\le \theta\le 2\pi}} f(r\cos\theta, r\sin\theta) r\,drd\theta$$

となる．極座標では r をかけて $drd\theta$ を考える必要がある．これを上記の積分に応用すると

$$\begin{aligned}
\iint_{\mathbb{R}^2} e^{-(x^2+y^2)}\,dxdy &= \iint_{\substack{0\le r\\ 0\le\theta\le 2\pi}} e^{-r^2} r\,drd\theta \\
&= \lim_{R\to +\infty} \int_0^{2\pi} \int_0^R e^{-r^2} r\,drd\theta \\
&= \lim_{R\to +\infty} \int_0^{2\pi} \left[-\frac{1}{2}e^{-r^2} \right]_0^R d\theta \\
&= \lim_{R\to +\infty} \int_0^{2\pi} \left(\frac{1}{2} - \frac{1}{2}e^{-R^2} \right) d\theta \\
&= \lim_{R\to +\infty} \pi\left(1 - \frac{1}{2}e^{-R^2} \right) = \pi
\end{aligned}$$

となり

> $$\iint_{\mathbb{R}^2} e^{-(x^2+y^2)}\,dxdy = \pi$$
>
> であることが分かる．式 (2) より
>
> $$\left(\int_{-\infty}^{+\infty} e^{-x^2} dx\right)^2 = \pi$$
>
> であることが分かった．$e^{-x^2}>0$ より $\int_{-\infty}^{+\infty} e^{-x^2} dx > 0$ であるので
>
> $$\int_{-\infty}^{+\infty} e^{-x^2} dx = \sqrt{\pi}$$
>
> が示された．このように二重積分を考えると特別の工夫をしなくてもこの積分は簡単に計算できる．
>
> 以上の考え方は n 変数の場合にも拡張できる．

$$\lim_{n\to\infty} \sqrt{n}\, S_{2n+1} = \frac{\sqrt{\pi}}{2}, \quad \lim_{n\to\infty} \sqrt{n}\, S_{2n-2} = \frac{\sqrt{\pi}}{2}$$

であったので

$$\int_0^\infty e^{-x^2}\,dx = \frac{\sqrt{\pi}}{2}$$

【証明終】

この積分の計算は実は 2 変数の積分を考えると自然に行うことができる．コラム 3.2 を参照されたい．

(2) $\zeta(2)$ 再論

前節の応用としてゼータ関数の 2 での値 $\zeta(2)$ の面白い計算を紹介しよう．以下の計算法は松岡芳男氏（Amer. Math. Monthly **68**(1961)，486-487）による．

まず積分

$$I_n = \int_0^{\pi/2} x^2 \cos^{2n} x\,dx$$

を考える．$n=0$ のときは簡単に計算できて

$$I_0 = \int_0^{\pi/2} x^2\, dx = \left[\frac{x^3}{3}\right]_0^{\pi/2} = \frac{\pi^3}{24}$$

となる．I_n を計算するために $n \geq 1$ のときの漸化式を求める．部分積分を使うことによって

$$\begin{aligned}
I_{n-1} - I_n &= \int_0^{\pi/2} x^2 (\cos^{2n-2} x - \cos^{2n} x)\, dx = \int_0^{\pi/2} x^2 \cos^{2n-2} x \sin^2 x\, dx \\
&= \left[-x^2 \sin x \cdot \frac{\cos^{2n-1} x}{2n-1}\right]_0^{\pi/2} \\
&\quad + \frac{1}{2n-1} \int_0^{\pi/2} (2x \sin x + x^2 \cos x) \cos^{2n-1} x\, dx \\
&= \frac{2}{2n-1} \int_0^{\pi/2} x \sin x \cos^{2n-1} x\, dx + \frac{I_n}{2n-1}
\end{aligned}$$

を得る．これより漸化式

$$I_{n-1} - \frac{2n}{2n-1} I_n = \frac{2}{2n-1} \int_0^{\pi/2} x \sin x \cos^{2n-1} x\, dx \tag{3.14}$$

を得る．この式の右辺を計算しよう．部分積分によって

$$\begin{aligned}
&\frac{2}{2n-1} \int_0^{\pi/2} x \sin x \cos^{2n-1} x\, dx \\
&= \frac{2}{2n-1} \left\{ \left[-\frac{x \cos^{2n} x}{2n}\right]_0^{\pi/2} + \frac{1}{2n} \int_0^{\pi/2} \cos^{2n} x\, dx \right\} \\
&= \frac{1}{n(2n-1)} \int_0^{\pi/2} \cos^{2n} x\, dx \\
&= \frac{1}{n(2n-1)} \cdot \frac{(2n-1)!!}{(2n)!!} \cdot \frac{\pi}{2} \quad (\text{問題 7 (2) より}) \\
&= \frac{(2n-3)!!}{(2n-2)!!} \cdot \frac{\pi}{4} \cdot \frac{1}{n^2}
\end{aligned}$$

かくして (3.14) より

$$I_{n-1} - \frac{2n}{2n-1} I_n = \frac{(2n-3)!!}{(2n-2)!!} \cdot \frac{\pi}{4} \cdot \frac{1}{n^2}$$

を得る．この両辺を $\dfrac{(2n-3)!!}{(2n-2)!!}$ で割ると

$$\frac{(2n-2)!!}{(2n-3)!!} I_{n-1} - \frac{(2n)!!}{(2n-1)!!} I_n = \frac{\pi}{4} \cdot \frac{1}{n^2}$$

を得る．この式を $n=1$ から $n=m$ まで足し，I_0 の計算結果を使うと

$$\frac{\pi^3}{24} - \frac{(2m)!!}{(2m-1)!!} I_m = \frac{\pi}{4} \sum_{n=1}^{m} \frac{1}{n^2}$$

を得る．したがって

$$\frac{\pi}{4}\left(\frac{\pi^2}{6} - \sum_{n=1}^{m} \frac{1}{n^2}\right) = \frac{(2m)!!}{(2m-1)!!} I_m > 0$$

が成り立つことが分かる．ところで $0 < x < \pi/2$ では

$$x < \frac{\pi}{2} \sin x \tag{3.15}$$

が成り立つことが知られている．この証明はあとで行うことにして，この不等式を使うと

$$\begin{aligned}
0 &< \frac{\pi^2}{6} - \sum_{n=1}^{m} \frac{1}{n^2} = \frac{4}{\pi} \cdot \frac{(2m)!!}{(2m-1)!!} I_m \\
&< \pi \cdot \frac{(2m)!!}{(2m-1)!!} \int_0^{\pi/2} \sin^2 x \cos^{2m} x \, dx \\
&= \pi \cdot \frac{(2m)!!}{(2m-1)!!} \left(\int_0^{\pi/2} \cos^{2m} x \, dx - \int_0^{\pi/2} \cos^{2m+2} x \, dx\right) \\
&= \pi \cdot \frac{(2m)!!}{(2m-1)!!} \left(\frac{(2m-1)!!}{(2m)!!} - \frac{(2m+1)!!}{(2m+2)!!}\right) \frac{\pi}{2} \quad (\text{問題 7(2) より}) \\
&= \frac{\pi^2}{2}\left(1 - \frac{2m+1}{2m+2}\right) = \frac{\pi^2}{4(m+1)}
\end{aligned}$$

が成り立ち，不等式

$$0 < \frac{\pi^2}{6} - \sum_{n=1}^{m} \frac{1}{n^2} < \frac{\pi^2}{4(m+1)}$$

が成り立つことが分かる．$m \to \infty$ で右辺は 0 に近づくので

$$\sum_{n=1}^{\infty} \frac{1}{n^2} = \frac{\pi^2}{6}$$

が成り立つことが分かった．

最後に不等式 (3.15) を証明しよう．

$$g(x) = \frac{\pi}{2} \sin x - x$$

とおくと
$$g'(x) = \frac{\pi}{2}\cos x - 1, \quad g''(x) = -\frac{\pi}{2}\sin x$$
となり，$0<x<\pi/2$ で $g''(x)<0$ であり，したがって $g'(x)$ はこの範囲で単調減少関数である．x_0 を $0<x_0<\pi/2$ かつ $g'(x_0)=0$，言い換えると $\cos x_0 = 2/\pi$ となるように選ぶと $0<x<x_0$ で $g'(x)>0$，$x_0<x<\pi/2$ で $g'(x)<0$ である．そこで次の増減表ができる．

x	0		x_0		$\pi/2$
$g'(x)$		+	0	−	
$g(x)$	0	↗		↘	0

したがって $0<x<\pi/2$ で $g(x)>0$ であることが分かり不等式が示された．これによって $\zeta(2)$ の計算が終了した．

3.8 特異積分

点 a を含まず，点 b を含む区間 $(a,b]$ で定義された関数 $f(x)$ に対して定積分
$$\int_a^b f(x)\,dx$$
が定義できる場合がある．ただし
$$\int_a^b f(x)\,dx = \lim_{\delta\to 0+}\int_{a+\delta}^b f(x)\,dx$$
と定義する．たとえば $f(x)=\dfrac{1}{\sqrt{x}}$ は原点では定義されていないが
$$\int_0^1 \frac{dx}{\sqrt{x}} = \lim_{\delta\to 0+}\int_\delta^1 \frac{dx}{\sqrt{x}} = \lim_{\delta\to 0+}\left[2\sqrt{x}\right]_\delta^1 = \lim_{\delta\to 0+}\left(2-2\sqrt{\delta}\right) = 2$$
となり，積分が定義できることが分かる．このような積分を**特異積分**あるいは**広義積分**という．

実は円弧の計算でも曲線のパラメータのとり方によっては特異積分が登場する．4節では単位半円のパラメータ表示として $(x,y)=(\sqrt{1-t^2},t)$ を使った．x

第 3 章　積分とは何か

軸より上の半円は $y=\sqrt{1-x^2}$ ではパラメータ表示 $(x,y)=(1-s,\sqrt{1-(1-s)^2})$, $0\leq s\leq 2$ がある．この場合，点 $(1,0)$ から (x_1,y_1), $y_1>0$ までの円弧の長さは

$$\int_0^{1-x_1} \sqrt{\left(\frac{d(1-s)}{ds}\right)^2 + \left(\frac{d\sqrt{1-(1-s)^2}}{ds}\right)^2}\,ds$$

$$= \int_1^{1-x_1} \sqrt{1+\left(\frac{-(1-s)}{\sqrt{1-(1-s)^2}}\right)^2}\,ds$$

$$= \int_0^{1-x_1} \frac{ds}{\sqrt{1-(1-s)^2}}$$

$$= \int_0^{1-x_1} \frac{ds}{\sqrt{s(2-s)}}$$

となる．ところが最後の積分に出てくる被積分関数は $s=0$ では定義されていない．したがってこのままでは積分の計算ができないが，ここでも

$$\int_0^{1-x_1} \frac{ds}{\sqrt{s(2-s)}} = \lim_{\delta\to 0+} \int_\delta^{1-x_1} \frac{ds}{\sqrt{s(2-s)}}$$

と定義する．右辺の極限が存在することは $\delta_1>\delta_2$ のとき

$$\int_{\delta_1}^{1-x_1} \frac{ds}{\sqrt{s(2-s)}} < \int_{\delta_2}^{1-x_1} \frac{ds}{\sqrt{s(2-s)}} \tag{3.16}$$

が成り立ち，さらにこれらの積分は有界である，すなわち $0<\delta<1$ のとき

$$\int_\delta^{1-x_1} \frac{ds}{\sqrt{s(2-s)}} < M \tag{3.17}$$

となる定数 M が存在することをいえば，定理 6.2 によって極限が存在することがいえる．

不等式(3.16)は被積分関数が正であるので積分の定義から正しいことが分かる．一方，式(3.17)が成り立つことをいうためには $s=0$ の近くでの積分の挙動が問題であるので $0<s_1=1-x_1<1$ の場合を考えれば十分である．$0<s<1$ では

$$\sqrt{2-s} > 1$$

が成り立つので $0<\delta<s<1$ に対して

$$\frac{1}{\sqrt{s(2-s)}} < \frac{1}{\sqrt{s}}$$

が成り立つので

$$\int_\delta^{s_1} \frac{ds}{\sqrt{s(2-s)}} < \int_\delta^{s_1} \frac{ds}{\sqrt{s}} = \left[2\sqrt{s}\right]_\delta^{s_1} = 2\sqrt{s_1} - 2\sqrt{\delta} < 2$$

したがって式(3.17)を満たす M として 2 が取れることが分かった．これによって積分

$$\int_0^{1-x_1} \sqrt{\left(\frac{d(1-s)}{ds}\right)^2 + \left(\frac{d\sqrt{1-(1-s)^2}}{ds}\right)^2} ds$$

が意味を持つことが分かった．これが円弧の長さを与えている．この特異積分も変数変換すると通常の積分になることがある．実際

$$1-s = \cos\theta$$

とおき，$(x_1, y_1) = (\cos\theta_1, \sin\theta_1)$ とおくと

$$\int_0^{1-x_1} \sqrt{\left(\frac{d(1-s)}{ds}\right)^2 + \left(\frac{d\sqrt{1-(1-s)^2}}{ds}\right)^2} ds$$
$$= \int_0^{\theta_1} \frac{\sin\theta\, d\theta}{\sqrt{1-\cos^2\theta}} = \int_0^{\theta_1} d\theta = \theta_1$$

と計算できる．

第 3 章　演習問題

3.1　区間 $[0,1]$ で定義された関数

$$f(x) = \begin{cases} 1 & (x \text{ は有理数}) \\ 0 & (x \text{ は無理数}) \end{cases}$$

は区間 $[0,1]$ のすべての点で連続でないことを示せ．また $f(x)$ は区間 $[0,1]$ でリーマン積分可能ではないことを示せ．

第3章 積分とは何か

3.2 xy 平面の点 (x,y) と原点との距離を r とおくとき，式
$$2x^2 = r^2 + r^4$$
で定義される曲線を**レムニスケート**と呼ぶ(図3.15)．この曲線は定義式より x 軸，y 軸に関して対称であり，原点を通る 8 の字の形をしている．この曲線の第 1 象限の部分を考え，原点から点 (x,y) までの曲線の長さは
$$\int_0^r \frac{dr}{\sqrt{1-r^4}}$$
で与えられることを示せ．

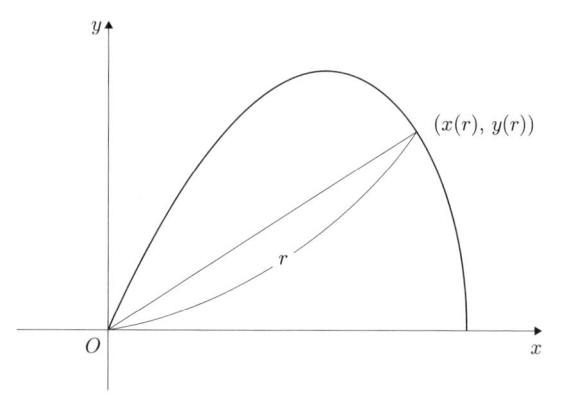

図 3.15 第 1 象限のレムニスケート．

3.3
$$\int_0^\infty \frac{\sin x}{x} dx$$
は収束するが
$$\int_0^\infty \frac{|\sin x|}{x} dx$$
は発散することを示せ．

4 ガンマ関数

オイラーは階乗 $n!$ が正の実数で定義された関数として拡張できることを示した．この関数はガンマ関数と呼ばれ，数学のさまざまな分野で活躍するゼータ関数とも密接な関係を持っている．この章ではこれまで学んだ凸関数や積分の知識を生かしてガンマ関数について考察しよう．

実はガンマ関数は複素数の関数と考えることができ，本章の結果の多くが複素数の関数として拡張することができる．そのことは本書の続編「複素解析編」で述べる．

4.1 ガンマ関数の定義

正の数 x に対して

$$\Gamma(x) = \int_0^\infty e^{-t} t^{x-1}\, dt \tag{4.1}$$

と定義する．この積分は広義積分であるが，さらに $0<x<1$ のときも，$x=0$ で被積分関数は定義されていないので特異積分になっている．この積分が意味を持つことを証明しよう．そのために積分の区間を 0 から 1 までと 1 から ∞ までの 2 つに分割して考える．

まず 0 から 1 までの積分を考える．$t>0$ のとき

$$e^{-t} t^{x-1} < t^{x-1}$$

が成り立つので，1 より小さい任意の $\varepsilon>0$ に対して $x>0$ のとき

$$\int_\varepsilon^1 e^{-t} t^{x-1}\, dt < \int_\varepsilon^1 t^{x-1}\, dt = \left[\frac{t^x}{x}\right]_\varepsilon^1 = \frac{1}{x} - \frac{\varepsilon^x}{x} < \frac{1}{x}$$

が成り立つ.そこで単調減少する正数の列

$$\varepsilon_1 > \varepsilon_2 > \cdots > \varepsilon_n > \cdots$$

を $n\to\infty$ のとき $\varepsilon_n\to 0$ となるように選ぶと被積分関数は正であり,積分区間が増えていくので

$$A_1 = \int_{\varepsilon_1}^1 e^{-t} t^{x-1}\, dt < A_2 = \int_{\varepsilon_2}^1 e^{-t} t^{x-1}\, dt < \cdots$$
$$< A_n = \int_{\varepsilon_n}^1 e^{-t} t^{x-1}\, dt < \cdots < \frac{1}{x}$$

となり,上に有界な単調増加数列 $\{A_n\}$ ができる.すると第 6 章で述べる実数の基本性質である定理 6.2 よりこの数列は収束する.すなわち

$$\lim_{n\to\infty} \int_{\varepsilon_n}^1 e^{-t} t^{x-1}\, dt$$

が存在する.もし他に単調減少し 0 に収束する正数の列 $\{\eta_n\}$ をとり,その極限を考えると

$$\lim_{n\to\infty} \int_{\eta_n}^1 e^{-t} t^{x-1}\, dt$$

この 2 つの極限値は等しい.なぜならば $\{\varepsilon_n\}$ と $\{\eta_n\}$ を合わせて,減少するように並べ直して,0 に収束する単調減少数列 $\{\varepsilon_n'\}$ を作ることができ

$$\lim_{n\to\infty} \int_{\varepsilon_n'}^1 e^{-t} t^{x-1}\, dt$$

も存在する.$\{\varepsilon_n\}$ と $\{\eta_n\}$ は $\{\varepsilon_n'\}$ の部分数列であるので

$$\lim_{n\to\infty} \int_{\varepsilon_n}^1 e^{-t} t^{x-1}\, dt = \lim_{n\to\infty} \int_{\varepsilon_n'}^1 e^{-t} t^{x-1}\, dt = \lim_{n\to\infty} \int_{\eta_n}^1 e^{-t} t^{x-1}\, dt$$

が成り立つ.これは

$$\lim_{\varepsilon\to 0+} \int_{\varepsilon}^1 e^{-t} t^{x-1}\, dt = \int_0^1 e^{-t} t^{x-1}\, dt$$

が存在することを意味する.

次に指数関数 e^t のテイラー展開 (2.31) より $t>0$ であれば 0 以上の整数 m に対して

4.1 ガンマ関数の定義

$$e^t > \frac{t^m}{m!}$$

が成り立ち,これより

$$e^{-t} < \frac{m!}{t^m}$$

が成り立ち,したがって

$$e^{-t}t^{x-1} < m!t^{x-1-m}$$

が成り立つ.そこで $0<x<m$ のとき $M>1$ であれば

$$\int_1^M e^{-t}t^{x-1}\,dt < \int_1^M m!t^{x-1-m}\,dt = \left[\frac{m!t^{x-m}}{x-m}\right]_1^M = \frac{m!M^{x-m}}{x-m} - \frac{m!}{x-m}$$
$$= \frac{m!}{m-x} - \frac{m!}{(m-x)M^{m-x}} < \frac{m!}{m-x}$$

が成り立つ.この最後の式は M に関係しない.したがって $0<x<m$ のとき M をどんどん大きくしていくと

$$\int_1^M e^{-t}t^{x-1}\,dt$$

も増加していくが,その値はつねに $m!/(m-x)$ で押さえられている.したがって上の議論と類似の議論で(再び定理 6.2 を使う)

$$\lim_{M\to\infty}\int_1^M e^{-t}t^{x-1}\,dt$$

が存在することが分かる.したがって

$$\int_1^\infty e^{-t}t^{x-1}\,dt$$

が意味を持つ.以上の議論によって

$$\int_0^\infty e^{-t}t^{x-1}\,dt = \int_0^1 e^{-t}t^{x-1}\,dt + \int_1^\infty e^{-t}t^{x-1}\,dt$$

が意味を持つことが分かった.この積分は $x>0$ によって値が変わり,x の関数を定義する.この関数を $\varGamma(x)$ と書いて**ガンマ関数**という.ガンマ関数はオイラーによって導入された.

149

第4章 ガンマ関数

ガンマ関数は大変興味深い性質を持っている．まず簡単に値が計算できる $x=1$ の場合を考えてみよう．

$$\Gamma(1) = \int_0^\infty e^{-x}\,dx = \lim_{M\to\infty}\left[-e^{-x}\right]_0^M = \lim_{M\to\infty}(1-e^{-M}) = 1 \quad (4.2)$$

ガンマ関数の基本的な性質を知るために次の問題を考察してみよう．

―― 問題 1 ――――――――――――――――――――――――――――

$x>0$ のとき

$$\Gamma(x+1) = x\Gamma(x)$$

が成り立つことを示せ．したがって(4.2)より n が正整数のとき

$$\Gamma(n+1) = n!$$

が成り立つ．すなわちガンマ関数は階乗 $n!$ の一般化と考えることができる．

解答 部分積分を行うことによって

$$\begin{aligned}
\Gamma(x+1) &= \int_0^\infty e^{-t}t^x\,dt = \lim_{M\to\infty}\int_0^M e^{-t}t^x\,dt \\
&= \lim_{M\to\infty}\left\{\left[-e^{-t}t^x\right]_0^M + x\int_0^M e^{-t}t^{x-1}\,dt\right\} \\
&= \lim_{M\to\infty}\left\{(-e^{-M}M^x) + x\int_0^M e^{-t}t^{x-1}\,dt\right\} \\
&= x\int_0^\infty e^{-t}t^{x-1}\,dt \\
&= x\Gamma(x)
\end{aligned}$$

ここで $\displaystyle\lim_{M\to\infty}\frac{M^x}{e^M}=0$ を使った．また $0<x<1$ のときは正確には

$$\int_0^\infty e^{-t}t^{x-1}\,dt = \lim_{\varepsilon\to 0}\lim_{M\to\infty}\int_\varepsilon^M e^{-t}t^{x-1}\,dt$$

としなければならないが議論を省略した．

4.2 ガンマ関数の特徴づけ

さて，ガンマ関数の性質を調べるために第 2 章 3 節で導入した凸関数の考え方を拡張して考える必要がある．

> **定義 4.1** 区間 $[a,b]$ で定義された関数 $f(x)$ が正の値しかとらず，かつ $\log f(x)$ が下に凸であるとき関数 $f(x)$ は**対数凸**であるという．

$f(x)$ が区間 $[a,b]$ で対数凸であることは任意の $a \leq x_1 < x_2 \leq b$ に対して

$$\log f\left(\frac{x_1+x_2}{2}\right) \leq \frac{\log f(x_1) + \log f(x_2)}{2}$$

が成り立つこと，言い換えれば

$$f\left(\frac{x_1+x_2}{2}\right)^2 \leq f(x_1)f(x_2)$$

が成り立つことを意味する．

> **補題 4.1** $f(x), g(x)$ が対数凸であれば任意の正数 α, β に対して $\alpha f(x) + \beta g(x)$ も対数凸である．

[証明] $f(x)$ が対数凸であり $a>0$ であれば $af(x)$ が対数凸であることは $\log(af(x)) = \log f(x) + \log a$ より明らかである．したがって $f(x), g(x)$ が対数凸であるとき $f(x)+g(x)$ が対数凸であることを示せばよい．そのためには，区間 $[a,b]$ の任意の 2 点 $x_1 < x_2$ に対して

$$\log\left(f\left(\frac{x_1+x_2}{2}\right) + g\left(\frac{x_1+x_2}{2}\right)\right) \leq \frac{\log(f(x_1)+g(x_1)) + \log(f(x_2)+g(x_2))}{2}$$

が成り立つことを示せばよい．この不等式は

$$\left(f\left(\frac{x_1+x_2}{2}\right) + g\left(\frac{x_1+x_2}{2}\right)\right)^2 \leq (f(x_1)+g(x_1))(f(x_2)+g(x_2)) \tag{4.3}$$

と同値である．一方 $f(x), g(x)$ は対数凸であるので

第 4 章　ガンマ関数

$$f(\frac{x_1+x_2}{2})^2 \leq f(x_1)f(x_2)$$
$$g(\frac{x_1+x_2}{2})^2 \leq g(x_1)g(x_2)$$

が成り立つ．議論を簡単にするために

$$\begin{cases} a_1 = f(x_1) \\ b_1 = f(\frac{x_1+x_2}{2}) \\ c_1 = f(x_2) \end{cases} \quad \begin{cases} a_2 = g(x_1) \\ b_2 = g(\frac{x_1+x_2}{2}) \\ c_2 = g(x_2) \end{cases}$$

とおくと，

$$b_1^2 - a_1 c_1 \leq 0, \quad b_2^2 - a_2 c_2 \leq 0$$

が成り立つ．したがってすべての実数 x に対して

$$a_1 x^2 + b_1 x + c_1 \geq 0, \quad a_2 x^2 + b_2 x + c_2 \geq 0$$

が成り立つ．これより，すべての実数 x に対して

$$(a_1+a_2)x^2 + (b_1+b_2)x + (c_1+c_2) \geq 0$$

が成り立つ．これは

$$(b_1+b_2)^2 - (a_1+a_2)(c_1+c_2) \leq 0$$

が成り立つことを意味する．これは不等式 (4.3) が成り立つことを意味し，したがって $f(x)+g(x)$ は対数凸である．　　　　　　　　　　　【証明終】

　一般に 2 変数の関数 $f(t,x)$ が t を固定したときに，x の関数として常に対数凸であるとき，積分を使って定義される関数

$$F(x) = \int_\alpha^\beta f(t,x)\,dt$$

を考えてみよう．積分は区間 $[\alpha, \beta]$ を

$$I : \alpha = \alpha_0 < \alpha_1 < \alpha_2 < \cdots < \alpha_N = \beta$$

と分割して
$$S_I = \sum_{k=1}^{N} f(\xi_k, x)(\alpha_k - \alpha_{k-1}), \quad \alpha_{k-1} \leq \xi_k \leq \alpha_k$$
の極限として定義される．このとき $f(\xi_k, x)$ は対数凸であるので，上の補題 4.1 より S_I は x の関数として対数凸である．また対数凸な関数列 $\{F_n(x)\}$ が $F(x)$ に収束すれば $F(x)$ も対数凸である．なぜならば
$$F_n(\frac{x_1+x_2}{2})^2 \leq F_n(x_1)F_n(x_2)$$
がすべての n で成り立てば $n \to \infty$ を考えれば
$$F(\frac{x_1+x_2}{2})^2 \leq F(x_1)F(x_2)$$
が成り立つからである．したがって次の系が証明された．

系 4.2 2 変数の関数 $f(t,x)$ が t を固定したときに，x の関数として常に対数凸であるとき積分
$$\int_{\alpha}^{\beta} f(t,x)\,dt$$
が意味を持てば積分を使って定義される関数
$$F(x) = \int_{\alpha}^{\beta} f(t,x)\,dt$$
は対数凸である．

ところで，ガンマ関数を定義するときに使った積分の被積分関数 $e^{-t}t^{x-1}$ は対数をとれば x の関数として 1 次関数であるので対数凸である．したがってガンマ関数は $x>0$ で対数凸である．次の定理はガンマ関数の特徴づけを与える重要な定理である．

定理 4.3 $x>0$ で定義された関数 $f(x)$ は次の条件を満たすと仮定する．
(1) $f(x+1) = xf(x)$
(2) $f(x)$ は $x>0$ で対数凸である
このとき $a = f(1)$ とおくと

第 4 章 ガンマ関数

$$f(x) = a\Gamma(x)$$

が成り立つ．すなわち定数倍を除けばガンマ関数は関数等式 $f(x+1)=xf(x)$ と対数凸性で特徴づけることができる．

[証明] ガンマ関数 $\Gamma(x)$ が定理の条件 (1), (2) を満たすことはすでに示した．また $\Gamma(1)=1$ である．そこで $f(1)=1$ と仮定して $f(x)=\Gamma(x)$ を示そう．まず (1) より正整数 n に対して

$$f(n) = (n-1)! \tag{4.4}$$

であることに注意する．また，$f(x+1)=xf(x)$ より $0<x\leq 1$ で $f(x)=\Gamma(x)$ を示せばよい．x は $0<x\leq 1$ を満たすと仮定し n は 2 以上の整数とする．$\log f(x)$ は $x>0$ で下に凸な関数であるので $n-1,\ n,\ n+x$ で $\log f(x)$ の値を比較すると第 2 章の問題 6 より不等式

$$\frac{\log f(n)-\log f(n-1)}{n-(n-1)} \leq \frac{\log f(n+x)-\log f(n)}{n+x-n}$$

が成り立つ．一方 $n,\ n+x,\ n+1$ で $\log f(x)$ の値を比較すると

$$\frac{\log f(n+x)-\log f(n)}{n+x-n} \leq \frac{\log f(n+1)-\log f(n+x)}{n+1-(n+x)}$$

が成り立つ．この不等式より

$$\frac{\log f(n+x)-\log f(n)}{n+x-n} \leq \frac{\log f(n+1)-\log f(n)}{n+1-n}$$

が成り立つ[*1]．したがって最初の不等式とこの不等式より

$$\log f(n)-\log f(n-1) \leq \frac{\log f(n+x)-\log f(n)}{x} \leq \log f(n+1)-\log f(n)$$

が成立する．式 (4.4) よりこの不等式は

$$\log(n-1) < \frac{\log f(n+x)-\log(n-1)!}{x} \leq \log n$$

---

*1 正数 a,b,c,d に対して $\dfrac{b}{a}\leq\dfrac{d}{c}$ が成り立てば $\dfrac{b}{a}\leq\dfrac{b+d}{a+c}$ が成立する．

と書き直すことができる．この不等式に x を掛けて $\log(n-1)!$ を移項することによってこの不等式は

$$\log(n-1)^x(n-1)! \leq \log f(n+x) \leq \log n^x(n-1)!$$

となる．$\log x$ は単調増加関数であるので，この不等式から不等式

$$(n-1)^x(n-1)! \leq f(n+x) \leq n^x(n-1)!$$

が導かれる．(1)を繰り返し適用することによって

$$\begin{aligned} f(n+x) &= (x+n-1)f(x+n-1) \\ &= (x+n-1)(x+n-2)f(x+n-2) \\ &= \cdots \\ &= (x+n-1)(x+n-2)\cdots(x+1)xf(x) \end{aligned}$$

が成り立ち，したがって上の不等式と組み合わせることによって

$$\frac{(n-1)^x(n-1)!}{x(x+1)\cdots(x+n-1)} \leq f(x) \leq \frac{n^x(n-1)!}{x(x+1)\cdots(x+n-1)}$$

を得る．この不等式がすべての整数 $n \geq 2$ に対して成立するので，左辺の $n-1$ を n に替えて，右辺はそのままにしても不等式は成り立つ．したがって不等式

$$\frac{n^x n!}{x(x+1)\cdots(x+n)} \leq f(x) \leq \frac{n^x n!}{x(x+1)\cdots(x+n)} \cdot \frac{x+n}{n}$$

が成り立つことが分かる．さらにこの不等式より

$$f(x) \cdot \frac{n}{x+n} \leq \frac{n^x n!}{x(x+1)\cdots(x+n)} \leq f(x) \tag{4.5}$$

が成り立つことが分かる．$n \to \infty$ を考えることによって，この不等式より

$$f(x) = \lim_{n \to \infty} \frac{n^x n!}{x(x+1)\cdots(x+n)} \tag{4.6}$$

が成り立つことが分かる．以上の議論はそのまま $\Gamma(x)$ にも適用できるので $0 < x \leq 1$ で

第4章 ガンマ関数

$$\Gamma(x) = \lim_{n\to\infty} \frac{n^x n!}{x(x+1)\cdots(x+n)} = f(x)$$

が成り立つことが分かった． 【証明終】

以上の証明は $0<x\leq 1$ として(4.6)を証明したが，実はすべての $x>0$ で正しいことが分かる．このことを次に証明しよう．

定理4.4(ガウスの定理)　$x>0$ で
$$\Gamma(x) = \lim_{n\to\infty} \frac{n^x n!}{x(x+1)\cdots(x+n)} \tag{4.7}$$
が成立する．

この定理はガウスの定理と呼ばれるが，実はオイラーがすでにこの定理を発見していた．

[証明]

$$\Gamma_n(x) = \frac{n^x n!}{x(x+1)\cdots(x+n)} \tag{4.8}$$

とおくと

$$\Gamma_n(x+1) = x\Gamma_n(x) \cdot \frac{n}{x+n+1}$$

となる．$0<x<1$ で

$$\lim_{n\to\infty} \Gamma_n(x) = \Gamma(x)$$

であることは上の定理4.3で証明しているので，$0<x<1$ で

$$\lim_{n\to\infty} \Gamma_n(x+1) = x\Gamma(x) = \Gamma(x+1)$$

であることが分かる．すなわち $0<x\leq 2$ で(4.7)が成り立つ．すると今と同じ議論によって $0<x\leq 3$ で(4.7)が成り立つことが分かる．以下数学的帰納法によって $x>0$ で(4.7)が成り立つことが分かる． 【証明終】

さてガンマ関数を特徴づける定理4.3を使って次の問題を解いてみよう．

―― 問題 2 ――

$$2^x \Gamma\left(\frac{x}{2}\right) \Gamma\left(\frac{x+1}{2}\right)$$

は $\Gamma(x)$ の定数倍であることを示せ．実は

$$2^x \Gamma\left(\frac{x}{2}\right) \Gamma\left(\frac{x+1}{2}\right) = 2\sqrt{\pi}\Gamma(x)$$

であることが分かる．これは $x=1$ とおいて演習問題 4.1 を使えば示される．

解答
$$f(x) = 2^x \Gamma\left(\frac{x}{2}\right) \Gamma\left(\frac{x+1}{2}\right)$$

とおく．$\log 2^x = x \log 2$ より 2^x は対数凸である．$\Gamma(x)$ が対数凸であるので $f(x)$ は対数凸である．さらに

$$g(x+1) = 2^{x+1} \Gamma\left(\frac{x+1}{2}\right) \Gamma\left(\frac{x+2}{2}\right) = 2 \cdot 2^x \Gamma\left(\frac{x+1}{2}\right) \left(\frac{x}{2}\right) \Gamma\left(\frac{x}{2}\right)$$
$$= xg(x)$$

となる．したがってガンマ関数の特徴づけ定理 4.3 によって $f(x)$ はガンマ関数の定数倍であることが分かる．

4.3 定義域の拡大

ガンマ関数は $x>0$ で定義された関数であったが，関数等式を使って定義域を拡張することができる．

$$\Gamma(x+1) = x\Gamma(x) \tag{4.9}$$

であることから

$$\Gamma(x) = \frac{1}{x}\Gamma(x+1) \tag{4.10}$$

が成り立つ．そこで $-1<x<0$ に対して右辺は意味を持っているので，この式

によって $-1<x<0$ でガンマ関数 $\Gamma(x)$ を定義する．右辺は $x=0$ では定義されないので，ガンマ関数は $x>-1$ かつ $x\neq 0$ で定義できることになる．するとこの定義から $x>-1$, $x\neq 0$ で関数等式 (4.9) が成り立つことが分かる．

したがって等式 (4.10) は $x>-1$, $x\neq 0$ で成立しているが，今度はこの等式の右辺は $x>-2$, $x\neq 0$, -1 で意味を持つので，$\Gamma(x)$ は $x>-2$, $x\neq 0$, -1 で定義できることが分かる．この議論を繰り返すと，$\Gamma(x)$ は 0 と負の整数を除いたすべての実数 x で定義でき，さらに関数等式 (4.9) を満たすことが分かる．

実はガンマ関数は複素数を変数とする関数に拡張することができ，その立場からは以上のプロセスは解析接続を実行したことになっている．また定義できなかった点 0 および負の整数で関数の振る舞いを記述できる．そのことは続編の「複素解析編」で詳しく述べることにする．

さて n を正整数とすると

$$\Gamma(x+n) = (x+n-1)\Gamma(x+n-1) = (x+n-2)(x+n-1)\Gamma(x+n-2) = \cdots$$
$$= x(x+1)(x+2)\cdots(x+n-1)\Gamma(x)$$

が成り立つことが分かる．したがって

$$\Gamma(x) = \frac{1}{x(x+1)\cdots(x+n-1)}\Gamma(x+n)$$

が成り立つ．この等式を使って $x>-n$ かつ $x\neq 0, -1, \ldots, -(n-1)$ にガンマ関数の定義を拡張することができる．この拡張は上で議論した拡張と同じ $\Gamma(x)$ を与えることは簡単に分かる．読者の演習問題としよう．

ところで，これまでの議論ではガンマ関数 $\Gamma(x)$ の微分可能性についてはまったく議論してこなかった．すでに定理 4.3 で述べたように，ガンマ関数は微分可能性を仮定しなくても関数等式

$$\Gamma(x+1) = x\Gamma(x)$$

と対数凸性で本質的に特徴づけることができる．ガンマ関数の定義 (4.1)

$$\Gamma(x) = \int_0^\infty e^{-t}t^{x-1}\,dt$$

より

4.3 定義域の拡大

$$\frac{d}{dx}\Gamma(x) = \int_0^\infty e^{-t}(x-1)t^{x-2}\,dt \qquad (4.11)$$

と被積分関数を微分することによってガンマ関数はすべての点 $x>0$ で微分可能になると思いたくなるが，$0<x<1$ のとき，右辺の積分は収束しない．

積分と微分の順番を入れ替えることはいつでもできるわけではなく，広義積分や特異積分の場合は特に気をつける必要がある．実際には $x>2$ の場合は (4.11) の右辺の積分は収束する．しかも $t=0$ で被積分関数は連続であるので，$x>2$ であれば

$$\int_0^\infty e^{-t}(x-1)t^{x-2}\,dt = \lim_{M\to\infty}\int_0^M e^{-t}(x-1)t^{x-2}\,dt$$

であることが分かる．このことを利用して点 $x>2$ でガンマ関数 $\Gamma(x)$ は微分可能であり，等式 (4.11) が成り立つことを証明することができる．

議論が少々込み入ってくるので証明は割愛する．実は次節で述べるワイエルシュトラスの無限積展開 (4.14) を使うことによって $\log\Gamma(x)$ の微分可能性，したがって $\Gamma(x)$ の微分可能性を証明することもできる．無限級数の知識が必要となるが，こちらの方が議論としては簡単である．

$x>0$ であればガンマ関数の関数等式より

$$\Gamma(x+2) = (x+1)\Gamma(x+1) = x(x+1)\Gamma(x)$$

が成り立ち

$$\Gamma(x) = \frac{1}{x(x+1)} \cdot \Gamma(x+2)$$

が成り立つ．すると $x>2$ で $\Gamma(x)$ が微分可能であることより，右辺は $x>0$ で微分可能である．すなわち $\Gamma(x)$ は点 $x>0$ で微分可能であることが分かる．さらに前節の議論を考えるとガンマ関数は 0 と負の整数以外のすべての x で微分可能であることが証明できる．

さらに同様の議論を繰り返すことによって，$\Gamma(x)$ は 0 と負の整数以外のすべての x で無限回微分可能であることが分かる．

第 4 章　ガンマ関数

4.4　ワイエルシュトラスの無限積展開

次に，式(4.7)をもう少し見やすい形に書き換えてみよう．そのためにまず式(4.8)を次の形に書き換える．

$$\Gamma_n(x) = e^{x(\log n - 1 - \frac{1}{2} - \frac{1}{3} - \cdots - \frac{1}{n})} \frac{1}{x} \cdot \frac{e^x}{1+x} \cdot \frac{e^{\frac{x}{2}}}{1+\frac{x}{2}} \cdots \frac{e^{\frac{x}{n}}}{1+\frac{x}{n}} \tag{4.12}$$

そこで次の問題を考えてみよう．

―― 問題 3 ――――――――――――――――――――――――

$$C = \lim_{n\to\infty}\left(1+\frac{1}{2}+\cdots+\frac{1}{n}-\log n\right)$$

が存在することを示せ．C は**オイラーの定数**と呼ばれる．

◆解答

$$C_n = 1 + \frac{1}{2} + \cdots + \frac{1}{n} - \log n$$

とおくと

$$C_{n+1} - C_n = \frac{1}{n+1} - \log\left(1+\frac{1}{n}\right)$$

が成立する．

$$\frac{1}{n+1} < \log\left(1+\frac{1}{n}\right)$$

が成り立つので $\{C_n\}$ は単調減少数列である[*2]．

一方

$$1 + \frac{1}{2} + \cdots + \frac{1}{n} > \int_1^n \frac{dx}{x} = \log n$$

より $C_n > 0$ である．したがって $\{C_n\}$ は下に有界な単調減少数列である

―――――――――――
[*2] $x = \frac{1}{n}$ とすると $\frac{1}{n+1} = \frac{x}{x+1}$ が成立する．$g(x) = \log(1+x) - \frac{x}{x+1}$ とおくと $g'(x) = \frac{1}{x} - \frac{1}{(x+1)^2}$ となり $0 < x$ で $g'(x) > 0$．したがって $g(x)$ は $0 < x$ で単調増加．$g(0) = 0$ より $0 < x$ で $g(x) > 0$．

ので定理 6.2 より収束して極限値を持つ．

この問題と式 (4.12)，および定理 4.4 によって

$$\Gamma(x) = e^{-Cx}\frac{1}{x}\lim_{n\to\infty}\prod_{k=1}^{n}\frac{e^{\frac{x}{k}}}{1+\frac{x}{k}} = e^{-Cx}\frac{1}{x}\prod_{k=1}^{\infty}\frac{e^{\frac{x}{k}}}{1+\frac{x}{k}} \qquad (4.13)$$

が成り立つ．無限積については「代数編」の第 1 章を参照されたい．

ところで，等式 (4.13) は次の形に書いた方が美しい．

$$\frac{1}{\Gamma(x)} = xe^{Cx}\prod_{k=1}^{\infty}\left\{\left(1+\frac{x}{k}\right)e^{-\frac{x}{k}}\right\} \qquad (4.14)$$

いずれにしても，この表示の右辺はすべての実数で(実はすべての複素数で)定義される．すなわち式 (4.14) の右辺の無限積はすべての実数(複素数)で収束することが分かる．

ワイエルシュトラスはこの等式をガンマ関数の定義として理論を展開した．すなわち，ワイエルシュトラスのガンマ関数の理論ではこれまで展開してきた議論を逆方向にたどることになる．

4.5　ガンマ関数と $\sin x$

ガンマ関数は正弦関数と不思議な関係を持っている．

定理 4.5　次の関数等式が成り立つ．

$$\Gamma(x)\Gamma(1-x) = \frac{\pi}{\sin \pi x} \qquad (4.15)$$

この節ではこの定理の証明を行う．次節ではこの定理を応用して正弦関数の無限積展開を証明する．

［証明］　ここでは

$$g(x) = \Gamma(x)\Gamma(1-x)\sin \pi x$$

が定数であることを先ず証明する．この関数 $g(x)$ は整数以外のすべての点 x

第 4 章　ガンマ関数

で定義された関数である．ガンマ関数の関数等式 (4.9) より

$$\Gamma(1-x) = (-x)\Gamma(-x)$$

が成り立つ．したがって

$$g(x+1) = \Gamma(x+1)\Gamma(-x)\sin(-\pi x) = x\Gamma(x)\frac{-1}{x}\Gamma(1-x)(-\sin \pi x)$$
$$= \Gamma(x)\Gamma(1-x)\sin \pi x = g(x)$$

となり，$g(x)$ は周期 1 の関数であることが分かる．ところで $g(x)$ は整数で定義できていないが正弦関数のテイラー展開と

$$\Gamma(x) = \frac{1}{x}\Gamma(1+x)$$

を使うと

$$g(x) = \frac{1}{x}\Gamma(1+x)\Gamma(1-x)\left(\pi x - \frac{\pi^3 x^3}{3!} + \cdots + (-1)^m \frac{\pi^{2m+1} x^{2m+1}}{(2m+1)!} + \cdots\right)$$
$$= \Gamma(1+x)\Gamma(1-x)\left(\pi - \frac{\pi^3 x^2}{3!} + \cdots + (-1)^m \frac{\pi^{2m+1} x^{2m}}{(2m+1)!} + \cdots\right) \quad (*)$$

となり[*3]，この最後の式は $x=0$ の近くで関数が定義されており，$x=0$ での値は π である．したがって $g(0)=\pi$ と定義すると $g(x)$ は $x=0$ でも定義され，$x=0$ で $g(x)$ は連続になる．また，$g(x+1)=g(x)$ であるので $g(x)$ は x が整数のときは π になると定義するとすべての点で定義された連続関数になる．

ところで問題 2 より

$$\Gamma\left(\frac{x}{2}\right)\Gamma\left(\frac{x+1}{2}\right) = \frac{c}{2^x}\Gamma(x)$$

が成り立つ．ここで c はある定数（$2\sqrt{\pi}$ であることが知られているがその事実はここでは必要ない）である．この式の x を $1-x$ に置き換えると

$$\Gamma\left(\frac{1-x}{2}\right)\Gamma\left(1-\frac{x}{2}\right) = \frac{c}{2^{(1-x)}}\Gamma(1-x)$$

が成り立つ．したがって

[*3] $g(x)=\Gamma(x)\Gamma(1-x)\sin \pi x$ で $\Gamma(x)$ は $x=0$ で定義されていないので $g(x)$ も $x=0$ では定義されていない．$g(x)$ を $(*)$ の形に書き直すことによって $g(0)=\pi$ と定義できることが分かる．

4.5 ガンマ関数と $\sin x$

$$\begin{aligned}
& g(\frac{x}{2})g(\frac{x+1}{2}) \\
&= \Gamma\left(\frac{x}{2}\right)\Gamma\left(1-\frac{x}{2}\right)\sin\frac{\pi x}{2}\Gamma\left(\frac{x+1}{2}\right)\Gamma\left(\frac{1-x}{2}\right)\sin\frac{\pi(x+1)}{2} \\
&= \Gamma\left(\frac{x}{2}\right)\Gamma\left(\frac{x+1}{2}\right)\Gamma\left(\frac{1-x}{2}\right)\Gamma\left(1-\frac{x}{2}\right)\sin\frac{\pi x}{2}\cos\frac{\pi x}{2} \\
&= \frac{c}{2^x}\Gamma(x)\cdot\frac{c}{2^{1-x}}\Gamma(1-x)\cdot\frac{1}{2}\sin\pi x \\
&= \frac{c^2}{4}\Gamma(x)\Gamma(1-x)\sin\pi x
\end{aligned}$$

が成り立つ．よって

$$g(\frac{x}{2})g(\frac{x+1}{2}) = \frac{c^2}{4}g(x) \tag{4.16}$$

が成り立つことが分かる．そこで

$$\varphi(x) = \frac{d^2}{dx^2}\log g(x)$$

とおく．すると等式(4.16)より

$$\frac{1}{4}\left(\varphi(\frac{x}{2})+\varphi(\frac{x+1}{2})\right) = \varphi(x)$$

が成り立つことが分かる．$g(x)$ は周期が 1 の連続関数であったので，$\varphi(x)$ も周期 1 の連続関数である．閉区間 $[0,1]$ での $|\varphi(x)|$ の最大値が $|\varphi(x)|$ の全区間での最大値になる．これを M とする．すると

$$\begin{aligned}
|\varphi(x)| &= \frac{1}{4}\left|\varphi(\frac{x}{2})+\varphi(\frac{x+1}{2})\right| \leq \frac{1}{4}\left(\left|\varphi(\frac{x}{2})\right|+\left|\varphi(\frac{x+1}{2})\right|\right) \\
&\leq \frac{1}{4}(M+M) \\
&= \frac{M}{2}
\end{aligned}$$

となり，$|\varphi(x)|$ の最大値は $M/2$ 以下であることが分かる．一方，M が $|\varphi(x)|$ の最大値であったので $M>0$ であれば矛盾する．したがって $M=0$ である．すなわち $\varphi(x)$ は恒等的に 0 でなければならない．$\varphi(x)$ は $\log g(x)$ の 2 階導関数であったので，これが 0 であることは $\log g(x)$ が 1 次関数であることを

意味する．

ところで $g(x)$ は周期が 1 の周期関数であり，したがって $\log g(x)$ も周期が 1 の周期関数でなければならない．1 次関数でかつ周期関数は定数関数しかあり得ない．したがって $g(x)$ も定数関数である．上で調べたように $g(0)=\pi$ であった．したがって $g(x)=\pi$ であることが分かる．すなわち

$$\Gamma(x)\Gamma(1-x) = \frac{\pi}{\sin \pi x}$$

が成り立つ． 【証明終】

4.6 $\sin \pi x$ の無限積展開とゼータ関数の $2, 4$ での値

さて前節の定理 4.5 によって

$$\sin \pi x = \frac{\pi}{\Gamma(x)\Gamma(1-x)} = \frac{\pi}{-x\Gamma(x)\Gamma(-x)} \tag{4.17}$$

と書くことができる．そこで $\Gamma(x)$ と $\Gamma(-x)$ に対してワイエルシュトラスによる積表示 (4.13) をとると

$$\begin{aligned}\Gamma(x)\Gamma(-x) &= e^{-Cx}\frac{1}{x}\prod_{k=1}^{\infty}\frac{e^{\frac{x}{k}}}{1+\frac{x}{k}} \cdot e^{Cx}\frac{1}{-x}\prod_{k=1}^{\infty}\frac{e^{\frac{-x}{k}}}{1-\frac{x}{k}} \\ &= -\frac{1}{x^2}\prod_{k=1}^{\infty}\frac{1}{1-\frac{x^2}{k^2}}\end{aligned}$$

が成り立つ．正確には無限積の順序を入れ替えてよいことを証明する必要がある．それには $\Gamma_n(x), \Gamma_n(-x)$ は有限個の積であるので等式 (4.12) より

$$\Gamma_n(x)\Gamma_n(-x) = -\frac{1}{x^2}\prod_{k=1}^{n}\frac{1}{1-\frac{x^2}{k^2}}$$

が成り立つことを使い $n\to\infty$ を考えればよい．したがって (4.17) より

$$\sin \pi x = \pi x \prod_{k=1}^{\infty}\left(1-\frac{x^2}{k^2}\right) \tag{4.18}$$

4.6 $\sin \pi x$ の無限積展開とゼータ関数の $2,4$ での値

が成り立つことが分かる.

この無限積展開を使ってゼータ関数の 2 および 4 での値を求めてみよう. 等式 (4.18) の右辺の積を計算すると, すなわち

$$\prod_{k=1}^{n}\left(1-\frac{x^2}{k^2}\right)$$

を展開して $n \to \infty$ をとることによって

$$\sin \pi x = \pi x - \left(\sum_{k=1}^{\infty}\frac{1}{k^2}\right)\pi x^3 + \left(\sum_{k_1<k_2}\frac{1}{k_1^2 k_2^2}\right)\pi x^5 + \cdots$$

となる. 一方, 正弦関数のテイラー展開は

$$\sin \pi x = \pi x - \frac{\pi^3 x^3}{3!} + \frac{\pi^5 x^5}{5!} - \cdots$$

となるので, 2つの無限級数展開は一致しなければならない. したがって x^3, x^5 の係数を比較することによって

$$\sum_{k=1}^{\infty}\frac{\pi}{k^2} = \frac{\pi^3}{3!}$$

$$\sum_{k_1<k_2}\frac{\pi}{k_1^2 k_2^2} = \frac{\pi^5}{5!}$$

を得る. 最初の等式から

$$\zeta(2) = \sum_{k=1}^{\infty}\frac{1}{k^2} = \frac{\pi^2}{6}$$

が直ちに得られる.

次に二番目の式を使って $\zeta(4)$ を計算しよう.

$$2\sum_{k_1<k_2}\frac{1}{k_1^2 k_2^2} = \sum_{k_1=1}^{\infty}\frac{1}{k_1^2}\cdot\sum_{k_2=1}^{\infty}\frac{1}{k_2^2} - \sum_{k=1}^{\infty}\frac{1}{k^4} = \zeta(2)^2 - \zeta(4)$$

が成り立つ. 左辺を2倍したのは右辺の $\zeta(2)^2$ の部分には $k_1<k_2$ と $k_1>k_2$ が現れるからである. また $\zeta(4)$ を引いたのは $k_1=k_2$ の部分が左辺には現れないからである. 以上によって

$$\frac{2\pi^4}{5!} = \zeta(2)^2 - \zeta(4) = \left(\frac{\pi^2}{6}\right)^2 - \zeta(4)$$

が成り立ち, これより

第4章　ガンマ関数

$$\zeta(4) = \frac{\pi^4}{36} - \frac{\pi^4}{60} = \frac{\pi^4}{90}$$

が得られる．

以上のように，正弦関数の無限積展開(4.18)が得られると $\zeta(2), \zeta(4)$ は簡単に計算できることが分かる．

第4章 演習問題

4.1
$$\Gamma\left(\frac{1}{2}\right) = \sqrt{\pi}$$

を示せ．

4.2 積分

$$B(x,y) = \int_0^1 t^{x-1}(1-t)^{y-1}\,dt$$

は $x>0, y>0$ のときに収束することを示せ．また

$$B(x,y) = B(y,x)$$

および

$$B(x+1,y) = \frac{x}{x+y}B(x,y)$$

が成り立つことを示せ．さらに p, q が正整数であれば

$$B(p,q) = \frac{\Gamma(p)\Gamma(q)}{\Gamma(p+q)}$$

が成り立つことを示せ．実は $0<x, 0<y$ のときに

$$B(x,y) = \frac{\Gamma(x)\Gamma(y)}{\Gamma(x+y)}$$

が成り立つことを証明できる．$B(x,y)$ はオイラーのベータ関数と呼ばれる．

5 関・ベルヌーイ数と
　　ゼータ関数の偶数での値

　これまでゼータ関数 $\zeta(s)$ の $s=2, 4$ での値 $\zeta(2), \zeta(4)$ の計算をさまざまな方法で行ってきたが(第1章，第3章7節，第4章6節)，この章ではゼータ関数のすべての偶数での値を求める．そのためには関・ベルヌーイ数が必要となる．まず，ゼータ関数とは一見関係がなさそうなベキ和の公式から議論を始めよう．

5.1　ベキ和の公式

私たちは公式
$$1+2+3+\cdots+n = \frac{n(n+1)}{2}$$
や
$$1^2+2^3+3^2+\cdots+n^2 = \frac{n(n+1)(2n+1)}{6}$$
にはおなじみである．多くの読者は
$$1^3+2^3+3^3+\cdots+n^3 = \frac{n^2(n+1)^2}{4}$$
にもおなじみであろう．では一般のベキ和
$$1^p+2^p+3^p+\cdots+n^p$$
をどうしたら求めることができるのであろうか．以下の議論を見通しよくするために

167

第 5 章 関・ベルヌーイ数とゼータ関数の偶数での値

$$S_p(n) = 1^p + 2^p + 3^p + \cdots + n^p$$

という記号を導入しよう．この記号を使えば

$$S_1(n) = \frac{n(n+1)}{2}, \quad S_2(n) = \frac{n(n+1)(2n+1)}{6}, \quad S_3(n) = \frac{n^2(n+1)^2}{4}$$

である．さらに

$$S_4(n) = \frac{1}{30}\left(6n^5 + 15n^4 + 10n^3 - n\right)$$
$$S_5(n) = \frac{1}{12}\left(2n^6 + 6n^5 + 5n^4 - n^2\right)$$

などと計算することができるが，その原理をこの節では考えてみよう．

上の公式を眺めてみると $S_p(n)$ は n の多項式で次数は $p+1$ 次になっているように思われる．ベキの次数 p を固定すれば $\{S_p(n)\}$ は数列と考えることができ，その数列の一般項を求める問題と読み直すこともできる．定義から

$$S_p(n+1) - S_p(n) = (n+1)^p \tag{5.1}$$

である．これをある意味で逆転して $(n+1)^{p+1} - n^{p+1}$ のほうを考えてみよう．二項定理より

$$(n+1)^{p+1} - n^{p+1} = \sum_{j=1}^{p+1}\binom{p+1}{j}n^{p+1-j}$$

と書くことができる．そこでこの式を $n+1$ から 1 まで並べて書いてみよう．

$$(n+1)^{p+1} - n^{p+1} = (p+1)n^p + \binom{p+1}{2}n^{p-1} + \cdots$$
$$+ \binom{p+1}{j}n^{p+1-j} + \cdots + (p+1)n + 1$$
$$n^{p+1} - (n-1)^{p+1} = (p+1)(n-1)^p + \binom{p+1}{2}(n-1)^{p-1} + \cdots$$

5.1 ベキ和の公式

$$+ \binom{p+1}{j}(n-1)^{p+1-j} + \cdots + (p+1)(n-1) + 1$$

$$\cdots = \cdots$$

$$(k+1)^{p+1} - k^{p+1} = (p+1)k^p + \binom{p+1}{2}k^{p-1} + \cdots$$

$$+ \binom{p+1}{j}k^{p+1-j} + \cdots + (p+1)k + 1$$

$$\cdots = \cdots$$

$$2^{p+1} - 1^{p+1} = (p+1)\cdot 1^p + \binom{p+1}{2}\cdot 1^{p-1} + \cdots$$

$$+ \binom{p+1}{j}\cdot 1^{p+1-j} + \cdots + (p+1)\cdot 1 + 1$$

この両辺を足すと

$$(n+1)^{p+1} - 1 = (p+1)S_p(n) + \binom{p+1}{2}S_{p-1}(n) + \cdots$$

$$+ \binom{p+1}{j}S_{p+1-j}(n) + \cdots + (p+1)S_1(n) + n$$

が得られる．すなわち

$$\sum_{j=1}^{p+1} \binom{p+1}{j} S_{p+1-j}(n) = (n+1)^{p+1} - 1 \tag{5.2}$$

が得られた．ただし

$$S_0(n) = 1^0 + 2^0 + \cdots + n^0 = n$$

と約束する．

これから $p=1, 2, 3, \ldots$ と $S_p(n)$ の公式を計算していくことができる．また (5.2) より次のことが示される．

第 5 章 関・ベルヌーイ数とゼータ関数の偶数での値

---- 問題 1 ----

$S_p(n)$ は n に関する $p+1$ 次の多項式であり，

$$S_p(n) = \frac{1}{p+1}n^{p+1}+a_p^{(p)}n^p+a_{p-1}^{(p)}n^{p-1}+\cdots+a_1^{(p)}n \tag{5.3}$$

である．すなわち x に自然数 n を代入すると $S_p(n)$ となる変数 x の多項式

$$S_p(x) = \frac{1}{p+1}x^{p+1}+a_p^{(p)}x^p+a_{p-1}^{(p)}x^{p-1}+\cdots+a_1^{(p)}x$$

が存在する．

解答 p に関する帰納法で示す．$p=0$ のときは $S_0(n)=n$ であるので $S_0(x)=x$ である．これは $p=0$ のときに $a_1^{(1)}=1$ として (5.3) が正しいことを意味する．

$p-1$ まで (5.3) が成り立つと仮定する．このとき，(5.2) より

$S_p(n)$
$= \dfrac{1}{p+1}\left\{(n+1)^{p+1}-1-\dbinom{p+1}{2}S_{p-1}(n)-\dbinom{p+1}{3}S_{p-2}(n)-\cdots-S_0(n)\right\}$

が成り立つ．帰納法の仮定によりこの式の右辺は n の多項式であり，かつその次数は $p+1$ 次である．また，右辺の n^{p+1} の係数は $\dfrac{1}{p+1}$ である．また $S_k(x)$ の定数項は 0 であるので右辺の定数項は 0 である．

式 (5.3) の n の係数 $a_1^{(p)}$（後でこれを B_p と記すようになる）が重要な働きをすることが次第に明らかになってくる．さて (5.1) より

$$S_p(x+1)-S_p(x) = (x+1)^p$$

であり，この両辺を微分すると

$$S_p'(x+1)-S_p'(x) = p(x+1)^{p-1} \tag{5.4}$$

が成り立つことが分かる．この式に今度は $x=n-1, n-2, \ldots, 1, 0$ とおくことによって次の問題を解いてみよう．

---- 問題2 ----

$S'_p(0)=B_p$ とおく(すなわち(5.3)の $a_1^{(p)}$ を B_p とおく)と

$$S'_p(x) = pS_{p-1}(x)+B_p \tag{5.5}$$

が成り立つことを示せ.

解答 (5.4)に $x=n-1, n-2, \ldots, 0$ を代入すると

$$\begin{array}{rcl}
S'_p(n)-S'_p(n-1) &=& pn^{p-1} \\
S'_p(n-1)-S'_p(n-2) &=& p(n-1)^{p-1} \\
\cdots &=& \cdots \\
S'_p(k)-S'_p(k-1) &=& pk^{p-1} \\
\cdots &=& \cdots \\
S'_p(1)-S'_p(0) &=& p\cdot 1^{p-1}
\end{array}$$

が成り立つ. この両辺を足すと

$$S'_p(n)-S'_p(0) = pS_{p-1}(n)$$

が成り立つ. したがって x で表わせば

$$S'_p(x) = pS_{p-1}(x)+B_p$$

が成り立つ.

上で述べたように B_p は式(5.3)の $a_1^{(p)}$ に他ならない. 次に式(5.4)を使って次の問題を解いてみよう.

---- 問題3 ----

$S'_k(0)=B_k$ とおくと $j=1,2,\ldots,p$ のとき $S_p(x)$ の原点 $x=0$ での j 回微分は

$$S_p^{(j)}(0) = p(p-1)\cdots(p-j+2)B_{p+1-j} = \frac{p!}{(p+1-j)!}B_{p+1-j} \tag{5.6}$$

となることを示せ.

解答 式(5.5)を微分すると

第 5 章 関・ベルヌーイ数とゼータ関数の偶数での値

$$S_p''(x) = pS_{p-1}'(x) \tag{5.7}$$

が成立する．これより

$$S_p''(0) = pB_{p-1}$$

が成立する．さらに等式(5.7)の両辺を微分して(5.7)を $p-1$ のときに適用することによって

$$S_p'''(x) = pS_{p-1}''(x) = p(p-1)S_{p-2}'(x)$$

が得られ，これより

$$S_p'''(0) = p(p-1)B_{p-2}$$

が成り立つことが分かる．以下，この操作を繰り返して(5.6)が成り立つことが分かる．

以上の準備のもとにベキ和の公式を証明しよう．

定理 5.1 $S_p(x)$ は B_k を使って

$$S_p(x) = \frac{1}{p+1}\left\{\sum_{k=0}^{p}\binom{p+1}{k}B_k x^{p+1-k}\right\} \tag{5.8}$$

と書くことができる．B_k は k 番目の関・ベルヌーイ数と呼ばれる[*1]．

[証明] $S_p(x)$ は $p+1$ 次の多項式であるので，第 2 章 7 節の問題 14 と本章の問題 3 によって $S_p(0)=0$ に注意すると

[*1] 1712 年に出版された関孝和の遺稿集『括要算法』では B_k が導入されベキ和の公式が与えられている．一方，1714 年に出版されたヤコブ・ベルヌーイの遺著 "Ars Conjectandi"（『推測術』）の中で関孝和とは独立に数 B_k が導入されベキ和の公式が与えられている．ヨーロッパでは関孝和の業績が知られていなかったので B_k はベルヌーイ数と名づけられた．

$$S_p(x) = \sum_{k=1}^{p+1} \frac{S^{(k)}(0)}{k!} x^k$$
$$= \sum_{k=1}^{p+1} \frac{p!}{(p+1-k)!k!} B_{p+1-k} x^k$$
$$= \frac{1}{p+1} \sum_{k=1}^{p+1} \frac{(p+1)!}{(p+1-k)!k!} B_{p+1-k} x^k$$
$$= \frac{1}{p+1} \sum_{k=1}^{p+1} \binom{p+1}{p+1-k} B_{p+1-k} x^k$$
$$= \frac{1}{p+1} \sum_{j=0}^{p} \binom{p+1}{j} B_j x^{p+1-j}$$

が得られる．

【証明終】

さて $S_p(1)=1$ であるので，これを式(5.8)に代入すると

$$\sum_{j=0}^{p} \binom{p+1}{j} B_j = p+1 \tag{5.9}$$

が得られる．関・ベルヌーイ数に関しては次のことが証明できる．

定理 5.2 関係式(5.9)によって関・ベルヌーイ数は一意的に決まる．すなわち，(5.9)は関・ベルヌーイ数の定義式と考えることができる．

実は関係式(5.9)によって関孝和とヨハン・ベルヌーイは関・ベルヌーイ数を定義した．

[証明] $p=0$ のとき，(5.9)より

$$B_0 = 1$$

であることが分かる．そこで $p=k$ まで B_j, $j \leq k$ が決まったと仮定する．$p=k+1$ のとき式(5.9)を考えると

$$(k+2)B_{k+1} = k+2 - \sum_{j=0}^{k} \binom{k+2}{j} B_j$$

となり，

$$B_{k+1} = 1 - \frac{1}{k+2} \sum_{j=0}^{k} \binom{k+2}{j} B_j$$

となって，$B_j, j \leq k$ から B_{k+1} が一意的に定まる．

【証明終】

実際に上の証明に従って B_p を計算すると

$$B_0 = 1, \ B_1 = -\frac{1}{2}, \ B_2 = \frac{1}{6}, \ B_3 = 0, \ B_4 = -\frac{1}{30}, \ B_5 = 0, \ B_6 = \frac{1}{42}$$

となる．これから

$$S_4(n) = \frac{1}{5}n^5 + \frac{1}{2}n^4 + \frac{1}{3}n^3 - \frac{1}{30}n$$
$$S_5(n) = \frac{1}{6}n^6 + \frac{1}{2}n^5 + \frac{5}{12}n^4 - \frac{1}{12}n^2$$
$$S_6(n) = \frac{1}{7}n^7 + \frac{1}{2}n^6 + \frac{1}{2}n^5 - \frac{1}{6}n^3 + \frac{1}{42}n$$

であることが分かる．上の計算で $B_3 = B_5 = 0$ であった．これは偶然ではなく次の事実が成り立つ．

定理 5.3 p が 3 以上の奇数であれば $B_p = 0$ である．

この定理の証明は次の定理 5.4 の証明の後に述べる．

ところで，ベキ和の公式 (5.8) は (5.5) から直接求めることもできる．それには p に関する帰納法を用いる．ただし，関・ベルヌーイ数 B_p は (5.9) によって p に関して帰納的に定義する．$S_0(n) = n$ であるので $S_0(x) = x$ である．また (5.5) より

$$S_1'(x) = S_0(x) + B_1 = x + B_1$$

である．すなわち $S_1(x)$ を微分すると $x + B_1$ である．微分すると $x + B_1$ である多項式は

$$\frac{x^2}{2} + B_1 x + C$$

と書くことができる．ここで C はある定数である．今の場合，$S_1(0)=0$ であり，したがって $C=0$ である．また，$B_1=-1/2$ であったので

$$S_1(x) = \frac{x^2}{2} + B_1 x = \frac{1}{2}\left(B_0 x^2 + 2B_1 x\right) = \frac{1}{2}\sum_{k=0}^{1}\binom{2}{k}B_k x^{2-k}$$

であることが分かった．そこで

$$S_{p-1}(x) = \frac{1}{p}\sum_{k=0}^{p-1}\binom{p}{k}B_k x^{p-k}$$

が成り立ったと仮定しよう．$S_p(0)=0$ であることを使えば，式(5.5)より

$$S_p(x) = \sum_{k=0}^{p-1}\binom{p}{k}\frac{B_k}{p+1-k}x^{p+1-k} + B_p x$$

であることが分かる．ところで

$$\binom{p}{k}\cdot\frac{1}{p+1-k} = \frac{p!}{k!(p-k)!\cdot(p+1-k)} = \frac{1}{p+1}\binom{p+1}{k}$$

および

$$\binom{p+1}{p} = p+1$$

を使えば，上の式は

$$S_p(x) = \frac{1}{p+1}\sum_{k=1}^{p}\binom{p+1}{k}B_k x^{p+1-k}$$

と書き直すことができる．これが求める式である．導関数から元の関数を求めることは積分と深く関係していることは第3章の議論で明らかであろう．

5.2 関・ベルヌーイ関数

この節では関・ベルヌーイ数を別の形で書き表わし,その一般化として関・ベルヌーイ関数を定義する.

> **定理 5.4**(関・ベルヌーイ数の関係式) 関数
> $$\frac{te^t}{e^t-1}$$
> は原点を中心とするテイラー展開ができ
> $$\frac{te^t}{e^t-1} = \sum_{n=0}^{\infty} \frac{B_n}{n!} t^n \tag{5.10}$$
> が成り立つ.

[証明] 実は関数
$$\frac{te^t}{e^t-1}$$
は複素変数の関数と考えたほうが分かりやすいので,詳しくは続編の「複素解析編」で扱う.ここでは
$$(e^t-1)\left(\sum_{n=0}^{\infty} \frac{B_n}{n!} t^n\right) = te^t$$
のみを証明する. e^t-1 のテイラー展開は
$$e^t-1 = \sum_{k=1}^{\infty} \frac{1}{k!} t^k$$
で与えられるので,関係式(5.9)を使うと
$$(e^t-1)\left(\sum_{n=0}^{\infty} \frac{B_n}{n!} t^n\right) = \left(\sum_{k=1}^{\infty} \frac{1}{k!} t^k\right)\left(\sum_{n=0}^{\infty} \frac{B_n}{n!} t^n\right)$$
$$= \sum_{p=0}^{\infty} \left(\sum_{\substack{k+j=p+1 \\ 1\leq k\leq p+1}} \frac{B_j}{k!j!}\right) t^{p+1}$$

$$\begin{aligned}
&= \sum_{p=0}^{\infty} \left(\frac{1}{(p+1)!} \sum_{j=0}^{p} \binom{p+1}{j} B_j \right) t^{p+1} \\
&= \sum_{p=0}^{\infty} \frac{1}{p!} t^{p+1} \qquad\qquad \text{関係式}(5.9) \\
&= te^t
\end{aligned}$$

が成り立つことが分かる．

【証明終】

ところで，テイラー展開は存在すれば一意的にきまるので，式(5.10)を使って関・ベルヌーイ数 B_n を定義することができる．現在ではこの定義を用いることが多い．

さて，式(5.10)を使って，関・ベルヌーイ数の性質を導くことができる．そのために

$$f(t) = \frac{te^t}{e^t - 1} - \frac{t}{2}$$

とおこう．すると $f(t)$ も原点を中心としてテイラー展開することができて

$$f(t) = 1 + \sum_{n=2}^{\infty} \frac{B_n}{n!} t^n \qquad (5.11)$$

となる．一方

$$\begin{aligned}
f(-t) &= \frac{-te^{-t}}{e^{-t}-1} + \frac{t}{2} = \frac{-t}{1-e^t} + \frac{t}{2} \\
&= \frac{t}{e^t-1} + t - \frac{t}{2} = \frac{t+t(e^t-1)}{e^t-1} - \frac{t}{2} = f(t)
\end{aligned}$$

が成り立つので $f(t)$ は偶関数である．したがってテイラー展開(5.11)には t の偶数ベキしか現れない．よって $n \geq 3$ が奇数であれば $B_n = 0$ である．これは定理5.3に他ならない．

式(5.10)の左辺の関数の分子を te^{xt} に替えることによって

$$\frac{te^{xt}}{e^t - 1} = \sum_{n=0}^{\infty} \frac{B_n(x)}{n!} t^n \qquad (5.12)$$

という展開式を得る．このとき $B_n(x)$ は x の多項式である．なぜならば

第 5 章 関・ベルヌーイ数とゼータ関数の偶数での値

$$te^{xt} = \sum_{n=0}^{\infty} \frac{x^n}{n!} t^{n+1}$$

であり，

$$(e^t-1)\left(\sum_{n=0}^{\infty} \frac{B_n(x)}{n!} t^n\right) = \sum_{n=0}^{\infty} \frac{x^n}{n!} t^{n+1}$$

が成り立つので，上の定理 5.4 の証明中の計算と同様にして

$$\sum_{j=0}^{p} \binom{p+1}{j} B_j(x) = (p+1)x^p \tag{5.13}$$

が得られ，$B_0(x)=1$ に注意すると n に関する帰納法によって $B_n(x)$ は x の多項式であることが分かる．$B_n(x)$ を関・ベルヌーイ関数という．

また $x=1$ の場合が式 (5.10) に対応するので

$$B_n(1) = B_n \tag{5.14}$$

である．次の問題を考えてみよう．

―― 問題 4 ――――――――――――――――――――――

非負整数 p に対して

$$B_{p+1}(x+1) - B_{p+1}(x) = (p+1)x^p \tag{5.15}$$

を示せ．これより $B_{p+1}(x)$ は x の $p+1$ 次式であることが分かる．また

$$B_n(0) = B_n$$

であることを示せ．

解答 $B_0(x)=1$ であるので $B_0(x+1)-B_0(x)=0$ である．これより

$$\frac{te^{(x+1)t}}{e^t-1} - \frac{te^{xt}}{e^t-1} = \sum_{n=0}^{\infty} \frac{B_n(x+1)-B_n(x)}{n!} t^n$$
$$= \sum_{p=0}^{\infty} \frac{B_{p+1}(x+1)-B_{p+1}(x)}{(p+1)!} t^{p+1}$$

が成り立つ．一方

$$\frac{te^{(x+1)t}}{e^t-1} - \frac{te^{xt}}{e^t-1} = \frac{te^{xt}(e^t-1)}{e^t-1} = te^{xt} = \sum_{p=0}^{\infty} \frac{x^p}{p!} t^{p+1}$$

が成り立つ．したがって

$$\frac{B_{p+1}(x+1) - B_{p+1}(x)}{(p+1)!} = \frac{x^p}{p!}$$

が成り立つ．これより

$$B_{p+1}(x+1) - B_{p+1}(x) = (p+1)x^p$$

が成り立つことが分かる．この等式に $x=0$ を代入すると

$$B_{p+1}(1) = B_{p+1}(0)$$

が成り立つことが分かる．したがって(5.14)より $n \geq 1$ のとき $B_n(0) = B_n$ であることが分かる．$B_0(x) = 1$ であるので $n=0$ のときも正しい．

さて等式(5.15)に $x=0, 1, 2, \ldots, n$ を代入して足すと

$$B_{p+1}(n+1) - B_{p+1}(0) = (p+1)S_p(n)$$

が成り立ち，これより

$$S_p(n) = \frac{1}{p+1}(B_{p+1}(n+1) - B_{p+1}(0)) \tag{5.16}$$

であることが分かる．関・ベルヌーイ関数の具体的な形に関しては演習問題5.3を参照のこと．

5.3　ゼータ関数の偶数での値 $\zeta(2m)$

関・ベルヌーイ数を使ってゼータ関数の偶数 $2m$ での値 $\zeta(2m)$ を計算しよう．そのために第4章「ガンマ関数」で証明した等式(4.18)

$$\sin \pi x = \pi x \prod_{k=1}^{\infty} \left(1 - \frac{x^2}{k^2}\right)$$

第 5 章 関・ベルヌーイ数とゼータ関数の偶数での値

を再度考える．この両辺の対数をとると

$$\log \sin \pi x = \log \pi x + \sum_{k=1}^{\infty} \log\left(1-\frac{x^2}{k^2}\right)$$

と無限積が無限和にかわり，さらに x に関して微分すると

$$\pi \cdot \frac{\cos \pi x}{\sin \pi x} = \frac{1}{x} - \sum_{k=1}^{\infty} \frac{\frac{2x}{k^2}}{1-\frac{x^2}{k^2}} = \frac{1}{x} - \sum_{k=1}^{\infty} \frac{2x}{k^2-x^2}$$

となる等式が成り立つことが分かる．正確には無限和と微分とが交換可能

$$\frac{d}{dx}\left(\sum_{k=1}^{\infty}\log\left(1-\frac{x^2}{k^2}\right)\right) = \sum_{k=1}^{\infty}\frac{d}{dx}\left(\log\left(1-\frac{x^2}{k^2}\right)\right)$$

であることを示す必要がある．今の場合これは正しいが，詳しい議論は続編の「複素解析編」で行う．

さて

$$\cot x = \frac{1}{\tan x} = \frac{\cos x}{\sin x}$$

で余正接 (cotangent) 関数を定義すると，上の式は

$$\pi x \cot \pi x = 1 - 2\sum_{k=1}^{\infty}\frac{x^2}{k^2-x^2} \qquad (5.17)$$

と書くことができる．次に

$$\frac{x^2}{k^2-x^2} = \frac{x^2}{k^2} \cdot \frac{1}{1-\left(\frac{x}{k}\right)^2} = \frac{x^2}{k^2}\sum_{m=0}^{\infty}\left(\frac{x}{k}\right)^{2m} = \sum_{m=1}^{\infty}\frac{x^{2m}}{k^{2m}}$$

であることに注意すると，等式 (5.17) は

$$\pi x \cot \pi x = 1 - 2\sum_{k=1}^{\infty}\left(\sum_{m=1}^{\infty}\frac{x^{2m}}{k^{2m}}\right)$$

と書き直すことができる．さてここで，この右辺の 2 つの無限は入れ替えることができる．このことも続編の「複素解析編」で証明する．するとゼータ関数を使うと

$$\pi x \cot \pi x = 1 - 2\sum_{m=1}^{\infty}\left(\sum_{k=1}^{\infty}\frac{1}{k^{2m}}\right)x^{2m} = 1 - 2\sum_{m=1}^{\infty}\zeta(2m)x^{2m} \qquad (5.18)$$

5.3 ゼータ関数の偶数での値 $\zeta(2m)$

> **コラム 5.1 オイラー・マクローリンの和公式**
>
> $a \leq b$ である任意の整数 a, b と M を任意の自然数とする．$f(x)$ が区間 $[a, b]$ で M 回微分可能であれば
>
> $$\sum_{n=a}^{b} f(n) = \int_a^b f(x)\,dx + \frac{1}{2}(f(a)+f(b)) + \sum_{m=1}^{M-1} \frac{B_{m+1}}{(m+1)!}(f^{(m)}(b) - f^{(m)}(a))$$
> $$- \frac{(-1)^M}{M!} \int_a^b B_M(x - [x]) f^{(M)}(x)\,dx$$
>
> が成り立つ．これを**オイラー・マクローリンの和公式**という．左辺の整数にわたる和が右辺では関・ベルヌーイ数と関・ベルヌーイ関数を使った積分で表わされることがこの公式の特徴である．
>
> $f(x) = x^p$, $M = p+1$, $a = 0$, $b = n$ とすればオイラー・マクローリンの和公式はベキ和の公式に他ならない．$f^{(p+1)}(x) = 0$, $f^{(p)}(n) - f^{(p)}(0) = p! - p! = 0$ であるので
>
> $$S_p(n) = \sum_{k=0}^{n} k^p = \int_0^n x^p\,dx + \frac{n^p}{2} + \sum_{m=1}^{p-1} \frac{B_{m+1}}{(m+1)!} p(p-1)\cdots(p-m+1) n^{p-m}$$
> $$= \frac{1}{p+1} \left(n^{p+1} + \frac{p+1}{2} n^p + \sum_{k=2}^{p} \frac{(p+1)!}{k!(p+1-m)!} n^{p+1-k} \right)$$
> $$= \sum_{k=1}^{p} \binom{p+1}{k} B_k n^{p+1-k}$$
>
> が成り立つ．
>
> オイラー・マクローリンの和公式は和 $\sum_{n=a}^{b} f(n)$ の近似値の計算にも積分 $\int_a^b f(x)\,dx$ の近似値の計算にも応用することができる．具体的な関数，たとえば $f(x) = \sqrt{x}$ や $\sqrt[m]{x}$ で実際に計算してみることを勧めたい．

という展開式が得られる．この右辺は収束するのでこの展開式は $\pi x \cot \pi x$ のテイラー展開になっている．

そこで別の方法で $\pi x \cot \pi x$ のテイラー展開を求めてみよう．そのためには $x \cot x$ のテイラー展開を求めて x を πx に置き換えればよい．三角関数を複素数の指数関数を使って表現したことを思い起こそう（第 2 章 9 節）．

$$\sin x = \frac{e^{ix} - e^{-ix}}{2i}, \quad \cos x = \frac{e^{ix} + e^{-ix}}{2}$$

第 5 章　関・ベルヌーイ数とゼータ関数の偶数での値

であったので

$$\cot x = \frac{\cos x}{\sin x} - i\frac{e^{ix}+e^{-ix}}{e^{ix}-e^{-ix}} = i\frac{e^{2ix}+1}{e^{2ix}-1}$$

が成り立つ．そこで $t=2ix$ とおくと

$$x\cot x = ix\frac{e^{2ix}+1}{e^{2ix}-1} = \frac{t(e^t+1)}{2(e^t-1)} = \frac{te^t}{e^t-1} - \frac{t}{2}$$

と書き直すことができる．そこで関・ベルヌーイ数の関係式(5.10)より

$$\frac{te^t}{e^t-1} - \frac{t}{2} = 1 + \sum_{n=2}^{\infty}\frac{B_n}{n!}t^n = 1 + \sum_{m=1}^{\infty}\frac{B_{2m}}{(2m)!}t^{2m}$$

が成り立つ．$t=2ix$ であったので

$$x\cot x = \frac{te^t}{e^t-1} - \frac{t}{2} = 1 + \sum_{m=1}^{\infty}(-1)^m 2^{2m}\frac{B_{2m}}{(2m)!}x^{2m}$$

が成り立つ．これが $x\cot x$ のテイラー展開である．したがって x を πx に置き換えることによって

$$\pi x \cot \pi x = 1 + \sum_{m=1}^{\infty}(-1)^m (2\pi)^{2m}\frac{B_{2m}}{(2m)!}x^{2m} \tag{5.19}$$

が得られる．(5.18)と(5.19)はともに $\pi x \cot \pi x$ の原点を中心とするテイラー展開であるので両者は一致しなければならない．すなわち x^{2m} の係数は一致しなければならない．したがって

$$\zeta(2m) = (-1)^{m+1}\frac{1}{2}\cdot(2\pi)^{2m}\frac{B_{2m}}{(2m)!} \tag{5.20}$$

が成り立つことが分かった．

$$B_2 = \frac{1}{6}, \quad B_4 = -\frac{1}{30}$$

であるので(5.20)より

$$\zeta(2) = \frac{\pi^2}{6}, \quad \zeta(4) = \frac{\pi^4}{90}$$

となってこれまでの計算と当然のことであるが一致する．また，

$$B_6 = \frac{1}{42}$$

であるので
$$\zeta(6) = \frac{\pi^6}{945}$$
となる．

　これで一件落着かに思われるが，多くの読者が首をかしげていることと思われる．そもそも，関・ベルヌーイ数の関係式(5.10)で t は実数であったはずである．ところが，今の議論では $t=2ix$ とおいたので複素数で考えている．それが可能であることを言わなければならない．すでに指数関数 e^t に対しては t が複素数の場合も考察した．等式(5.10)の場合も左辺の関数は指数関数をもとに定義されているので t が複素数のときも考えることはできそうである．

　実は続編の「複素解析編」で述べるように，実数のときに等式が成立すると(5.10)の関係式は右辺の無限級数が収束する範囲では複素数まで等号が成り立つ．この事実によって今までの議論は正当化される．それだけでなく，関数や無限級数を複素数まで変数を拡張することが実り多い結果をもたらすことを垣間見ることができたことになる．詳しい議論は「複素解析編」を見ていただきたい．

第5章　演習問題

5.1　ファールハーバー(Johan Faulhaber, 1580-1635)は 1631 年に出版した Academia Algebrae の中で $p=17$ まで $S_p(n)$ を計算して p が奇数のときは $S_p(x)$ は $S_1(x)$ の多項式で表わすことができることを見出し，一般のときにもこのことが成り立つと予想した．後にヤコビ(C. G. Jacobi, 1804-1851)は，この予想を証明し，さらに p が偶数のときは $S_p(x)$ は $S_2(x)$ で割り切れ，さらに $S_p(x)/S_2(x)$ は $S_1(x)$ の多項式で表わせることを示した．たとえば

$$S_3(n) = S_1(n)^2$$
$$S_4(n) = \frac{S_2(n)(6S_1(n)-1)}{5}$$
$$S_5(n) = \frac{4S_1(n)^3 - S_1(n)^2}{3}$$

第 5 章　関・ベルヌーイ数とゼータ関数の偶数での値

$$S_6(n) = \frac{S_2(n)(12S_1(n)^2 - 6S_1(n) + 1)}{7}$$

が成り立つ．ここではこの弱い形，p が奇数のときは $S_p(x)$ はかならず $S_1(n)$ で割り切れ，p が偶数のときは $S_p(x)$ は $S_2(x)$ で割り切れることを示せ．

5.2　関・ベルヌーイ関数 $B_n(x)$ に関して次のことを証明せよ．

(1)　$B_n'(x) = nB_{n-1}(x)$

(2)　$B_n(1-x) = (-1)^n B_n(x)$

5.3　関・ベルヌーイ関数 $B_n(x)$ は

$$B_n(x) = \sum_{j=0}^{n} (-1)^j \binom{n}{j} B_j x^{n-j}$$

と書けることを示せ．

6 極限と収束

6.1 収束をどう定義するか——イプシロン・デルタ論法

まず次の問題を考えてみよう．

---- 問題 1 ----

$a_1 = \dfrac{1}{2}$ とし，数列 $\{a_n\}$ を漸化式

$$a_{n+1} = \frac{a_n}{(1+a_n)^2}, \quad n = 1, 2, 3, \ldots$$

によって定める．このとき以下の問に答えよ．

(1) 各 $n=1, 2, 3, \ldots$ に対して $b_n = \dfrac{1}{a_n}$ とおく．$n>1$ のとき，$b_n > 2n$ となることを示せ．

(2) $\displaystyle\lim_{n\to\infty} \dfrac{1}{n}(a_1 + a_2 + \cdots + a_n)$ を求めよ．

(3) $\displaystyle\lim_{n\to\infty} n a_n$ を求めよ．

(東京大学)

この問題の背後にある，極限の考え方を少し復習しておこう．

高校では数列の収束は次のように定義する．数列 $\{a_n\}$ は n が大きくなるにつれてある数 α に近づくときに α に収束するといい

$$\lim_{n\to\infty} a_n = \alpha$$

と記す．この定義は既に何度も使った．これで十分なように思われるが，次の定理を証明しようとすると，極限に関する今までの素朴なとらえ方では歯が立たないことが分かる．

第6章 極限と収束

> **定理 6.1** 数列 $\{a_n\}$ が α に収束するとき，この数列の第 n 項までの平均
> $$b_n = \frac{a_1+a_2+\cdots+a_{n-1}+a_n}{n}$$
> からできる数列 $\{b_n\}$ も α に収束する．

実はこの定理を使うと上の問題の(2)はすぐに解けてしまう．

そのまえに上の問題の(1)を証明しておこう．漸化式より
$$b_{n+1} = b_n\left(1+\frac{1}{b_n}\right)^2 \tag{6.1}$$
が成り立つ．$b_n > 2n$ を仮定するとこの式より
$$b_{n+1} = b_n + 2 + \frac{1}{b_n} > 2n+2$$
が成り立ち，$n+1$ の場合も不等式が成り立つことが分かり，(1)が証明された．

さて(1)から
$$0 < a_n = \frac{1}{b_n} < \frac{1}{2n} \tag{6.2}$$
であることが分かり
$$\lim_{n\to\infty} a_n = 0 \tag{6.3}$$
である．したがって定理 6.1 より計算するまでもなく(2)の極限値は 0 であることが分かる．また，(6.3)を示すだけであれば，もっと面白い方法がある．a_{n+1} を決める漸化式によってすべての自然数 m に対して $a_m > 0$ であることが分かる．したがって
$$a_1 > a_2 > a_3 > \cdots > a_n > a_{n+1} > \cdots > 0$$
が成り立つ．すなわち数列 $\{a_n\}$ は下に有界な単調減少数列である．実数の持つ重要な性質として

　　下に有界な単調減少数列は必ず収束する

が知られている．この事実は後に定理 6.2 として証明する．

6.1 収束をどう定義するか――イプシロン・デルタ論法

この定理によって上の問題の数列 $\{a_n\}$ の極限値が存在する．その値を α とし，漸化式で $n\to\infty$ とすると

$$\alpha = \frac{\alpha}{(1+\alpha)^2} \tag{6.4}$$

が成り立つ．これより $\alpha=0$ であるか，$\alpha\neq 0$ であれば(6.4)の両辺を α で割ることによって

$$(1+\alpha)^2 = 1$$

が成り立つことが分かり，$\alpha\neq 0$ より $\alpha=-2$ であることが分かる．しかし，$a_n>0$ であったので極限値が負になることはなく，したがって $\alpha=0$ でなければならない．

ところで(2)を証明するためにはもちろん難しい定理 6.1 を使う必要はない．(6.2)より

$$0 < \frac{1}{n}(a_1+a_2+\cdots+a_{n-1}) < \frac{1}{2n}\left(1+\frac{1}{2}+\frac{1}{3}+\cdots+\frac{1}{n-1}\right) \tag{6.5}$$

を得る．このとき，図 6.1 より

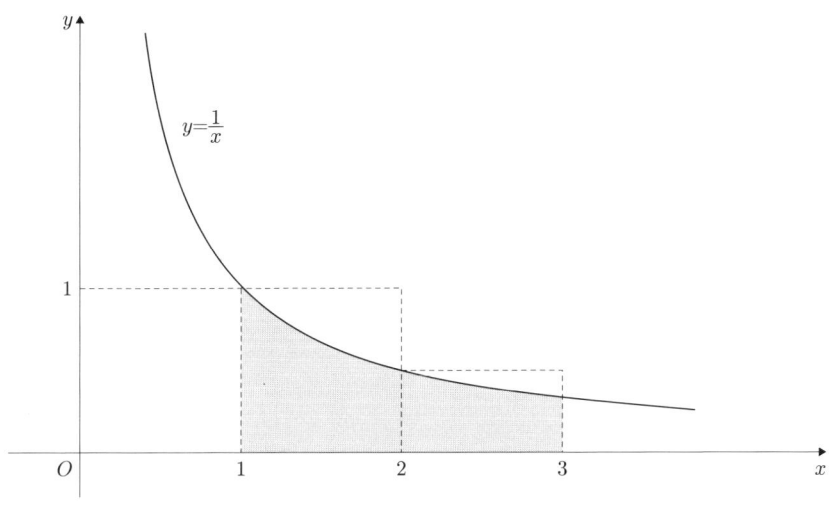

図 6.1

$$\int_1^n \frac{dx}{x} < 1+\frac{1}{2}+\frac{1}{3}+\cdots+\frac{1}{n-1} < 1+\int_1^{n-1}\frac{dx}{x}$$

が成り立ち，この第一項と第三項の積分を計算して

$$\log n < 1+\frac{1}{2}+\frac{1}{3}+\cdots+\frac{1}{n-1} < 1+\log(n-1)$$

を得る．一方

$$\lim_{n\to\infty}\frac{1}{n}\log n = 0, \quad \lim_{n\to\infty}\frac{1}{n}(1+\log(n-1)) = 0$$

が成り立つので

$$\lim_{n\to\infty}\frac{1}{2n}\left(1+\frac{1}{2}+\frac{1}{3}+\cdots+\frac{1}{n-1}\right) = 0$$

したがって(6.5)より

$$\lim_{n\to\infty}\frac{1}{n}(a_1+a_2+\cdots+a_{n-1}) = 0$$

が成り立つことが分かる．

次に(3)を考えよう．(6.1)より

$$b_{n+1}-b_n = 2+\frac{1}{b_n} = 2+a_n$$

が成り立つ．そこで

$$b_n-b_{n-1} = 2+a_{n-1}$$
$$b_{n-1}-b_{n-2} = 2+a_{n-2}$$
$$\cdots = \cdots$$
$$b_2-b_1 = 2+a_1$$

の両辺を足すことによって

$$b_n-b_1 = 2(n-1)+(a_1+a_2+\cdots+a_{n-1})$$

を得る．$b_1=2$ であるので

6.1 収束をどう定義するか——イプシロン・デルタ論法

$$b_n = 2n+(a_1+a_2+\cdots+a_{n-1})$$

を得,

$$\frac{b_n}{n} = 2+\frac{1}{n}(a_1+a_2+\cdots+a_{n-1}) \tag{6.6}$$

が成り立つ．よって(2)より

$$\lim_{n\to\infty}\frac{b_n}{n}=2$$

が得られる．これより

$$\lim_{n\to\infty}na_n = \lim_{n\to\infty}\frac{n}{b_n} = \frac{1}{2}$$

が得られる．

第1章では数列の収束のスピードを問題にした．そのときのことをヒントにして数列 $\{a_n\}$ が収束することを正確に定義することを考えてみよう．数列 $\{a_n\}$ が α に収束することは n が大きくなるときに $|a_n-\alpha|$ が小さくなることを意味する．そこで $\varepsilon>0$ を1つ選んで

$$|a_n-\alpha|<\varepsilon$$

となる条件を考えてみよう．この条件を数直線上に図示してみると α から幅 ε の区間 $(\alpha-\varepsilon,\alpha+\varepsilon)$ に a_n が入ることを意味していることが分かる(図6.2)．

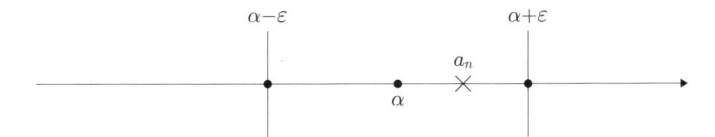

図6.2 $|a_n-\alpha|<\varepsilon$ は a_n が α から幅 ε の区間に入ることを意味する．

したがって数列 $\{a_n\}$ が α に近づくのであればある番号から先の a_m はすべて区間 $(\alpha-\varepsilon,\alpha+\varepsilon)$ に入っていなければならない．この ε は第1章で考えたように0に近づけばよいので，たとえば $1/l, l=1, 2, 3,\ldots$ をとって考えれば十

分であるが，このように限定すると議論する場合にかえって面倒になる場合が多い．そこでどんな ε をとってもよいと考え，次の定義をする．

> **定義 6.1** 任意の $\varepsilon>0$ に対して次の条件を満たすように正整数 N を見出すことができるときに数列 $\{a_n\}$ は α に収束するという．ここで N は ε の取り方に応じて値は変わってよい．
> **条件** $m>N$ であるすべての m に対して
> $$|a_m-\alpha| < \varepsilon$$
> が成り立つ (図 6.3)．
> 数列 $\{a_n\}$ が α に収束することを $a_n \to \alpha \, (n\to\infty)$ や
> $$\lim_{n\to\infty} a_n = \alpha$$
> と記す．

一見分かりにくいが，上で述べたように ε として 0 に近づいていく数をとれば a_n が α に近づくことが納得できよう．「近づく」という動的な考え方に対して上の定義では「任意の $\varepsilon>0$」を考えるので静的な感じがしてしまう．しかし，上の定義が主張していることはどのように ε をとっても数列 $\{a_n\}$ のある番号から先はすべて区間 $(\alpha-\varepsilon, \alpha+\varepsilon)$ に含まれてしまうことである．したがって ε をどんどん小さくしていくことを考えることによって (「任意の ε」にこのような意味づけを与えることができる点が重要である)，$\{a_n\}$ が α に近づいていくことが分かるわけである．

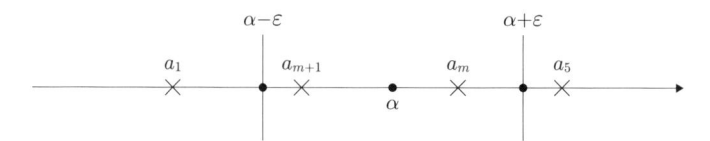

図 6.3 どのように小さな ε をとってもある正数 N が $m>N$ であれば a_m は必ず区間 $(\alpha-\varepsilon, \alpha+\varepsilon)$ に含まれるようにとれれば，a_n は α に近づく．

この定義が今ひとつ分かりにくいのは，ε に対して N が決まることを主張するだけでそれがどのように決まるかは問題にしていない点であろう．とも

6.1 収束をどう定義するか——イプシロン・デルタ論法

かく決まればよいというだけであり,それがどのように決まるかは問題にしない.このことが議論をかえって簡単にすることが次第に明らかになってくるであろう.

ところで数列の極限の定義にはデルタは出てこず,N が出てくる.したがって正確にはイプシロン・N 論法と呼ぶべきかもしれない.デルタが出てくるのは以下の第 3 節で論じる関数の場合である.

この収束の定義がいかに強力であるかを示す例として定理 6.1 の証明を記してみよう.

[**定理 6.1 の証明**] $\lim_{n\to\infty} a_n = \alpha$ であるので,任意に $\varepsilon > 0$ をとると「$n > N_1$ であれば

$$|a_n - \alpha| < \frac{\varepsilon}{2}$$

が成り立つ」ように正数 N_1 を見出すことができる(ここで不等式の右辺が ε ではなく $\varepsilon/2$ になっているのを奇妙に思われるかもしれない.そのときは ε のかわりに $\varepsilon/2$ を最初に選んだと考えればよい).またこの ε に対して「$n > N_2$ であれば

$$\left| \frac{(a_1 - \alpha) + (a_2 - \alpha) + \cdots + (a_{N_2} - \alpha)}{n} \right| < \frac{\varepsilon}{2}$$

が成り立つ」ように N_2 を見出すことができる.これは絶対値の中の分子は決まった数であるので分母の n を大きく取れば,この分数の絶対値は小さくなるからである.そこで N として N_1 と N_2 のうちで大きいほうをとると $n > N$ のときに

$$\left| \frac{a_1 + a_2 + \cdots + a_n}{n} - \alpha \right| = \left| \frac{(a_1 - \alpha) + (a_2 - \alpha) + \cdots + (a_n - \alpha)}{n} \right|$$
$$\leq \left| \frac{(a_1 - \alpha) + (a_2 - \alpha) + \cdots + (a_{N_1} - \alpha)}{n} \right|$$
$$+ \left| \frac{(a_{N_1+1} - \alpha)}{n} \right| + \cdots + \left| \frac{(a_n - \alpha)}{n} \right|$$

第 6 章　極限と収束

$$< \frac{\varepsilon}{2} + \frac{n-N_1}{n} \cdot \frac{\varepsilon}{2}$$
$$= \varepsilon - \frac{\varepsilon N_1}{2n} < \varepsilon$$

が成り立つ．すなわち $n>N$ であれば

$$\left| \frac{a_1+a_2+\cdots+a_n}{n} - \alpha \right| < \varepsilon$$

が成り立つ．よって

$$\lim_{n \to \infty} \frac{a_1+a_2+\cdots+a_n}{n} = \alpha$$

である． 【証明終】

—— 問題 2 ——————————————————

$|a|<1$ のとき

(1) $\displaystyle\lim_{n\to\infty} a^n = 0$

(2) $\displaystyle\lim_{n\to\infty} na^n = 0$

を上の定義にしたがって証明せよ．

解答　(1) $1>\varepsilon>0$ に対して

$$N > \frac{\log \varepsilon}{\log |a|}$$

となる正整数 N を 1 つ選ぶ．$\log|a|<0$ であるので $n>N$ であれば

$$n\log|a| < \log\varepsilon$$

が成り立つ．したがって

$$\log|a^n| < \log\varepsilon$$

が成り立ち，対数関数は単調増加関数であるので

$$|a^n| < \varepsilon$$

が成り立つ．$\varepsilon \geq 1$ のときは $N=1$ とすればよい．

6.1 収束をどう定義するか——イプシロン・デルタ論法

(2)　$b=|a|^{-1}$ とおくと $|a|<1$ より $b>1$. そこで

$$b = 1+h$$

とおくと $h>0$. 二項定理より

$$b^n = (1+h)^n > 1+nh+\frac{n(n-1)}{2}h^2$$

が成り立つ. したがって

$$|na^n| = \frac{n}{b^n} = \frac{n}{(1+h)^n} < \frac{n}{1+nh+\frac{n(n-1)h^2}{2}}$$
$$= \frac{1}{\frac{1}{n}+h+\frac{(n-1)h^2}{2}} < \frac{1}{h+\frac{(n-1)h^2}{2}}$$

が成立する. そこで任意の正の数 ε に対して正整数 N を

$$N = \left[\frac{2}{h}\left(\frac{1}{\varepsilon h}-1\right)\right]+1$$

と定めると $n>N$ であれば

$$n-1 > \frac{2}{h}\left(\frac{1}{\varepsilon h}-1\right)$$

が成り立つ. ここで $[\alpha]$ は α を超えない最大の整数を意味する. この不等式を言い換えると

$$\frac{1}{h+\frac{(n-1)h^2}{2}} < \varepsilon$$

が成立し, 上の na^n に関する不等式より $n>N$ のとき

$$|na^n| < \varepsilon$$

が成り立つ.

次に入試によく登場する問題を考えてみよう.

第 6 章 極限と収束

―― 問題 3 ――

$$\lim_{n\to\infty}\left(\sqrt{n+\sqrt{n}}-\sqrt{n-\sqrt{n}}\right)$$

を求めよ． （神奈川大学　類題）

解答

$$\sqrt{n+\sqrt{n}}-\sqrt{n-\sqrt{n}} = \frac{\left(\sqrt{n+\sqrt{n}}-\sqrt{n-\sqrt{n}}\right)\left(\sqrt{n+\sqrt{n}}+\sqrt{n-\sqrt{n}}\right)}{\left(\sqrt{n+\sqrt{n}}+\sqrt{n-\sqrt{n}}\right)}$$

$$= \frac{2\sqrt{n}}{\left(\sqrt{n+\sqrt{n}}+\sqrt{n-\sqrt{n}}\right)}$$

$$= \frac{2}{\sqrt{1+\frac{1}{\sqrt{n}}}+\sqrt{1-\frac{1}{\sqrt{n}}}}$$

したがって

$$\lim_{n\to\infty}\left(\sqrt{n+\sqrt{n}}-\sqrt{n-\sqrt{n}}\right) = 1$$

である．これで入試問題の解答としてはよいが，実際に上の定義 6.1 に基づいて極限値が 1 であることを証明してみよう．

$0 < x < 1$ のときに

$$1 < \sqrt{1+x} < 1+\frac{x}{2}$$
$$1-x < \sqrt{1-x} < 1-\frac{x}{2}$$

が成り立つので

$$2-x < \sqrt{1+x}+\sqrt{1-x} < 2 \tag{6.7}$$

が成り立ち，これより不等式

$$0 < 2-\left(\sqrt{1+x}+\sqrt{1-x}\right) < x \tag{6.8}$$

が成り立つことが分かる．$x = 1/\sqrt{n},\ n \geq 2$ とおくと

6.1 収束をどう定義するか——イプシロン・デルタ論法

$$\frac{2}{\sqrt{1+x}+\sqrt{1-x}}-1=\frac{2-(\sqrt{1+x}+\sqrt{1-x})}{\sqrt{1+x}+\sqrt{1-x}}$$

より $n \geq 4$ のとき $x=1/\sqrt{n}$ とおくと (6.7), (6.8) および $x<1/2$ より

$$0 < \frac{2}{\sqrt{1+x}+\sqrt{1-x}}-1 < \frac{x}{2-x} < \frac{x}{2-\frac{1}{2}} = \frac{2x}{3}$$

が成り立つ．そこで任意に $\varepsilon>0$ が与えられたとき $N \geq 4$ かつ

$$\frac{2}{3\sqrt{N}} < \varepsilon$$

が成り立つように，言い換えると

$$N > \left(\frac{2}{3\varepsilon}\right)^2$$

が成り立つように正整数 N を選ぶ．すると $n \geq N$ のとき

$$\frac{2}{3\sqrt{n}} \leq \frac{2}{3\sqrt{N}} < \varepsilon$$

が成り立つので

$$0 < \frac{2}{\sqrt{1+\frac{1}{\sqrt{n}}}+\sqrt{1-\frac{1}{\sqrt{n}}}}-1 < \frac{2}{3\sqrt{n}} < \varepsilon$$

が成り立つ．したがって $n \geq N$ のとき $a_n=\sqrt{n+\sqrt{n}}-\sqrt{n-\sqrt{n}}$ とおくと，

$$|a_n-1| < \varepsilon$$

が成り立つ．したがって数列 $\{a_n\}$ は 1 に収束する．

このように，具体的な問題を解くのに，定義 6.1 を使うのは面倒である場合が多い．しかし，次の問題を解くには定義に戻って考えたほうが確実である．

―― 問題 4 ――

数 b が任意に与えられたときに

$$\lim_{n \to \infty} \frac{b^n}{n!} = 0$$

第6章 極限と収束

を上の定義にしたがって証明せよ．

解答 $b=0$ のときは明らかであるので $b \neq 0$ と仮定する．

$$m \leq |b| < m+1$$

であるように正整数 m を定める．すると $n>m$ のとき

$$n! = m! \cdot (m+1)(m+2) \cdots (m+n-m)$$

であるので

$$\frac{|b|^n}{n!} = \frac{|b|^m}{m!} \frac{|b|^{n-m}}{(m+1)(m+2) \cdots (m+n-m)} < \frac{|b|^m}{m!} \frac{|b|^{n-m}}{(m+1)^{n-m}}$$

が成り立つ．

$$\beta = \frac{|b|^m}{m!}, \quad a = \frac{|b|}{m+1}$$

とおくと $\beta>0$ かつ $0<a<1$ が成り立ち，上の不等式から

$$\frac{|b|^n}{n!} < \beta a^{n-m}$$

が成り立つことが分かる．問題2(1)より任意の $\varepsilon>0$ に対して $n>N$ であれば

$$a^n < \frac{\varepsilon}{\beta}$$

が成り立つように正整数 N を見つけることができる．そこで $M=N+m$ とおくと $n>M$ のとき $n-m>N$ となり a^n の不等式から

$$\frac{|b|^n}{n!} < \beta a^{n-m} < \beta \cdot \frac{\varepsilon}{\beta} = \varepsilon$$

が成り立つことが分かる．すなわち任意の $\varepsilon>0$ に対して $n>M$ であれば

$$\frac{|b|^n}{n!} < \varepsilon$$

が成り立つように正整数 M を見出すことができる．これは

$$\lim_{n \to \infty} \frac{b^n}{n!} = 0$$

を意味する.

6.2 実数の基本性質

(1) 実数の連続性

これまで何度も使ってきた次の定理を証明しよう．実はこの定理を証明するためには実数をきちんと定義する必要がある．ここでは高校以来おなじみの無限小数の全体が実数であるという「事実」を使って定理を証明しよう．

> **定理 6.2** 上に有界な単調増加数列 $\{a_n\}$ は必ず収束する．下に有界な単調減少数列 $\{b_n\}$ は必ず収束する．

[証明] 単調減少数列 $\{b_n\}$ に対して $a_n=-b_n$ とおくと $\{a_n\}$ は上に有界な単調増加数列となり，単調増加数列 $\{a_n\}$ に対して $b_n=-a_n$ とおくと下に有界な単調減少数列となる．

したがって $a_n \geq 0$, $b_n \geq 0$ と仮定して一般性を失わない．上に述べたように，ここでは実数とは無限小数のことであるとして定理を証明する．実数については後に詳しく論じる (第 5 節)．まず上に有界な単調増加数列 $\{a_n\}$ を考える．

$$a_n = \alpha_0^{(n)}.\alpha_1^{(n)}\alpha_2^{(n)}\alpha_3^{(n)}\cdots\alpha_n^{(n)}\cdots$$

と無限小数に展開する．このとき，

$$0.254 = 0.253999\cdots 99\cdots$$

と有限小数は無限小数に展開することも可能であるので，有限小数の場合は有限小数で表わすと約束する．その場合はある小数点以下は $\alpha_n=0$ と考える．このように約束しておくと $\{a_n\}$ は上に有界な単調増加数列

$$0 \leq a_1 \leq a_2 \leq a_3 \leq \cdots \leq a_n \leq \cdots < M$$

であるので，ある番号 n_1 以上であれば数列の整数部分は一定にならなければ

第 6 章 極限と収束

ならない，すなわち

$$\alpha_0^{(n_1)} = \alpha_0^{(n_1+1)} = \alpha_0^{(n_1+2)} = \cdots$$

であることが分かる．この数値を α_0 と記す．このとき

$$a_{n_1} \leq a_{n_1+1} \leq a_{n_1+3} \leq \cdots < M$$

が成り立つので，小数点第 1 位に着目すると，ある番号 $n_2 \geq n_1$ 以上であれば

$$\alpha_1^{(n_2)} = \alpha_1^{(n_2+1)} = \alpha_1^{(n_2+2)} = \cdots$$

が成り立つ．この数値を α_1 と記す．次に同様にして小数点第 2 位に着目すると，ある番号 $n_3 \geq n_2$ 以上であれば

$$\alpha_2^{(n_3)} = \alpha_2^{(n_3+1)} = \alpha_2^{(n_3+2)} = \cdots$$

であることが分かる．この数値を α_2 と記す．以下，同様にして $\alpha_3, \alpha_4, \alpha_5, \ldots$ を次々に決めることができる．このようにして実数

$$a = \alpha_0.\alpha_1\alpha_2\alpha_3\cdots\alpha_m\cdots$$

が定まる．$n \geq n_k$ であれば a_n の小数展開は小数点以下 k 位まで a の小数展開と一致する．したがって

$$|a_n - a| < \frac{1}{10^k}$$

が成り立つ．そこで任意に $\varepsilon > 0$ を与えると

$$\varepsilon > \frac{1}{10^k}$$

であるように正整数 k を見出すことができる．このとき上で定めた n_k を使って $N = n_k$ とおくと $n > N$ であれば

$$|a_n - a| < \frac{1}{10^k} < \varepsilon$$

が成立する．したがって数列 $\{a_n\}$ は実数 a に収束することが分かる．

単調減少数列 $M > b_1 \geq b_2 \geq \cdots \geq b_n \geq \cdots \geq 0$ の場合 $a_n = M - b_n > 0$ とおくと $\{a_n\}$

は上に有界な単調増加数列であるので，$\{a_n\}$ はある実数 a に収束する．すると $b_n = M - a_n$ より $-b_n$ は $M - a$ に収束することが分かる．

【証明終】

以上で定理は証明されたことになるが，よく考えてみると無限小数

$$a = \alpha_0.\alpha_1\alpha_2\alpha_3\cdots\alpha_m\cdots$$

は一体なぜ 1 つの数を表わすのであろうか．

たとえば

$$\frac{1}{3} = 0.33333\cdots \qquad (6.9)$$

であることは誰も疑わないが(しかし，実際は筆算で 1÷3 を計算すると常に 1 が余りとして出てきて本当に等号が成り立つのか疑わしいのであるが)，この等式の両辺を 3 倍した

$$1 = 0.999999\cdots \qquad (6.10)$$

は少々疑わしく思われる．この例でも無限小数がどのような数を表わすのかを明確にしておく必要がある．無限小数 $0.33333\cdots$ は無限級数

$$\frac{3}{10} + \frac{3}{10^2} + \frac{3}{10^3} + \cdots + \frac{3}{10^n} + \cdots$$

を表わしている．

$$0.\underbrace{3333\cdots 3}_{n} = \frac{3}{10} + \frac{3}{10^2} + \frac{3}{10^3} + \cdots + \frac{3}{10^n}$$

であるので，上の無限級数の和は

$$b_n = 0.\underbrace{3333\cdots 3}_{n}$$

からできる数列 $\{b_n\}$ の収束先(極限値)に他ならない．同様に

$$0.\underbrace{9999\cdots 9}_{n} = \frac{9}{10}+\frac{9}{10^2}+\frac{9}{10^3}+\cdots+\frac{9}{10^n} = \frac{\dfrac{9}{10}\left(1-\dfrac{1}{10^{n+1}}\right)}{1-\dfrac{1}{10}} = 1-\frac{1}{10^{n+1}}$$

となるので

$$c_n = 0.\underbrace{9999\cdots 9}_{n}$$

は $n\to\infty$ のとき 1 に収束することが分かる．このことから式(6.9), (6.10)は，右辺の無限小数が定める数(極限値)が左辺の数に等しいことを意味する．

この事実から推測されるように，無限小数

$$a = \alpha_0.\alpha_1\alpha_2\alpha_3\cdots\alpha_m\cdots$$

は有限小数

$$d_n = \alpha_0.\alpha_1\alpha_2\alpha_3\cdots\alpha_n$$

のなす数列 $\{d_n\}$ の $n\to\infty$ のときの極限値として定義される．$\{d_n\}$ は単調増加数列で $d_n<\alpha_0+1$ が成り立つので，数列 $\{d_n\}$ は定理 6.2 の条件を満たし，したがって極限値が存在する．それがこの無限小数が定める実数 a である．

ところが定理 6.2 の証明を改めて検討してみると $\{d_n\}$ の極限値が存在すること，言い換えると無限小数が 1 つの実数を定めることを仮定して証明を行っている．これではトートロジーである．実際，定理 6.2 は実数をどう定義するかによって証明が変わってくるだけでなく，実数を定義するための 1 つの公理として採用することもできるのである．

(2) コーシー列

数列 $\{a_n\}$ が α に収束すると，任意の $\varepsilon>0$ に対して $n\geq N$ のとき

$$|a_n-\alpha| < \frac{\varepsilon}{2}$$

が成り立つように正整数 N を選ぶことができる．すると $m,n\geq N$ のとき

$$|a_m - a_n| = |(a_m - \alpha) - (a_n - \alpha)| \leq |a_m - \alpha| + |a_n - \alpha| < \varepsilon$$

が成り立つ．この性質を持つ数列 $\{a_n\}$ をコーシー列という．正確には次のように定義する．

> **定義 6.2** 実数の数列 $\{a_n\}$ が次の性質を持つときコーシー列という．
> 任意の正数 ε に対して $m, n \geq N$ であれば常に
>
> $$|a_m - a_n| < \varepsilon$$
>
> が成り立つように自然数 N を見出すことができる（N は ε によって変わってよい）．

上の議論から次の命題が成り立つことが分かる．

> **命題 6.1** 収束する数列 $\{a_n\}$ はコーシー列である．

この逆，コーシー列は収束するのであろうか．

> **定理 6.3** コーシー列 $\{a_n\}$ は必ず収束する．

この定理の証明は以下の定理 6.6 の証明のあとで行う．

実は定理 6.3 を使って定理 6.2 を証明することができる．そのためには有界な単調増加数列はコーシー列であることを示せばよい．

> **定理 6.4** 有界な単調増加数列 $\{a_n\}$ はコーシー列である．

[証明] 背理法で証明してみよう．有界な単調増加数列

$$a_1 \leq a_2 \leq a_3 \leq \cdots \leq a_n \leq \cdots < M$$

がコーシー列でなければある正の数 ε に対して

「$m, n \geq N$ であれば

$$|a_m - a_n| < \varepsilon$$

が成り立つ」

ような正整数 N が存在しないことを意味する．したがって正整数 n_1 を1つとると

$$a_{n_2} - a_{n_1} \geq \varepsilon$$

が成り立つような $n_2 > n_1$ が存在する．数列 $\{a_n\}$ は単調増加であるので絶対値をとる必要がないことに注意する．次に n_2 に対して同様のことを考えると

$$a_{n_3} - a_{n_2} \geq \varepsilon$$

が成り立つような $n_3 > n_2$ が存在する．さに n_3 に対して同様のことを考えると

$$a_{n_4} - a_{n_3} \geq \varepsilon$$

が成り立つような $n_4 > n_3$ が存在する．この操作を続けることによって正整数の増大列

$$n_1 < n_2 < n_3 < \cdots < n_k < n_{k+1} < \cdots$$

を

$$a_{n_{k+1}} - a_{n_k} \geq \varepsilon$$

が成り立つように選ぶことができる．すると

$$a_{n_m} = (a_{n_m} - a_{n_{m-1}}) + (a_{n_{m-1}} - a_{n_{m-2}}) + \cdots + (a_{n_2} - a_{n_1}) + a_{n_1} \geq m\varepsilon + a_{n_1}$$

が成り立つ．$m \to \infty$ を考えると右辺は無限大に発散する．すなわち $\{a_{n_k}\}$ は有界ではない．しかし $\{a_{n_k}\}$ は有界数列 $\{a_n\}$ の部分列であるので，これは矛盾である．この矛盾は $\{a_n\}$ がコーシー列でないと仮定したことから生じた．したがって $\{a_n\}$ はコーシー列でなければならない． 【証明終】

この証明では実数の持つもう一つの次のような重要な性質を使った．

定理6.5(アルキメデスの原理) いかなる正の数 ε に対しても $n\varepsilon$ は正整数 n を大きくするに従っていくらでも大きくなる．より正確には正の数 ε に対して正数 M を任意に与えると

$$n\varepsilon > M$$

であるように正整数 n を見出すことができる．この事実は通常

$$\lim_{n\to\infty} n\varepsilon = +\infty$$

と記す．

この事実はあまりに当たり前であって，無意識のうちに使っている．しかし，実数以外の数ではこの性質が成り立たないことがある．このことは『代数編』の非アルキメデス付値で議論したので興味ある読者はその部分を見ていただきたい．

次々と新しい定義が飛び出すが，もう一つ上限，下限を定義する．

定義 6.3 実数 $\mathbb{R}$ の部分集合 F が与えられたときに，実数 a が F に属するどの数よりも小さくない

$$x \leq a, \quad \forall x \in F$$

とき a を F の**上界**という．F の上界のうちで最小のものがあるときにそれを F の**上限**といい $\sup F$ と記す．同様に b が F に属すどの数よりも大きくない

$$b \leq x, \quad \forall x \in F$$

ときに b を F の**下界**といい，F の下界のうちで最大のものが存在するときにそれを F の**下限**といい $\inf F$ と記す．

定理 6.6 実数からなる集合に関して上に有界な集合 F は上限を持ち，下に有界な集合は下限を持つ．ここで上に有界とは

$$x \leq a, \quad \forall x \in F$$

となる a が存在する，言い換えれば少なくとも 1 つ上界を持つことを意味する．同様に下に有界とは少なくとも 1 つ下界を持つことを意味する．

第 6 章 極限と収束

図 6.4 F の上界 a_i と $b_j \in F$ に対して $c_j=(a_j+b_j)/2$ とおく．$c_j \in F$ であれば $a_{j+1}=a_j$, $b_{j+1}=c_j$ とおく．一方 $c_j \notin F$ であれば $a_{j+1}=c_j$ とおき，F から $b_j<b_{j+1}$ であるように b_{j+1} を選ぶ．

[証明]　上に有界な集合 F が最大値を持てばそれが F の上限となる．したがって以下では F は最大値を持たないと仮定する．F の上界 a_1 を 1 つ選び，さらに F に属する数 b_1 を 1 つ選ぶ．

$$c_2 = \frac{b_1+a_1}{2}$$

とおく．$b_1<a_1$ であるので

$$b_1 < c_2 < a_1$$

である．もし $c_2 \in F$ であれば $a_2=a_1, b_2=c_2$ とおく．もし $c_2 \notin F$ であれば c_2 は F の上界である（図 6.4）．

仮定より b_1 が F の最大値ではあり得ないので $b_1<b_2$ である F の元 b_2 を 1 つ選び，$a_2=c_2$ とおく．このとき

$$b_1 < b_2 < a_2 \leq a_1$$

が成り立ち，a_2 は F の上界である．次に

$$c_3 = \frac{b_2+a_2}{2}$$

とおく．$b_2<a_2$ であるので

$$b_2 < c_3 < a_2$$

である．$c_3 \in F$ であれば $a_3=a_2, b_3=c_3$ とおく．もし $c_3 \notin F$ であれば $a_3=c_3$ とおき，$b_2<b_3$ である F の元 b_3 を選ぶ（F は最大値を持たないと仮定したのでこれは可能である）．このとき

$$b_1 < b_2 < b_3 < a_3 \leq a_2 \leq a_1$$

が成立し，a_3 は F の上界である．以下，この操作を続けると

$$b_1 < b_2 < b_3 < \cdots < b_n < \cdots < a_n \leq \cdots \leq a_3 \leq a_2 \leq a_1$$

となる数列 $\{a_n\}$, $\{b_n\}$ が構成できる．$b_n \in F$ であり，a_n は F の上界である．さて $\{b_n\}$ は上に有界な単調増加数列であるので，上の定理6.2よりある実数 b に収束する．

$$\lim_{n \to \infty} b_n = b$$

同様に $\{a_n\}$ は下に有界な単調減少数列であるので極限値が存在する．

$$\lim_{n \to \infty} a_n = a$$

このとき $a=b$ であることを示そう．a_n, b_n は作り方より

$$a_n = a_{n-1}, \quad b_n = \frac{a_{n-1}+b_{n-1}}{2}$$

であるか

$$a_n = \frac{a_{n-1}+b_{n-1}}{2}, \quad b_{n-1} < b_n$$

のいずれかである．したがって

$$a_n - b_n \leq \frac{a_{n-1}-b_{n-1}}{2} \leq \frac{a_{n-2}-b_{n-2}}{2^2} \leq \cdots \leq \frac{a_1-b_1}{2^{n-1}}$$

が常に成り立つ．したがって

$$\lim_{n \to \infty} (a_n - b_n) = 0$$

であり，$\lim_{n \to \infty} a_n = a$, $\lim_{n \to \infty} b_n = b$ であるので $a=b$ が成り立つ．また a_n は F の上界であったので

$$x \leq a_n, \quad \forall x \in F$$

が成り立ち，

$$x \leq a = b, \quad \forall x \in F$$

が成り立つので $a=b$ は F の上界である．n を任意の正整数とすると $b-\frac{1}{n}>b_m$ となる b_m が存在する．一方，$b_m \in F$ であり F は最大値を持たないと仮定したので $b_m<x$ となる $x \in F$ が存在する．これは $b-\frac{1}{n}$ が F の上界でないことを意味する．これがすべての正整数に対して成り立ち，一方，b は F の上界であったので b は F の最小の上界でなければならない．よって $a=b=\sup F$ であり，上限の存在が示された．

F が下に有界のときは $-F=\{-x \mid x \in F\}$ とおくと，$-F$ は上に有界となり，上の議論より $c=\sup(-F)$ が存在する．このとき $-c=\inf F$ であることが分かる． 【証明終】

[**定理 6.3 の証明**] 定理 6.6 を使って定理 6.3 を証明しよう．まずコーシー列 $\{a_n\}$ は上に有界であることを示そう．任意に $\varepsilon>0$ を 1 つ選ぶ．すると $m, n \geq N$ のとき

$$|a_m - a_n| < \varepsilon$$

が成り立つような N が存在する．このとき $m \geq N$ であれば

$$|a_m - a_N| < \varepsilon$$

であるので

$$|a_m| < \varepsilon + |a_N|$$

が成り立つ．したがって $|a_1|, |a_2|, \ldots, |a_N|, \varepsilon+|a_N|$ のうち最大のものを M とするとすべての n に対して

$$|a_n| \leq M$$

が成り立つ．よって $\{a_n\}$ は上に有界(下にも有界)である．そこで

$$c_n = \inf\{a_n, a_{n+1}, a_{n+2}, \ldots\}$$

とおくと $c_n \leq c_{n+1}$ となり

$$c_1 \leq c_2 \leq \cdots \leq c_n \leq \cdots \leq M$$

が成り立ち $\{c_n\}$ は上に有界な単調増加数列であることが分かる．したがって定理 6.2 より $\{c_n\}$ はある実数 α に収束する．

$$\lim_{n\to\infty} c_n = \alpha$$

このとき $\{a_n\}$ も α に収束することを示そう．$\{c_n\}$ が収束することより任意に $\varepsilon>0$ をとると $m\geq N$ のときに

$$|c_m - \alpha| < \varepsilon$$

が成り立つような正整数 N が存在する．これより

$$0 \leq \alpha - c_m < \varepsilon$$

が成り立つ．また c_m の定義により

$$c_m \leq a_m$$

であるので

$$0 \leq \alpha - a_m \leq \alpha - c_m < \varepsilon$$

が成り立ち，これより

$$|a_m - \alpha| < \varepsilon$$

が成り立つことが分かる．m は $m\geq N$ であればどのような整数でもよかったのでこれは $\{a_n\}$ が α に収束することを意味する． 【証明終】

以上の議論によって次のことが明らかになった．

定理 6.2 有界単調増加 $\implies$ 定理 6.6 上に有界な実数列は収束する　　　　　　　数の部分列は上限を持つ

$\Longleftarrow$　　　　　$\swarrow$

定理 6.3 コーシー列は収束する

これらの性質を**実数の連続性**という．実数の連続性が微分積分学を支える土台となっている．実数についてさらに詳しいことは第 5 節で論じる．

6.3 連続関数

数列と密接に関係するのが連続関数の定義である．高校では関数 $f(x)$ は

$$\lim_{x \to a} f(x) = f(a)$$

が成り立つときに $f(x)$ は点 a で連続であると定義し，本書でもこれまでこの定義を使ってきた．数列の収束の定義をまねて連続性は次のように定義される．

> **定義 6.4** 区間 (a,b) で定義された関数 $f(x)$ は任意の $\varepsilon>0$ に対して次の性質を満たす δ (δ は ε によって変わってよい) が存在するときに点 $x_0 \in (a,b)$ で連続であるという．
>
> **性質** $|x-x_0|<\delta,\ x\in(a,b)$ を満たす任意の x に対して
>
> $$|f(x)-f(x_0)| < \varepsilon$$
>
> が成り立つ．

区間 (a,b) のすべての点で関数 $f(x)$ が連続であるときに $f(x)$ は区間 (a,b) で連続であるという．また閉区間 $[a,b]$ でも同様に関数が連続であることが定義される．たとえば点 a で関数 $f(x)$ が連続であるとは『任意の $\varepsilon>0$ に対して $|x-a|<\delta,\ x\in[a,b]$（これは $x-a<\delta,\ x\leq b$ と同じことを意味する）であるすべての x に対して

$$|f(x)-f(a)| < \varepsilon$$

が成り立つように ε を選ぶことができる』ことを意味する．

数列の収束で ε を使う論法を学んだ読者には，この定義が高校で習う連続関数の素朴な定義と本質的に一致することは，それほど難しくなく理解できるであろう．$\varepsilon=1/l$, l は正整数として定義に当てはめれば，上の定義から

$$\lim_{x \to x_0} f(x) = f(x_0)$$

6.3 連続関数

が成り立つことは容易に分かる．

この定義をもとに，すでに何度か使った連続関数の持つ重要な性質を証明しよう．

まず第 2 章で述べた定理 2.5(中間値の定理) を証明する．証明には定理 6.6 を使う．

定理 6.7(中間値の定理)　閉区間 $[a,b]$ で連続な関数 $f(x)$ に対して $f(a)$ と $f(b)$ の間の任意の値 α に対して $f(c)=\alpha$ となる点 $a<c<b$ が存在する．

[証明]　$f(a)<f(b)$ であれば $f(a)<\alpha<f(b)$ より $g(x)=f(x)-\alpha$ とおくと $g(a)=f(a)-\alpha<0,\ g(b)=f(b)-\alpha>0$ であり，$g(c)=0$ となる $a<c<b$ が存在すれば $f(c)=\alpha$ である．もし $f(a)>f(b)$ であれば $f(a)>\alpha>f(b)$ より $h(x)=\alpha-f(x)$ とおくと $h(a)<0,\ h(b)>0$ であり，$h(c)=0$ となる $a<c<b$ が存在すれば $f(c)=\alpha$ である．したがって，$f(a)<0,\ f(b)>0$ と仮定して $f(c)=0$ となる $a<c<b$ の存在を証明すれば十分である．

$$F = \{\, x \in [a,b] \mid f(x) < 0 \,\}$$

とおけばこれは上に有界な集合である．$c=\sup F$ とおけば $a<c<b$ である．$f(c)=0$ であることを示す．もし $f(c)<0$ であれば $f(x)$ は連続関数であるので c より少し大きい c' に対しても $f(c')<0$ である．より正確には $\varepsilon=-f(c)/2>0$ に対して $|x-c|<\delta$ であれば $|f(x)-f(c)|<\varepsilon$ が成り立つような δ が存在する．そこで $c'-c<\delta$ である $c'\in(a,b)$ を 1 つとると $|f(c')-f(c)|<\varepsilon$ が成り立つ．したがって特に

$$f(c')-f(c) < \varepsilon$$

が成り立つ．$\varepsilon=-f(c)/2$ であったので，この不等式より

$$f(c') < f(c)+\varepsilon = f(c) - \frac{f(c)}{2} = \frac{f(c)}{2} < 0$$

が成り立つ．$c'\in F,\ c<c'$ よりこれは c が F の上界であることに反する．もし $f(c)>0$ とすると，上と類似の議論によって c より少し小さい c' に対しても $f(c')>0$ であり c' も F の上界となる．これは c が F の最小の上界であること

第 6 章 極限と収束

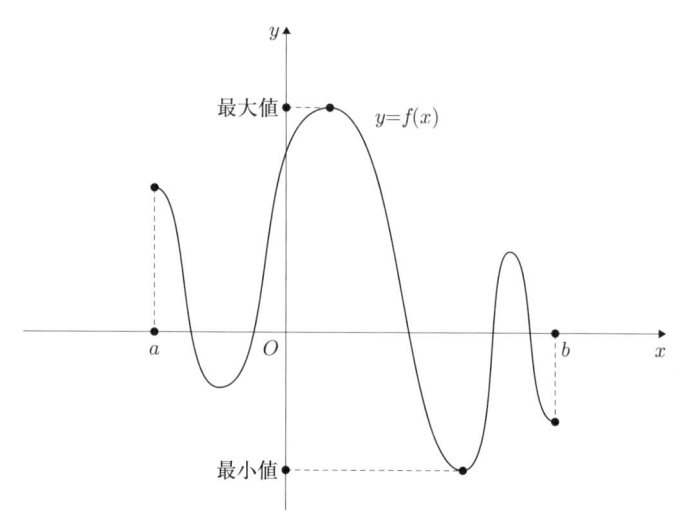

図 6.5 有界な閉区間 $[a,b]$ で連続な関数は最大値と最小値をこの区間内でとる.

に反する.よって $f(c)=0$ でなければならない. 【証明終】

次に第 2 章で述べた定理 2.6 を証明しよう.

定理 6.8 有界な閉区間 $[a,b]$ で連続な関数 $f(x)$ はこの区間で最大値と最小値をとる(図 6.5).

[証明] 区間 $[a,b]$ に含まれる点 x_n からなる任意の数列 $\{x_n\}$ は $[a,b]$ に含まれる点に収束する部分列 $\{x_{k_i}\}$ を持つことをまず証明しよう.区間 $[a,b]$ を半分に分割した $[a,\frac{a+b}{2}]$ か $[\frac{a+b}{2},b]$ の少なくとも一方は数列 $\{x_n\}$ の点を無限に含む.$[a,\frac{a+b}{2}]$ か $[\frac{a+b}{2},b]$ のうち $\{x_n\}$ の無限個の点を含む区間を(両方とも無限個含めばどちらか一方)選び,それを $[a_1,b_1]$ と記す.また $[a_1,b_1]$ に含まれる無限個の数列を $\{x_{k_j^{(1)}}\}$ と記す.作り方から

$$a \leq a_1 < b_1 \leq b, \quad b_1 - a_1 = \frac{b-a}{2}$$

が成り立つ.次に区間 $[a_1,b_1]$ を 2 等分して $\{x_{k_j^{(1)}}\}$ に含まれる点を無限個含む区間 $[a_2,b_2]$ を選ぶ.このとき

$$a \leq a_1 \leq a_2 < b_2 \leq b_1 \leq b, \quad b_2 - a_2 = \frac{b_1 - a_1}{2} = \frac{b-a}{2^2}$$

が成り立つ．区間 $[a_2, b_2]$ に含まれる無限個の数列を $\{x_{k_j^{(2)}}\}$ と記す．次に区間 $[a_2, b_2]$ を 2 等分して $\{x_{k_j^{(2)}}\}$ に含まれる点を無限個含む区間 $[a_3, b_3]$ を選ぶ．このとき

$$a \leq a_1 \leq a_2 \leq a_3 < b_3 \leq b_2 \leq b_1 \leq b, \quad b_3 - a_3 = \frac{b_2 - a_2}{2} = \frac{b_1 - a_1}{2^2} = \frac{b-a}{2^3}$$

が成り立つ．区間 $[a_3, b_3]$ に含まれる無限個の数列を $\{x_{k_j^{(3)}}\}$ と記す．以下，この操作を続けて区間 $[a_n, b_n]$ に $\{x_{k_j^{(n-1)}}\}$ に含まれる無限個の数列 $\{x_{k_j^{(n)}}\}$ を含む区間を $[a_n, b_n]$ と記すと

$$a \leq a_1 \leq a_2 \leq a_3 \leq \cdots \leq a_n \leq x_{k_j^{(n)}} \leq b_n \leq \cdots \leq b_3 \leq b_2 \leq b_1 \leq b,$$
$$b_n - a_n = \frac{b-a}{2^n}$$

が成り立つ．このとき数列 $\{a_n\}$ は上に有界な単調増加数列であり，したがって上の定理 6.2 によってある数 c に収束する．同様に数列 $\{b_n\}$ は下に有界な単調減少数列であり，再び定理 6.2 よりある数 d に収束する．このときすべての自然数 n に対して

$$a_n \leq c, \quad d \leq b_n$$

が成り立つ．また $a_n \leq b_n$ であるので

$$c \leq d$$

である．よって

$$0 \leq d - c \leq b_n - a_n$$

が成り立つが a_n, b_n の定義より

$$b_n - a_n = \frac{b-a}{2^n}$$

であるので

第 6 章　極限と収束

$$0 \leq d-c \leq \frac{b-a}{2^n}$$

が成り立ち $n \to \infty$ を考えることによって $c=d$ となることが分かる．また $x_{k_j} = x_{k_j^{(j)}}$ とおくと

$$a_n \leq x_{k_j} \leq b_n, \quad j \geq n$$

が成り立つので数列 $\{x_{k_j}\}$ は $c=d$ に収束することも分かった．

次に関数 $f(x)$ は上に有界，すなわち

$$f(x) < M, \quad x \in [a,b]$$

となる M が存在することを示す．関数 $f(x)$ が区間 $[a,b]$ で有界でないと仮定すると矛盾することを示す．

点 $x_1 \in [a,b]$ で $f(x_1) > 0$ と仮定しても一般性を失わない．もし $f(x_1) < 0$ であれば $f(x_1) + N > 0$ が成り立つように正の数 N をとって $f(x)$ のかわりに $f(x) + N$ を考えればよいからである．

すると仮定より関数 $f(x)$ が区間 $[a,b]$ で有界でないので $2f(x_1) < f(x_2)$ となる点 $x_2 \in [a,b]$ が存在する．さらに $2f(x_2) < f(x_3)$ である点 $x_3 \in [a,b]$ が存在する．以下，同様に

$$2f(x_n) < f(x_{n+1}), \quad n=1,2,\ldots$$

ととることにより，区間 $[a,b]$ に含まれる数列 $\{x_n\}$ が存在する．このことから

$$f(x_{n+1}) > 2^n f(x_1)$$

が成り立つ．一方，上で証明したことから数列 $\{x_n\}$ の収束する部分列 $\{x_{k_j}\}$ が存在することが分かる．

$$\lim_{j \to \infty} x_{k_j} = x_0$$

とすると，関数 $f(x)$ は連続であるので

$$\lim_{j\to\infty} f(x_{k_j}) = f(x_0)$$

が成り立つ.一方,$f(x_{k_j}) > 2^{k_j-1} f(x_1)$ であったので

$$\lim_{j\to\infty} f(x_{k_j}) \geq \lim_{j\to\infty} 2^{k_j-1} f(x_1) = +\infty$$

が成り立ち,上の結果と矛盾する.これは $f(x)$ が上に有界でないと仮定したことから生じた矛盾である.したがって $f(x)$ は上に有界でなければならない.

さて

$$F = \{\, M \mid f(x) < M, \forall x \in [a,b] \,\}$$

を考えよう.集合 F の元は $f(x)$ が閉区間 $[a,b]$ でとる値全体の上界である.定義より F は下に有界な集合であるので,上で証明した定理 6.6 より $m = \inf F$ が存在する.$M \in F$ は $f(x)$ が閉区間 $[a,b]$ でとる値全体の上界であるので

$$f(x) \leq m, \quad \forall x \in [a,b]$$

が成り立つ.また m は $f(x)$ が閉区間 $[a,b]$ でとる値全体の最小の上界である.なぜならば,もし $m' < m$ も $f(x)$ が閉区間 $[a,b]$ でとる値全体の上界であれば

$$f(x) \leq m' < m, \quad \forall x \in [a,b]$$

が成り立ち $m' < m'' < m$ に対して $m'' \in F$ となり $m = \inf F$ に反するからである.したがって任意の正整数 n に対して

$$f(y_n) > m - \frac{1}{n}$$

となる点 $y_n \in [a,b]$ が存在する.最初に示したことによって $\{y_n\}$ は収束する部分列 $\{y_{n_k}\}$ をもつ.このとき

$$m - \frac{1}{n_k} < f(y_{n_k}) \leq m$$

第 6 章　極限と収束

であるので $y_0 = \lim_{k \to \infty} y_{n_k}$ とおくと

$$f(y_0) = m$$

であることが分かる．これより $f(x)$ は y_0 で最大値 m をとることが分かる．$f(x)$ のかわりに $g(x) = -f(x)$ を考えることによって $g(x)$ は $[a,b]$ のある点 z_0 で最大値 s をとる．このとき $-s$ は $f(x)$ の最小値である．　　　　【証明終】

次の定理は閉区間の連続関数が持つ重要な性質である．ただ，一見したところ連続関数の定義と違わない印象を受けるがそれは間違っている．このことはイプシロン・デルタ論法の創始者であったコーシーも見落としたほど微妙なことである．しかし本質的なことである．

定理 6.9（一様連続性）　閉区間 $[a,b]$ で連続な関数 $f(x)$ はこの区間で一様連続である．すなわち任意の $\varepsilon > 0$ に対して
$|x_0 - x_1| < \delta$, $x_0, x_1 \in [a,b]$ であれば常に

$$|f(x_0) - f(x_1)| < \varepsilon$$

が成り立つように正数 δ を見出すことができる（δ は ε によって変わってよい）．

点 $x_0 \in [a,b]$ で関数 $f(x)$ が連続というのは任意の $\varepsilon > 0$ に対して $|x - x_0| < \delta$, $x \in [a,b]$ であれば

$$|f(x) - f(x_0)| < \varepsilon$$

が成り立つように δ を見出すことができることであった．だから上の定理 6.9 は当たり前と思いたくなるがよく考えると δ は x_0 によって変わってくるかもしれない．上の定理は δ が $[a,b]$ の点に関係なく同じにとることができることを主張している．そのために**一様連続**という名前がついているのである．実際，閉区間ではなく開区間 $(0,1)$ で関数

$$f(x) = \frac{1}{x}$$

を考えてみるとこのことがよく分かる．$|x_1 - x_0| < \delta$ のときに

$$\left|\frac{1}{x_1}-\frac{1}{x_0}\right|<\varepsilon$$

が成り立つとすると，

$$\frac{|x_1-x_0|}{x_1 x_0}<\varepsilon$$

となり

$$|x_1-x_0|<\varepsilon x_1 x_0 \tag{6.11}$$

が成り立たなければならない．

$$x_0-\delta<x_1<x_0+\delta$$

であるので，不等式(6.11)より δ は

$$\delta\leq\varepsilon x_0(x_0+\delta)$$

を満たす必要がある[*1]．これより

$$(1-\varepsilon x_0)\delta\leq\varepsilon x_0^2$$

となり

$$\delta\leq\frac{\varepsilon x_0^2}{1-\varepsilon x_0}$$

でなければならないことが分かる．これは δ を求めるための必要条件を出したにすぎないが，それでも δ は x_0 が 0 に近づくにつれて小さくなっていくことが分かる．上の定理 6.9 のように点 x_0 に関係なく一様に x_0 をとることができないのである．したがって $(0,1)$ 区間上で関数 $f(x)=1/x$ は一様連続ではない．

このように，有界な閉区間上で定義された連続関数と開区間で定義された連続関数とは異なる振る舞いをするのである．さて，定理 6.9 を証明するために次の定理を証明しよう．

[*1] $|x_1-x_0|=\delta'<\delta$ とすると $\delta'<\varepsilon x_0(x_0+\delta)$ が成り立たなければならない．$\delta'\to\delta$ を考えると $\delta\leq\varepsilon x_0(x_0+\delta)$ が成り立つ．

第 6 章 極限と収束

> **定理 6.10**(ハイネ・ボレルの定理)　有界閉区間 $[a,b]$ が開区間 (c_λ, d_λ), $\lambda \in \Lambda$ で覆われる
> $$[a,b] \subset \bigcup_{\lambda \in \Lambda} (c_\lambda, d_\lambda)$$
> とき，Λ から有限個の λ_i, $i=1, 2, \ldots, m$ を選んで $[a,b]$ を覆うことができる．
> $$[a,b] \subset \bigcup_{i=1}^{n} (c_{\lambda_i}, d_{\lambda_i})$$

無限個の開区間で覆われていたら必ずそのうちの有限個の開区間で覆うことができる性質は今日の数学では**コンパクト**と呼ばれている．コンパクトという概念は今日の解析学ではきわめて重要な働きをする．

[証明]　背理法で証明する．もし定理が成立しないとすると区間 $[a,b]$ を 2 つの区間に等分した区間 $[a,c]$, $[c,b]$, $c=(a+b)/2$ を考えると

$$[a,c] \subset \bigcup_{\lambda \in \Lambda} (c_\lambda, d_\lambda)$$

$$[c,b] \subset \bigcup_{\lambda \in \Lambda} (c_\lambda, d_\lambda)$$

であるので，この 2 つの区間のうち少なくとも一方は有限個の開区間 (c_λ, d_λ) では覆うことができない．もし，両方の区間が有限個の開区間 (c_λ, d_λ) で覆うことができれば両者を併せた $[a,b]$ も有限個の開区間 (c_λ, d_λ) で覆うことができるからである．そこで有限個で覆うことができない区間を $[a_1, b_1]$ と記す ($[a_1, b_1]=[a,c]$ または $[a_1, b_1]=[c,b]$)．

$$a \leq a_1, \quad b_1 \leq b, \quad b_1 - a_1 = \frac{b-a}{2}$$

が成り立つ．次に区間 $[a_1, b_1]$ を 2 等分した $[a_1, c_1]$, $[c_1, b_1]$ も開区間 (a_λ, b_λ), $\lambda \in \Lambda$ で覆うことができるので，少なくともこのうちの一方は有限個の開区間 (c_λ, d_λ) で覆うことができない．この区間を $[a_2, b_2]$ と記す．すると

$$a_1 \leq a_2, \quad b_2 \leq b_1, \quad b_2 - a_2 = \frac{b_1 - a_1}{2} = \frac{b-a}{2^2}$$

が成り立つ．以下，この操作を続けて有限個の開区間 (c_λ, d_λ) で覆うことがで

きない閉区間 $[a_n, b_n]$ を見出すことができ

$$a_{n-1} \leq a_n, \quad b_n \leq b_{n-1}, \quad b_n - a_n = \frac{b-a}{2^n}$$

が成り立つ．この操作を続けていくと区間の列 $[a_n, b_n]$ ができる．定理 6.2 により単調増加数列 $\{a_n\}$, $\{b_n\}$ は収束する．さらに

$$\lim_{n \to \infty}(b_n - a_n) = \lim_{n \to \infty}\frac{b-a}{2^n} = 0$$

より

$$\lim_{n \to \infty} a_n = \lim_{n \to \infty} b_n = c_0$$

となる．

$$a \leq a_n < b_n \leq b$$

より

$$a \leq c_0 \leq b$$

が成り立つので $c_0 \in [a, b]$. すると $c_0 \in (c_\mu, d_\mu)$ である開区間 (c_μ, d_μ) が存在する．このとき

$$\frac{b-a}{2^N} < \min\{c_0 - c_\mu, d_\mu - c_0\}$$

となる正整数 N が存在する．すると

$$b_N - a_N = \frac{b-a}{2^N}, \quad a_N \leq c_0 \leq b_N$$

が成り立つので

$$[a_N, b_N] \subset (a_\mu, b_\mu)$$

となって 1 つの開区間で覆うことができる．これは区間 $[a_N, b_N]$ が有限個の (a_λ, b_λ) で覆うことはできないことに反する．$[a, b]$ は有限個の (a_λ, b_λ) で覆うことはできないという仮定から閉区間 $[a_N, b_N]$ は構成されたので，この仮定が矛盾を引き起こしたことになる．よって閉区間 $[a, b]$ は有限個の (a_λ, b_λ) で

第 6 章　極限と収束

覆うことができることが示された．

【証明終】

以上の準備のもとで定理 6.9 を証明しよう．

[**定理 6.9 の証明**]　$f(x)$ は区間 $[a,b]$ の各点 x で連続であるので，任意の $\varepsilon>0$ に対して $|x'-x|<\delta(x)$ であれば

$$|f(x')-f(x)| < \frac{\varepsilon}{2}$$

が成り立つように $\delta(x)>0$ を見出すことができる．(δ は点 x によって変わるので $\delta(x)$ と記した．) そこで $a_x = x-\delta(x)/4$, $b_x = x+\delta(x)/4$ とおくと (a_x, b_x) は開区間であり，x は $[a,b]$ のすべての点を動くので

$$[a,b] \subset \bigcup_{x \in [a,b]} (a_x, b_x)$$

が成り立つ．したがって定理 6.10 より $[a,b]$ を覆う有限個の開区間 (a_{x_i}, b_{x_i}), $i=1, 2, \ldots, M$ を見出すことができる．

$$[a,b] \subset \bigcup_{i=1}^{M} (a_{x_i}, b_{x_i})$$

そこで

$$\delta = \min\left\{\frac{\delta(x_1)}{2}, \frac{\delta(x_2)}{2}, \ldots, \frac{\delta(x_M)}{2}\right\}$$

とおくと，これが定理の主張する δ であることを示す．

$$|x'-x''| < \delta$$

とする．このとき $x' \in (a_{x_i}, b_{x_i})$ となる x_i が存在する．すると

$$|x'-x_i| < b_{x_i} - a_{x_i} = \frac{\delta(x_i)}{2},$$
$$|x''-x_i| = |x''-x'+x'-x_i| \leq |x''-x'|+|x'-x_i| < \delta + \frac{\delta(x_i)}{2} \leq \delta(x_i)$$

が成り立つので

$$|f(x')-f(x_i)| < \frac{\varepsilon}{2}, \quad |f(x'')-f(x_i)| < \frac{\varepsilon}{2}$$

が成立し,これより

$$|f(x')-f(x'')| = |f(x')-f(x_i)-(f(x'')-f(x_i))|$$
$$\leq |f(x')-f(x_i)|+|f(x'')-f(x_i)| < \varepsilon$$

が成り立つことが分かる. 【証明終】

6.4 リーマン積分再考

実数の性質を調べたので積分

$$\int_a^b f(x)\,dx$$

の定義を改めて考えよう.区間 $[a,b]$ の分割

$$K : a = a_0 < a_1 < a_2 < \cdots < a_n = b$$

を考えよう.そこで区間 $[a,b]$ で有界な関数 $f(x)$ に対して

$$m_i = \inf_{x \in [a_{i-1}, a_i]} f(x), \quad M_i = \sup_{x \in [a_{i-1}, a_i]} f(x)$$

とおき,分割 K に対して**不足和** $s(f,K)$ および**過剰和** $S(f,K)$ を

$$s(f,K) = \sum_{i=1}^n m_i(a_i-a_{i-1})$$
$$S(f,K) = \sum_{i=1}^n M_i(a_i-a_{i-1})$$

と定義する.関数 $f(x)$ は有界と仮定したので

$$A < f(x) < B, \quad \forall x \in [a,b]$$

が成り立つように数 A, B をとることができる.すると

$$A \leq m_i \leq M_i \leq B$$

が成り立つので

第 6 章 極限と収束

$$A(b-a) \leq s(f,K) < S(f,K) \leq B(b-a)$$

が成り立つ．さらに $[a,b]$ の分割 K'

$$K' : a = a'_0 < a'_1 < a'_2 < \cdots < a'_k < a'_{k+1} < \cdots < a'_N = b$$

が分割 K の細分である，すなわち各 a_i に対して $a'_{k_i} = a_i$ であるような a'_{k_i} が存在すると仮定すると，各 $1 \leq k \leq N$ に対して区間 $[a'_{k-1}, a'_k]$ は分割 K のある区間に含まれる．

$$[a'_{k-1}, a'_k] \subset [a_{i_{k-1}}, a_{i_k}]$$

したがって

$$m'_k = \inf_{x \in [a'_{k-1}, a'_k]} f(x), \quad M'_k = \sup_{x \in [a'_{k-1}, a'_k]} f(x)$$

とおくと

$$m_{i_k} \leq m'_k \leq M'_k \leq M_{i_k}$$

が成り立つ．したがって分割 K および K' に関する不足和，過剰和に関しては

$$s(f,K) \leq s(f,K') \leq S(f,K') \leq S(f,K)$$

が成り立つことが分かる．したがって分割の細分をとっていってできる数列 $\{s(f,K)\}, \{S(f,K)\}$ はそれぞれ上に有界な単調増加数列，下に有界な単調減少数列であることが分かる．よってこれらの数列は収束する．さらに $[a,b]$ の分割 K, J が与えられれば，それらを併せた分割 $K \cup J$ は K, J の細分となり

$$s(f,K) \leq s(f,K \cup J), \quad s(f,J) \leq s(f,K \cup J)$$
$$S(f,K) \geq S(f,K \cup J), \quad S(f,J) \geq S(f,K \cup J)$$

が成り立つ．したがって区間 $[a,b]$ の分割 K の幅 $|K|$ を

$$|K| = \max_{i=1,\ldots,n} \{a_i - a_{i-1}\}$$

とおくと
$$\lim_{|K|\to 0} s(f,K)$$
および
$$\lim_{|K|\to 0} S(f,K)$$
が定理 6.2 より存在する．この極限値を
$$\underline{\int_a^b} f(x);dx, \quad \overline{\int_a^b} f(x);dx$$
と記して関数 $f(x)$ の区間 $[a,b]$ での**下積分**，**上積分**という．

以上の議論から明らかなように有界関数に関しては常に下積分，上積分は存在する．そこで

> **定義 6.5** 区間 $[a,b]$ で有界な関数 $f(x)$ はその下積分と上積分が一致するとき
> $$\underline{\int_a^b} f(x);dx = \overline{\int_a^b} f(x);dx$$
> のとき**リーマン積分可能**であるといい，この値を
> $$\int_a^b f(x)\,dx$$
> と記す．

これがもっとも一般的なリーマン積分の定義である．すなわち分割 K を細かくしていくときに
$$S(f,K) - s(f,K) = \sum_{i=1}^{n}(M_i - m_i)(a_i - a_{i-1})$$
が 0 に収束することがリーマン積分可能であることの定義である．

では，このように定義したときにどのような関数がリーマン積分可能になるのであろうか．そのことを議論するためにここで少し奇妙な定義をしよう．

> **定義 6.6** 実数全体 $\mathbb{R}$ の部分集合 A は次の条件を満たすとき**測度 0** である

第 6 章　極限と収束

という．

条件　任意の正の数 ε に対して開区間 (c_n, d_n) で
$$A \subset \bigcup_{n=1}^{\infty} (c_n, d_n)$$
かつ
$$\sum_{n=1}^{\infty} (d_n - c_n) < \varepsilon$$
を満たすものが存在する．

この定義で重要なのは一般に無限個の開区間を考えることである．もちろんある番号から先は $(c_m, d_m) = (c_{m+1}, d_{m+1}) = (c_{m+2}, d_{m+2}) = \cdots$ となる場合も定義は許しているが，重要なのはすべての (c_n, d_n) が異なる場合である．奇妙だと言ったのは測度 0 を定義するために無限個の区間を考えている点である．

この定義を使うとリーマン積分可能な関数を特徴づけることができる．

定理 6.11　区間 $[a, b]$ で定義された有界関数 $f(x)$ の不連続点の全体を B と記す．関数 $f(x)$ が区間 $[a, b]$ でリーマン積分可能であるための必要十分条件は $f(x)$ の不連続点の全体 B が測度 0 であることである．

[証明]　$f(x)$ の不連続点の全体 $B \subset [a, b]$ の測度が 0 であることが十分条件であることをまず証明する．

B の測度が 0 であると仮定する．したがって任意の正数 ε に対して
$$B \subset \bigcup_{n=1}^{\infty} (c_n, d_n), \quad \sum_{n=1}^{\infty} (d_n - c_n) < \varepsilon$$
を満たす開区間 (c_n, d_n), $n = 1, 2, \ldots$ が存在する．一方，任意の点 $x \in [a, b] \setminus B = \{z \in [a, b] \mid z \notin B\}$ で $f(x)$ は連続であるので $|y - x| < \delta_x$ かつ $y \in [a, b]$ であれば
$$|f(y) - f(x)| < \frac{\varepsilon}{2}$$
が成り立つような $\delta_x > 0$ が存在する．一般に区間 I に対して
$$M_I(f) = \sup_{y \in I} f(y), \quad m_I(f) = \inf_{y \in I} f(y)$$

と定義する．そこで $I_x=(x-\delta_x, x+\delta_x)$ とおくと δ_x の選び方より

$$M_{I_x}(f)-m_{I_x}(f) \leq M_{I_x}(f)-f(x)+f(x)-m_{I_x}(f)$$
$$= \sup_{y \in I_x}(f(y)-f(x))-\inf_{y \in I_x}(f(y)-f(x))$$
$$\leq \sup_{y \in I_x}(f(y)-f(x))+|\inf_{x \in I_x}(f(y)-f(x))| \leq \varepsilon$$

が成り立つ．ところで，

$$[a,b] \subset \bigcup_{x \in [a,b] \setminus B} I_x \bigcup \bigcup_{n=1}^{\infty}(c_n, d_n)$$

が成り立つのでハイネ・ボレルの定理(定理 6.10)より有限個の開区間で $[a,b]$ を覆うことができる．それを I_{x_i}, $i=1,2,\ldots,k$, (c_{n_j}, d_{n_j}), $j=1,2,\ldots,l$ としよう．関数 $f(x)$ は有界であったので

$$|f(x)| < L, \quad \forall x \in [a,b]$$

が成り立つような正数 L が存在する．さて $[a,b]$ の分割

$$K : a = a_0 < a_1 < a_2 < \cdots < a_N = b$$

を $J_s=(a_s, a_{s+1})$ がすべて I_{x_i}, $i=1,2,\ldots,k$ または (c_{n_j}, d_{n_j}), $j=1,2,\ldots,l$ に含まれるように細かくとる．すると

$$\sum_{J_s \subset \exists I_{x_i}}(M_{J_s}(f)-m_{J_s}(f))(a_{s+1}-a_s) \leq (b-a)\varepsilon$$
$$\sum_{J_s \subset \exists (c_j, d_j)}(M_{J_s}(f)-m_{J_s}(f))(a_{s+1}-a_s) \leq 2L\sum_s(a_{s+1}-a_s)$$
$$\leq 2L\sum_{n=1}^{\infty}(d_n-c_n) < 2L\varepsilon$$

が成り立つので

$$\sum_{s=0}^{N-1}(M_{J_s}(f)-m_{J_s}(f))(a_{s+1}-a_s) = S(f,K)-s(f,K) < (2L+b-a)\varepsilon$$

が成り立つ．$2L+b-a$ は分割 K には関係しない定数であるので，この不等式は K の分割を細かくしていくと $S(f,K)-s(f,K)$ が 0 に近づくことを意味

し，$f(x)$ は $[a,b]$ でリーマン積分可能である．これで十分条件が示された．

必要条件を証明するために少し言葉の準備をする．区間 $[a,b]$ 上で定義された関数 $f(x)$ に対して点 $x\in[a,b]$ を選び，数 $\delta>0$ に関して

$$o_\delta(f,x) = \sup_{y\in[a,b],\,|y-x|<\delta} f(y) - \inf_{y\in[a,b],\,|y-x|<\delta} f(y) \tag{6.12}$$

と定義する．$0<\delta_1<\delta_2$ のとき，定義より

$$o_{\delta_1}(f,x) \leq o_{\delta_2}(f,x)$$

が成り立つ．したがって

$$\lim_{\delta\to 0+} o_\delta(f,x) \tag{6.13}$$

が存在する．この極限値を $o(f,x)$ と記し $f(x)$ での**振動値**と呼ぶ．点 x での関数 $f(x)$ の不連続の度合いを示す値である．関数 $f(x)$ が連続であることは $o(f,x)=0$ と同値である(演習問題 6.3 を参照のこと)．したがって任意の自然数 m に対して

$$B_m = \left\{ x\in[a,b] \mid o(f,x) \geq \frac{1}{m} \right\}$$

とおくと，$f(x)$ の不連続点の全体 B は

$$B = \bigcup_{m=1}^{\infty} B_m$$

であることが分かる．

さて任意に正数 ε が与えられたときに，各自然数 m に対して

$$B_m \subset \bigcup_{i=1}^{l_m} (c_i^{(m)}, d_i^{(m)}), \quad \sum_{i=1}^{l_m} (d_i^{(m)} - c_i^{(m)}) < \frac{\varepsilon}{2^m} \tag{6.14}$$

が成り立つような有限個の開区間 $(c_i^{(m)}, d_i^{(m)})$，$i=1,2,\ldots,l_m$ が存在することを証明しよう．

関数 $f(x)$ は $[a,b]$ 上リーマン積分可能であるので，上に選んだ ε と任意に選んだ自然数 m に対して

$$S(f,P) - s(f,P) < \frac{\varepsilon}{2^m \cdot m}$$

が成り立つような $[a,b]$ の分割

$$P: a = a_0^{(m)} < a_1^{(m)} < a_2^{(m)} < \cdots < a_{N-1}^{(m)} < a_N^{(m)} = b$$

が存在する．$J_i^{(m)} = (a_i^{(m)}, a_{i+1}^{(m)})$ とおいて

$$\mathcal{S}_m = \{ J_i^{(m)} \mid J_i^{(m)} \cap B_m \neq \emptyset \}$$

を考える．$J_i^{(m)} \in \mathcal{S}_m$ であれば B_m の定義より

$$M_{J_i^{(m)}}(f) - m_{J_i^{(m)}}(f) \geq \frac{1}{m}$$

が成り立つので

$$\begin{aligned}
\frac{1}{m} \sum_{J_i^{(m)} \in \mathcal{S}_m} (a_{i+1}^{(m)} - a_i^{(m)}) &\leq \sum_{J_i^{(m)} \in \mathcal{S}_m} (M_{J_i^{(m)}}(f) - m_{J_i^{(m)}}(f))(a_{i+1}^{(m)} - a_i^{(m)}) \\
&\leq \sum_{i=0}^{N-1} (M_{J_i^{(m)}}(f) - m_{J_i^{(m)}}(f))(a_{i+1}^{(m)} - a_i^{(m)}) \\
&= S(f, P) - s(f, P) < \frac{\varepsilon}{2^m \cdot m}
\end{aligned}$$

したがって

$$\sum_{J_i^{(m)} \in \mathcal{S}_m} (a_{i+1}^{(m)} - a_i^{(m)}) < \frac{\varepsilon}{2^m}$$

が成り立つ．また $\mathcal{S}_m$ の定義より

$$B_m \subset \bigcup_{J_i^{(m)} \in \mathcal{S}_m} J_i^{(m)}$$

が成り立ち，したがって (6.14) が成り立つような有限個の開集合が見出せた．このとき

$$B = \bigcup_{m=1}^{\infty} B_m \subset \bigcup_{m=1}^{\infty} \bigcup_{J_i^{(m)} \in \mathcal{S}_m} J_i^{(m)}$$

および

第 6 章 極限と収束

$$\sum_{m=1}^{\infty}\left\{\sum_{J_i^{(m)}\in\mathcal{S}_m}(a_{i+1}^{(m)}-a_i^{(m)})\right\}<\sum_{m=1}^{\infty}\frac{\varepsilon}{2^m}=\varepsilon$$

が成り立つ．各 m に対して，この最後の不等式に現れる区間は有限個しかないので，$m=1$ から順に区間の番号をふり直せば，任意の正数 ε に対して

$$B\subset\bigcup_{n=1}^{\infty}(c_n,d_n),\quad \sum_{n=1}^{\infty}(d_n-c_n)<\varepsilon$$

となる無限個の区間が存在することが分かる．したがって B は測度 0 である．これで必要条件が証明された． 【証明終】

以上で長い証明が終わったが，この定理は有界閉区間上のリーマン積分可能な有界関数を特徴づけることができる強力な定理である．

たとえば $[0,1]$ で定義された関数(ディリクレによって考察されたのでディリクレ関数と呼ばれる)

$$f(x)=\begin{cases}1 & (x\text{ は有理数})\\ 0 & (x\text{ は無理数})\end{cases}$$

はすべての点で不連続であるので $B=[0,1]$ となり，したがってリーマン積分可能でない．しかし $[0,1]$ で定義された関数

$$g(x)=\begin{cases}\dfrac{1}{q} & (x=\dfrac{p}{q},\ p,q\text{ は互いに素な自然数})\\ 0 & (x\text{ は無理数})\end{cases}$$

は不連続点の全体は $B=\mathbb{Q}\cap[0,1]$ であり($\mathbb{Q}$ は有理数の全体を表わす)，測度 0 であることが分かり(演習問題 6.4 を参照のこと)，したがってリーマン積分可能である．

6.5 関数列

区間 (a,b) で定義された関数列 $\{f_n(x)\}$ を考えよう．各点 $c\in(a,b)$ を固定して考えれば $\{f_n(c)\}$ は数列と考えることができる．この数列が収束するときに

関数列 $\{f_n(x)\}$ は点 $x=c$ で収束するという．区間 (a,b) のすべての点で関数列が収束するとき，この関数列は区間 (a,b) で**各点収束する**，あるいは単に収束するという．ε を使えば点 c で $\{f_n(x)\}$ が A に収束することは次のように定式化することができる．任意の $\varepsilon>0$ に対して $n\geq N$ であれば

$$|f_n(c)-A|<\varepsilon$$

が成り立つように N を選ぶことができる．このことから関数列 $\{f_n(x)\}$ が関数 $g(x)$ に収束することを次のように定義する．

> **定義 6.7** 任意の $\varepsilon>0$ に対して $n\geq N$ であれば
> $$|f_n(x)-g(x)|<\varepsilon$$
> が成り立つように N を選ぶことができるときに関数列 $\{f_n(x)\}$ は関数 $g(x)$ に収束するという．ここで正整数 N は ε と点 x によって変わってよい．もし N は ε によって変わるが点 $x\in(a,b)$ によらずに決めることができるときに関数列 $\{f_n(x)\}$ は関数 $g(x)$ に**一様収束**するという．以上の定義は開区間だけでなく閉区間でも同様に適用することができる．

関数列の収束と一様収束の微妙な違いに注意して欲しい．既に第 1 章で $f_n(x)=x^n$ が区間 $[0,1]$ では一様収束しないことを示した．そこでの証明は開区間 $(0,1)$ でも $f_n(x)=x^n$ は一様収束しないことを示している．

次の定理は一様収束の重要性を示している．単に収束するだけでは $[0,1]$ 区間で定義された関数列 $f_n(x)=x^n$ はこの区間で収束するが，収束先の関数は連続ではないように，この定理は正しくない．ただし，一様収束しなくても極限関数が連続になることもある．たとえば今の関数列 $f_n(x)=x^n$ を開区間 $(0,1)$ で考えると極限関数は $g(x)=0$ であり，これは連続関数であるが収束は一様ではない．

> **定理 6.12** 連続関数の列 $\{f_n(x)\}$ が $g(x)$ に一様収束すれば $g(x)$ は連続関数である．

第6章　極限と収束

[証明]　任意の $\varepsilon>0$ に対して $n\geq N$ であればすべての x に対して

$$|f_n(x)-g(x)| < \frac{\varepsilon}{3}$$

が成り立つように N を選ぶことができる．$f_N(x)$ は点 $c\in(a,b)$ で連続であるので $|x-c|<\delta,\ x\in(a,b)$ であれば

$$|f_N(x)-f_N(c)| < \frac{\varepsilon}{3}$$

が成り立つように $\delta>0$ を見出すことができる．したがって $|x-c|<\delta,\ x\in(a,b)$ であれば

$$\begin{aligned}|g(x)-g(c)| &= |g(x)-f_N(x)+f_N(x)-f_N(c)+f_N(c)-g(c)| \\ &\leq |g(x)-f_N(x)|+|f_N(x)-f_N(c)|+|f_N(c)-g(c)| \\ &< \frac{\varepsilon}{3}+\frac{\varepsilon}{3}+\frac{\varepsilon}{3} = \varepsilon\end{aligned}$$

が成り立ち $g(x)$ は点 c で連続であることが分かる．　　　【証明終】

有界閉区間 $[a,b]$ で連続な関数は多項式で近似できるという次の著しい性質を持っている．

定理 6.13(ワイエルシュトラスの多項式近似定理)　関数 $f(x)$ は有界閉区間 $[a,b]$ で連続であるとき，任意の正の数 ε に対して

$$\sup_{x\in[a,b]}|f(x)-P(x)| < \varepsilon$$

が成り立つように多項式 $P(x)$ を見出すことができる．

この定理を $\varepsilon=1/n,\ n=1,2,\ldots$ に適用すると

$$\sup_{x\in[a,b]}|f(x)-P_n(x)| < \frac{1}{n}$$

となる多項式 $P_n(x)$ が存在する．このとき関数列 $\{P_n(x)\}$ は区間 $[a,b]$ で連続関数 $f(x)$ に**一様収束**する．

[証明]　ここでは区間 $[0,1]$ の場合に定理を証明する．一般の場合は変数変換することによって，この場合に帰着できる(演習問題 6.1)．すべての点 $x\in[0,1]$ に対して

$$|f(x)| < M$$

が成り立つように正数 M を選ぶ．以下，各正整数 n について考える．二項定理

$$(x+y)^n = \sum_{k=0}^{n} \binom{n}{k} x^k y^{n-k}$$

で y を定数と考え x に関して，この式の両辺を微分して x を掛ける，2 回微分して両辺に x^2 を掛けることによって

$$nx(x+y)^{n-1} = \sum_{k=0}^{n} k \binom{n}{k} x^k y^{n-k}$$

$$n(n-1)x^2(x+y)^{n-2} = \sum_{k=0}^{n} k(k-1) \binom{n}{k} x^k y^{n-k}$$

が得られる．そこで $y=1-x$ とおき

$$r_k(x) = \binom{n}{k} x^k (1-x)^{n-k}$$

とおくと

$$\sum_{k=0}^{n} r_k(x) = 1 \tag{6.15}$$

$$\sum_{k=0}^{n} k r_k(x) = nx \tag{6.16}$$

$$\sum_{k=0}^{n} k(k-1) r_k(x) = n(n-1)x^2 \tag{6.17}$$

が成立することが分かる．

以上の準備のもとに，正整数 n に対して

$$P_n(x) = \sum_{k=0}^{n} f\left(\frac{k}{n}\right) r_k(x)$$

とおく．このとき (6.15) より

第 6 章　極限と収束

$$
\begin{aligned}
|f(x)-P_n(x)| &= \left|f(x)\sum_{k=0}^n r_k(x)-P_n(x)\right| \\
&= \left|\sum_{k=0}^n \left(f(x)-f(\frac{k}{n})\right)r_k(x)\right| \\
&\leq \sum_{k=0}^n \left|f(x)-f(\frac{k}{n})\right|r_k(x) \quad (6.18)
\end{aligned}
$$

が成り立つ．そこで定理 6.9 によって任意に与えられた $\varepsilon>0$ に対して δ が $|x'-x|<\delta$, $x', x\in[0,1]$ であれば

$$\left|f(x')-f(x)\right| < \frac{\varepsilon}{2}$$

が成り立つように δ を選ぶ．このとき $|x-\frac{k}{n}|<\delta$ であれば

$$\left|f(x)-f(\frac{k}{n})\right| < \frac{\varepsilon}{2}$$

が成り立つ．一方，$|x-\frac{k}{n}|\geq\delta$ であれば $|x-\frac{k}{n}|/\delta\geq 1$ より

$$\left|f(x)-f(\frac{k}{n})\right| \leq |f(x)|+\left|f(\frac{k}{n})\right| < 2M \leq \frac{2M(x-k/n)^2}{\delta^2}$$

という不等式が得られる．この両者を併せて任意の $x\in[0,1]$ に対して

$$\left|f(x)-f(\frac{k}{n})\right| < \frac{\varepsilon}{2}+\frac{2M(nx-k)^2}{n^2\delta^2} \quad (6.19)$$

が成り立つ．したがって不等式 (6.18) より (6.15), (6.16), (6.17) を使うと

$$
\begin{aligned}
|f(x)-P_n(x)| &\leq \sum_{k=0}^n \left|f(x)-f(\frac{k}{n})\right|r_k(x) \\
&< \sum_{k=0}^n \left(\frac{\varepsilon}{2}+\frac{2M(nx-k)^2}{n^2\delta^2}\right)r_k(x) \\
&= \frac{\varepsilon}{2}\sum_{k=0}^n r_k(x)+\frac{2M}{\delta^2 n^2}\sum_{k=0}^n (nx-k)^2 r_k(x) \\
&= \frac{\varepsilon}{2}+\frac{2M}{\delta^2 n^2}\sum_{k=0}^n (n^2x^2-2nkx+k^2)r_k(x) \\
&= \frac{\varepsilon}{2}+\frac{2M}{\delta^2 n^2}\sum_{k=0}^n (k(k-1)-(2nx-1)k+n^2x^2)r_k(x)
\end{aligned}
$$

$$\begin{aligned}&= \frac{\varepsilon}{2}+\frac{2M}{\delta^2 n^2}\left(n(n-1)x^2-n(2nx-1)x+n^2x^2\right)\\&= \frac{\varepsilon}{2}+\frac{2M}{\delta^2 n}x(1-x)\\&\leq \frac{\varepsilon}{2}+\frac{M}{2\delta^2 n}\end{aligned}$$

を得る．最後の不等式で $x(1-x)$ は区間 $[0,1]$ で最大値 $\dfrac{1}{4}$ をとることを使った．

さて $\varepsilon>0$ に対して $n\geq N$ であれば

$$\frac{M}{\delta^2 n}<\varepsilon$$

が成り立つように正整数 N を選ぶことができる．したがって $n\geq N$ であればすべての $x\in[0,1]$ に対して

$$|f(x)-P_n(x)|<\varepsilon$$

が成立する．したがって $P_n(x)$，$n\geq N$ の 1 つを $P(x)$ にとればよい．また $P_n(x)$ の構成法から $\{P_n(x)\}$ は $f(x)$ に閉区間 $[a,b]$ 上で一様収束する．

【証明終】

上の証明では ε が 0 に近づくにつれて $P(x)$ の次数は大きくなっていることに注意しておく．

6.6　実数とは何か

これまでの議論によって，実数の連続性が数列の収束のみならず，連続関数の性質を導くのにも決定的な役割を果たしていることが明らかになった．しかし，実数とは何かという問には以前として確実な答えを与えていない．そこでこの節では実数をどのようにして構成できるかを考えてみよう．

自然数からはじめて整数，さらに分数は比較的分かりやすく定義することができる．そこで問題になるのは有理数からどのようにして実数を定義する，あるいは構成することができるかである．

19 世紀になって微分積分学の基礎づけが問題になったときに，実数をどのように定義するかも当然のこととして問題になった．この問に答えたのがデデ

第 6 章 極限と収束

キントとカントールの実数論である．デデキントの実数論は彼自身による優れた解説書[9]があるので本書では割愛して，カントールによる実数の構成法を述べよう．

出発点はコーシー列 $\{a_n\}$ である．ただし，有理数までしか分かっていないと仮定して実数を構成するので，有理数の数列，すなわち a_n はすべて有理数からなるコーシー列のみを考える．定理 6.3 を念頭に入れて（まだ実数が定義されていないので，この定理はまだ定理として主張できない），有理数からなるコーシー列はある実数を定義すると約束する．問題になるのは 2 つのコーシー列 $\{a_n\}$, $\{b_n\}$ が同じ実数を定義するための条件を求める必要がある．これは $\{a_n\}$, $\{b_n\}$ から数列 $\{c_n\}$ を

$$c_n = \begin{cases} a_n & (n=2k \text{ のとき}) \\ b_n & (n=2k-1 \text{ のとき}) \end{cases}$$

として定義するとき $\{c_n\}$ もコーシー列になる場合とすることができる．$\{a_n\}$, $\{b_n\}$ はコーシー列であったので，この条件は

任意の $\varepsilon>0$ に対して $m,n\geq N$ であれば常に

$$|a_m-b_n|<\varepsilon$$

が成り立つように N を見出すことができる

と言い換えることができる．

もう少し，現代数学流に言い換えると次のようになる．有理数からなるコーシー列の全体 $\mathcal{R}$ を考え，そこに関係 $\sim$ を

$\{a_n\} \sim \{b_n\} \iff$ 任意の $\varepsilon>0$ に対して $m,n\geq N$ であれば常に

$\qquad |a_m-b_n|<\varepsilon$ が成り立つように N を見出すことができる

と定義する．このとき $\sim$ は

(1) $\{a_n\}\sim\{a_n\}$
(2) $\{a_n\}\sim\{b_n\} \Longrightarrow \{b_n\}\sim\{a_n\}$
(3) $\{a_n\}\sim\{b_n\}, \{b_n\}\sim\{c_n\} \Longrightarrow \{a_n\}\sim\{c_n\}$

を満たすことが簡単に示され，$\sim$ は同値関係であることが分かる．この同値関

係によってコーシー列の全体 $\mathcal{R}$ を同値類に分ける.すなわち $\{a_n\}\in\mathcal{R}$ と同値であるコーシー列の全体 $[\{a_n\}]$ を考え,これを $\{a_n\}$ と同値なコーシー列からなる同値類という.異なる同値類を集めた集合を $\mathcal{R}/\sim$ と記す.

同値類 $[\{a_n\}]$ と $[\{b_n\}]$ とが共通部分をもつ,$[\{a_n\}]\cap[\{b_n\}]\neq\emptyset$ であれば $[\{a_n\}]=[\{b_n\}]$ である.なぜならば $\{c_n\}\in[\{a_n\}]\cap[\{b_n\}]$ であれば $[\{a_n\}]$ に含まれるコーシー列は $\{c_n\}$ と同値なコーシー列であり(ここで上の性質(2), (3)を使う),したがって $[\{c_n\}]=[\{a_n\}]$ が成り立ち,同様に $[\{c_n\}]=[\{b_n\}]$ も成り立つからである.

特に有理数 a に関してはすべての自然数 n に対して $a_n=a$ としてできるコーシー列 $\{a_n\}$ と同値なコーシー列 $\{b_n\}$ は a に収束する.そこでコーシー列の同値類 $[\{b_n\}]$ はある数 b^* を定めていると考える.実際,実数を知っているとすれば定理 6.3 から $[\{b_n\}]$ に含まれるコーシー列はすべて同じ実数に収束していることが分かるから,これは不自然なことではないであろう.このようにしてカントールの実数論では $\mathcal{R}/\sim$ を実数の全体 $\mathbb{R}$ と考えるのである.

以上の定義では実数を定義しただけで実数間の四則演算は定義していない.そこで同値類 $[\{a_n\}]$ が定める実数 a^* と同値類 $[\{b_n\}]$ が定める実数 b^* の和 a^*+b^* は同値類 $[\{a_n+b_n\}]$ が定める実数と定義する.$\{a_n\}$, $\{b_n\}$ がコーシー列であれば $c_n=a_n+b_n$ とおくと $\{c_n\}$ もコーシー列であることは簡単に示すことができ,したがって上の定義は意味を持つ.積に関しても同様に $a^*\cdot b^*$ は同値類 $[\{a_nb_n\}]$ が定める実数と定義する.$\{a_nb_n\}$ がコーシー列になることは次のようにして示される.

$\varepsilon>0$ に対して $m, n\geq N_1$ であれば
$$|a_m-a_n|<\varepsilon$$
が成り立つような N_1 が存在する.したがって特に $n>N_1$ であれば
$$|a_n-a_{N_1}|<\varepsilon$$
が成り立ち,したがって
$$|a_n|-|a_{N_1}|\leq|a_n-a_{N_1}|<\varepsilon$$

より
$$|a_n| < |a_{N_1}|+\varepsilon$$
が成り立つ．$M_1=|a_{N_1}|+\varepsilon_1$ とおく．すると $n>N_1$ のとき
$$|a_n| < M_1$$
が成り立つ．数列 $\{b_n\}$ に対しても同様に $n>N_2$ であれば
$$|b_n| < M_2$$
が成り立つような正整数 N_2 と正数 M_2 が存在する．さらに任意の ε に対して $m, n \geq N_3$ であれば
$$|a_m-a_n| < \frac{\varepsilon}{2M_2}, \quad |b_m-b_n| < \frac{\varepsilon}{2M_1}$$
が成り立つように正整数 N_3 を見出すことができる．この2つの不等式での M_1 と M_2 の順序に注意する．そこで $N=\max\{N_1, N_2, N_3\}$ とおくと，$m, n > N$ であれば
$$\begin{aligned}
|a_m b_m - a_n b_n| &= |a_m b_m - a_n b_m + a_n b_m - a_n b_n| \\
&\leq |a_m-a_n||b_m|+|a_n||b_m-b_n| \\
&\leq M_2|a_m-a_n|+M_1|b_m-b_n| \\
&\leq M_2 \cdot \frac{\varepsilon}{2M_2}+M_1 \cdot \frac{\varepsilon}{2M_1} = \varepsilon
\end{aligned}$$
よって $\{a_n b_n\}$ がコーシー列であることが分かった．

以上の和と積は有理数の場合の和と積の自然な拡張になっていることが分かる．この和と積の定義によって $\mathbb{R}=\mathcal{R}/\sim$ で四則演算が定義できることが証明できる．引き算は $a^*=[\{a_n\}]$, $b^*=[\{b_n\}]$ のとき $a^*-b^*=[\{a_n-b_n\}]$ であることが分かる．また割り算 $a^* \div b^*$ は $b^* \neq 0$ であるので，$n>N$ であれば常に $a_n \neq 0$ であるような正整数 N が存在することが分かり $a^* \div b^*=[\{a_n/b_n\}]$ であることが分かる．ただし $b_m=0$ となることもあるので，その場合は a_m/b_m は適当な数に変える(何に変えても構わない)．演習問題 6.2 を参照のこと．

6.6 実数とは何か

さらに $\mathbb{R}=\mathcal{R}/\sim$ に大小関係を定義できることを示そう．そのために $a^*=[\{a_n\}]>0$ であるための判定条件を示す．実数が既に定義されていてコーシー列を考えている場合はコーシー列が正の数に収束することを意味する．このことはある番号から先の a_n は常にある正数 η より大きいことを意味する．正確に言えば

$n>N$ のとき常に

$$a_n > \eta$$

が成り立つように $\eta>0$ と正整数 N を見出すことができる

ことを意味する．$n>N$ のときに $a_n>0$ で不十分であるのは 0 に収束するコーシー列 $\{1/n\}$ を考えれば明らかであろう．また $a^*=[\{a_n\}]=0$ であるのは $\{a_n\}$ が 0 に収束する場合であり，$a^*=[\{a_n\}]<0$ は $-a^*=[\{-a_n\}]>0$ であることであると定義する．そうするとすべての実数 a^* に対して $a^*>0$, $a^*=0$, $a^*<0$ のいずれか 1 つが成り立つことが分かる．これより $a^*>b^*$ は $a^*-b^*>0$ のことであると定義することによって実数の全体に大小関係を導入することができる．

有理数の絶対値は実数の絶対値に自然に拡張することができる．すなわち実数 a^* は有理数のコーシー列 $\{a_n\}$ の同値類として定義されるとき $\{|a_n|\}$ も有理数のコーシー列となるので，このコーシー列の同値類が定める実数を a^* の絶対値 $|a^*|$ と定義する．これは上で定めた大小関係を使えば

$$|a^*| = \begin{cases} a^* & (a^* > 0 \text{ のとき}) \\ -a^* & (a^* < 0 \text{ のとき}) \end{cases}$$

であることも簡単に分かる．

最後に実数の数列 $\{a_n^*\}$ がコーシー列であれば，ある実数に収束することを言う必要がある．これは読者の演習問題としよう．このように実数をきちんと定義することは思いのほか面倒であることが分かった．以上のような実数の定義が完成したのは 19 世紀後半である．数学では当たり前と思われることを厳密に定義することは決して簡単ではないのである．

第 6 章　極限と収束

コラム　6.1　リーマン積分を越えて

　これまで閉区間 $[a,b]$ や開区間 (a,b) の長さは $b-a$ として考えてきた．このような単純な区間はともかくとして数直線上の複雑な点の集まり，たとえば $[0,1]$ 区間に含まれる有理数の全体などに長さの概念を拡張することができるであろうか．

　この問題に取り組んだのがルベーグ(1875-1941)であった．複雑な点集合に対して長さというのはいささか憚られるので，ルベーグは測度と呼んだ．まず，実数 $\mathbb{R}$ の部分集合 Δ に対して外測度 $\mu^*(\Delta)$ を次のように定義する．Δ を無限個(より正確には可算無限個)の開区間で覆い(これを Δ の開被覆と呼ぶことがある)，すなわち

$$\Delta \subset \bigcup_{k=1}^{\infty}(a_k, b_k)$$

である．これらの区間の長さの和を考え，その下限を考える．

$$\mu^*(\Delta) = \inf_{\Delta \subset \bigcup_{k=1}^{\infty}(a_k,b_k)} \sum_{k=1}^{\infty}(b_k - a_k)$$

右辺は無限大になることもある．それも許すことにする．これは複雑な集合の外側から長さを測った(外測度という)ことに相当するが通常の長さの測り方と違うのは無限個の開区間を使っていることである．この考えは既に定義 6.6 で測度 0 という概念を導入するときに使用した．

　外測度に対して内測度 $\mu_*(\Delta)$ が定義できる．集合 Δ が区間 (a,b) に含まれているときは (a,b) の点で Δ に含まれていないもの全体を $(a,b)\backslash\Delta$ と記すと内測度 $\mu_*(\Delta)$ を

$$\mu_*(\Delta) = (b-a) - \mu^*((a,b)\backslash\Delta)$$

と定義する．有限の区間に含まれないときは有限の区間 (α_i, β_i) を拡げていって $\mu_*(\Delta \cap (\alpha_i, \beta_i))$ の $i \to \infty$ の極限として内測度を定義する．厳密に言えばこの値が増大する区間 (α_i, β_i) の取り方によらないことを示す必要がある．

　さて集合 Δ に対して

$$\mu^*(\Delta) = \mu_*(\Delta)$$

が成り立つとき Δ は**可測集合**であるといい，$\mu(\Delta)=\mu^*(\Delta)$ と定義して Δ の**測度**という．開区間 (a,b) や閉区間 $[a,b]$ は可測集合であり，その測度は $b-a$ であることが示されるので，測度が通常の長さの拡張になっていることが分かる．このように定義すると，たとえば有理数の全体 $\mathbb{Q}$ は可測集合になり，その測度は0であることも分かる．また空集合 $\emptyset$ の測度は0であると定義する．

区間 $[a,b]$ で定義された関数 $f(x)$ は

$$\{x \in [a,b] \mid f(x) > c\}$$

が任意の実数 c に対して可測集合であるときに**可測関数**と呼ぶ．特に区間 $[a,b]$ で $|f(x)|$ が有界であるとき，すなわち $-M \leq f(x) < M$ であるような正数 M が存在するとき新たに積分(**ルベーグ積分**と呼ばれる)を定義することができる．$A = \inf_{x \in [a,b]} f(x)$, $B = \sup_{x \in [a,b]} f(x)$ とおいてまず区間 $[A,B]$ を細分する．

$$K : m_0 = A < m_1 < m_2 < \cdots < m_N = B$$

そして

$$X_k = \{x \in [a,b] \mid m_k < f(x) \leq m_{k+1}\}$$

とおく．$f(x)$ が可測関数であることより X_k は可測集合であることが分かり，

$$\Sigma(K,f) = \sum_{k=0}^{N-1} f_k \mu(X_k), \quad f_k \text{ は関数 } f(x) \text{ が } X_k \text{ でとる値の1つ}$$

とおく．ここで $\delta(K) = \max_k \{m_{k+1} - m_k\}$ を0に近づけると $\Sigma(K,f)$ は一定の値に収束することを示すことができる．この値を $\int_a^b f(x)\,dx$ と記す．$f(x)$ がリーマン積分可能であれば $f(x)$ はルベーグ積分可能であり，両者の値は一致するのでリーマン積分と同じ記号を用いる．

リーマン積分不可能でもルベーグ積分可能な場合がある．典型的な例が区間 $[0,1]$ で定義されたディリクレ関数

$$f(x) = \begin{cases} 1 & (x \text{ は有理数}) \\ 0 & (x \text{ は無理数}) \end{cases}$$

である．このとき

$$\{\,x\in[0,1]\,|\,f(x)>c\,\}$$

は $c<0$ であれば $[0,1]$, $0\leq c<1$ であれば $\mathbb{Q}\cap[0,1]$, $c\geq 1$ であれば空集合となり，すべて可測集合である．またこの場合 $A=\inf\limits_{x\in[0,1]}f(x)=0$, $B=\sup\limits_{x\in[0,1]}f(x)=1$ である．区間 $[0,1]$ を細分した

$$K: m_0 = 0 < m_1 < m_2 < \cdots < m_{N-1}$$

を考えると

$$X_0 = [0,1]\setminus\mathbb{Q}\cap[0,1], \quad X_k = \emptyset, \quad X_{N-1} = \mathbb{Q}\cap[0,1], \quad k=1,2,\ldots,N-2$$

となり

$$\Sigma(K,f) = 0\cdot\mu(X_0) + 1\cdot\mu(X_{N-1}) = 0$$

となり，細分によらずに一定の値 0 をとる．したがってディリクレ関数はルベーグの意味で積分可能であり

$$\int_0^1 f(x)\,dx = 0$$

であることが分かる．ディリクレの関数は m,n を自然数とするとき

$$f(x) = \lim_{m\to\infty}\left[\lim_{n\to\infty}\{\cos(m!\pi x)\}^{2n}\right]$$

と表現することができる．

$$f_m(x) = \lim_{n\to\infty}\{\cos(m!\pi x)\}^{2n}$$

は $[0,1]$ 区間で有限個の点でのみ 1 となるのでリーマン積分可能である．しかし，

$$f(x) = \lim_{m\to\infty}f_m(x)$$

はリーマン積分可能ではない．このように関数の極限をとったときに積分可能性が壊れると関数空間の完備化を考える場合に困ることが起こる．そのために，現代の解析学においてはルベーグ積分はなくてはならない道具となっている．

第6章 演習問題

6.1 一般の有界閉区間 $[a,b]$ に対してワイエルシュトラスの多項式近似定理（定理 6.13）を証明せよ．

6.2 コーシー列 $\{a_n\}$, $\{b_n\}$ に対して $\{b_n\}$ が 0 に収束しなければ $c_n = a_n/b_n$ とおくと $\{c_n\}$ もコーシー列であることを示せ．ただし，$b_m = 0$ となるときは c_m は適当な数をとる（たとえば 1 あるいは 0，あるいは a_m とする）．また $\{a_n\}$ が a^*，$\{b_n\}$ が b^* に収束すれば $\{c_n\}$ は a^*/b^* に収束することを示せ．

6.3 (1) $[0,1]$ で定義されたディリクレ関数

$$f(x) = \begin{cases} 1 & (x \text{ は有理数}) \\ 0 & (x \text{ は無理数}) \end{cases}$$

に関してすべての $x \in [0,1]$ と $\delta > 0$ に対して振動値 $o_\delta(f, x)$ は

$$o_\delta(f, x) = 1$$

であることを示せ（式 (6.12) 参照）．

(2) $\displaystyle\lim_{y \to x+0} f(y)$, $\displaystyle\lim_{y \to x-0} f(y)$ が共に存在すれば

$$o(f, x) = \left| \lim_{y \to x+0} f(y) - \lim_{y \to x-0} f(y) \right|$$

であることを示せ．

(3) 関数 $f(x)$ が x で連続であることは，その振動値が 0 である（$o(f,x) = 0$）ことと同値であることを示せ．

6.4 $[0,1]$ で定義された関数

$$g(x) = \begin{cases} \dfrac{1}{q} & (x = \dfrac{q}{p}, \ p, q \text{ は互いに素な自然数}) \\ 0 & (x \text{ は無理数}) \end{cases}$$

の不連続点の全体は $B = \mathbb{Q} \cap [0,1]$ であり，測度 0 であることを示せ．

6.5 本章 4 節で定義したリーマン積分可能（定義 6.5）は第 3 章 2 節で定義し

第 6 章　極限と収束

たリーマン積分可能と同値であることを示せ.

6.6　区間 $[a,b]$ で有界かつ単調な関数はリーマン積分可能であることを示せ. したがって定理 6.11 より問題 6.4 の $g(x)$ は区間 $[0,1]$ でリーマン積分可能であり

$$\int_0^1 g(x)\,dx = 0$$

が成り立つ.

さらに学ぶために

本書の内容は微積分の教科書に必ずしも記されていないものも含まれている．微分積分に関しては

 [1] 一松信『解析学序説』上・下，裳華房，1962，1963．
 [2] 杉浦光夫『解析入門』I, II, 東京大学出版会，1980，1985．
 [3] 笠原晧司『微分積分学』サイエンス社，1974．

が標準的な教科書である．特に[3]は大学の教養課程で長年微積分を教えてきた著者による教科書で大変分かりやすく，しかも厳密に議論が展開されている．[1]は大変面白い内容をたくさん含んだ本であり，本書の読者に真っ先に薦めたい本であるが絶版になっている．改訂版が出版されているが，残念ながら面白いところがすべてそぎ落とされているので，古書店で本書を入手する際には注意を要する．[1]，[2]は微積分を超えた内容を含んでおり，微積分からさらに発展した数学の入門書の役割も担っている．また

 [4] 森毅『現代の古典解析——微積分基礎課程』ちくま学芸文庫，2006．

は解析学の勘どころを巧みに解説していて一読に値する．

今日では多変数の微積分は多様体論とも密接に関係し，きわめて重要な話題である．[1]には多変数の微積分がなぜ複雑になるのかの雑談がたくさん収められていて教育的である．[2]，[3]も厳密な証明が記されている．多変数の微積分に特化し，かつ多様体論への入門になっている教科書として

 [5] M. スピヴァック『多変数の解析学』齋藤正彦訳，東京図書，2007．

が良書である．

関・ベルヌーイ数については

 [6] 荒川恒男，伊吹山知義，金子昌信『ベルヌーイ数とゼータ関数』牧野書店，2001．

が大変興味深い本である．ガンマ関数については

 [7] E. アルティン『ガンマ関数入門』上野健爾訳，日本評論社，2002．

が優れた入門書である．この翻訳は原著(ドイツ語)の英語訳を使って行った高校生セミナーでの訳文を原著にあたって訳し直したものである．付録に実数論とフーリエ級数についての簡単な解説が訳者によってつけ加えられている．ただ，この本は実関数としてのガンマ関数を取り扱っている．ガンマ関数は複素数変数に定義域を拡張してはじめてその本質をつかむことができる．そのことは本書の続編「複素解析編」でゼータ関数とからめて述べる予定である．

さらに学ぶために

微積分を一通り学んだのちフーリエ解析に興味を持つ読者には

[8] E.M. スタイン・R. シャカルチ『フーリエ解析入門』新井仁之・杉本充・高木啓行・千原浩之訳，日本評論社，2007．

をお薦めしたい．本書は「プリンストン解析学講義」シリーズの第1巻である．シリーズの第2巻「複素解析」については本書の続編の「複素解析編」で取りあげる．

実数論については

[9] デーデキント『数について——連続性と数の本質』河野伊三郎訳，岩波文庫，1961．

がある．本書で取りあげることができなかった，デデキントの切断を使って実数を導入している．訳がいささか古いのが残念である．

なお本書では紙数の都合で取りあげることができなかったが，微積分学はニュートン力学と切っても切り離せない関係にある．その意味で高校の物理が微積分を使わないで教えられることには大いに疑問のあるところである．力学の入門書として

[10] 兵藤俊夫『考える力学』学術図書，2000．

をあげておく．他にも良書はたくさんあるので身近にある力学の教科書を参照されるとよいであろう．

本書と少し異なる視点から実数の連続性を取りあげたものに

[11] 上野健爾『測る』東京図書，2009．

がある．本書とあわせて読まれると得る所大であろう．

演習問題略解

第2章

2.1
$$h(x) = \frac{f(x)}{g(x)}$$
とおくと
$$f(x) = h(x)g(x)$$
が成り立ち，積の微分によって
$$f'(x) = h'(x)g(x) + h(x)g'(x)$$
が成り立つ．これより
$$h'(x) = \frac{f'(x) - h(x)g'(x)}{g(x)} = \frac{f'(x) - \dfrac{f(x)}{g(x)}g'(x)}{g(x)}$$
$$= \frac{f'(x)g(x) - f(x)g'(x)}{g(x)^2}$$
が成り立つ．

2.2 $P(x), Q(x)$ を $\deg P(x) > \deg Q(x)$ である x の多項式とするとき
$$\lim_{x \to 0} \frac{|Q(x)|e^{-\frac{1}{x^2}}}{|P(x)|} = 0$$
をまず示す．$\deg P(x) > \deg Q(x)$ より
$$\frac{P(x)}{Q(x)} = x^m H(x), \quad m > 1, \quad H(0) \neq 0$$
が成り立つような有理式 $H(x)$ と自然数 m が存在する．指数関数 e^x のテイラー展開 (2.31) より $x \neq 0$ のとき
$$e^{\frac{1}{x^2}} > \frac{1}{m! x^{2m}}$$
が成立する．したがって

$$\frac{|Q(x)|e^{-\frac{1}{x^2}}}{|P(x)|} = \frac{1}{\frac{|P(x)|}{|Q(x)|}e^{\frac{1}{x^2}}} < \frac{1}{|x|^m e^{\frac{1}{x^2}}|H(x)|} < \frac{m!|x|^m}{|H(x)|}$$

となり $H(0){\neq}0$ より

$$\lim_{x \to 0} \frac{|Q(x)|e^{-\frac{1}{x^2}}}{|P(x)|} = 0$$

が成り立つ.
　また $x{\neq}0$ のとき

$$f'(x) = \frac{2e^{-\frac{1}{x^2}}}{x^3}$$

が成り立つ. さらに

$$\lim_{x \to 0} \frac{e^{-\frac{1}{x^2}} - 0}{x} = \lim_{x \to 0} \frac{1}{xe^{\frac{1}{x^2}}} = 0$$

が成り立ち $f(x)$ はすべての点で微分可能である. 以下 n に関する帰納法によって $f^{(n-1)}(x)$ はすべての点で微分可能であり, $x{\neq}0$ のとき

$$f^{(n)}(x) = \frac{Q_n(x)e^{-\frac{1}{x^2}}}{P_n(x)}, \quad \deg P_n(x) > \deg Q_n(x)$$

となる多項式 $P_n(x), Q_n(x)$ が存在し, さらに $f^{(n)}(0){=}0$ が成り立つことを示そう. $n{=}1$ のときは既に示した. $n{=}k$ まで主張が正しいとする. $x{\neq}0$ のとき $f^{(k)}(x){=}Q_k(x)e^{-\frac{1}{x^2}}/P_k(x)$ であるので

$$f^{(k+1)}(x) = \frac{Q'_k(x)e^{-\frac{1}{x^2}} + \frac{2Q_k(x)e^{-\frac{1}{x^2}}}{x^3} - P'_k(x)Q_k(x)e^{-\frac{1}{x^2}}}{P_k(x)^2}$$

$$= \frac{(x^3 Q'_k(x) + 2Q_k(x) - x^3 P'_k(x)Q_k(x))e^{-\frac{1}{x^2}}}{x^3 P_k(x)^2}$$

となり $P_{k+1}(x){=}x^3 P_k(x)^2$, $Q_{k+1}(x){=}x^3 Q'_k(x){+}2Q_k(x){-}x^3 P'_k(x)Q_k(x)$ とおけばよい. このとき $\deg P_{k+1}(x){=}2\deg P_k(x){+}3{>}\deg(x^3 Q'_k(x)P_k(x)){=}\deg Q_{k+1}(x)$ が成り立つ. また最初に証明したことより

$$f^{(k+1)}(0) = \lim_{x\to 0} \frac{\frac{Q_k(x)e^{-\frac{1}{x^2}}}{P_k(x)}-0}{x} = \lim_{x\to 0} \frac{Q_k(x)e^{-\frac{1}{x^2}}}{xP_k(x)} = 0$$

が成り立つ．したがって主張は $n=k+1$ のときも正しい．

2.3 問題 2.2 と同様にして $x>0$ で

$$f^{(n)}(x) = \frac{Q_n(x)e^{-\frac{1}{x}}}{P_n(x)}, \quad \deg P_n(x) > \deg Q_n(x)$$

となる多項式 $P_n(x), Q_n(x)$ が存在し，$x \leq 0$ では $f^{(n)}(0)=0$ であることが n に関する帰納法で示すことができる．

2.4 $x° = \dfrac{\pi x}{180}$ ラジアンより

$$\sin x° = \sin \frac{\pi x}{180}$$

よって

$$\frac{d}{dx}\sin x° = \frac{\pi}{180}\cos\frac{\pi x}{180} = \frac{\pi}{180}\cos x°$$

2.5 問題 10(3) の解答に倣って議論すればよい．二項定理より

$$\left(1+\frac{x}{n}\right)^n = 1+x+\frac{\left(1-\frac{1}{n}\right)}{2!}x^2+\frac{\left(1-\frac{1}{n}\right)\left(1-\frac{2}{n}\right)}{3!}x^3+\cdots$$

$$+\frac{\left(1-\frac{1}{n}\right)\left(1-\frac{2}{n}\right)\cdots\left(1-\frac{n-2}{n}\right)}{(n-1)!}x^{n-1}$$

$$+\frac{\left(1-\frac{1}{n}\right)\left(1-\frac{2}{n}\right)\cdots\left(1-\frac{n-1}{n}\right)}{n!}x^n$$

が成り立つ．したがって

$$\sum_{k=0}^{n}\frac{1}{k!}x^k-\left(1+\frac{x}{n}\right)^n = \sum_{k=2}^{n}\frac{1}{k!}\left(1-\left(1-\frac{1}{n}\right)\left(1-\frac{2}{n}\right)\cdots\left(1-\frac{k-2}{n}\right)\right)x^k$$

となる．問題 10(3) の解答より

$$0 < 1-\left(1-\frac{1}{n}\right)\left(1-\frac{2}{n}\right)\cdots\left(1-\frac{k-2}{n}\right) < \frac{k(k-1)}{2n}$$

M を任意の正数とするとき $|x|\leq M$ で評価式

$$\left|\sum_{k=0}^{n}\frac{1}{k!}x^k-\left(1+\frac{x}{n}\right)^n\right| \leq \frac{1}{2n}\sum_{k=2}^{n}\frac{|x|^k}{(k-2)!} \leq \frac{M^2}{2n}\sum_{m=0}^{n-2}\frac{M^m}{m!} < \frac{M^2 e^M}{2n}$$

演習問題略解

が得られる．したがって
$$\lim_{n\to\infty}\left|\sum_{k=0}^{n}\frac{1}{k!}x^k-\left(1+\frac{x}{n}\right)^n\right|=0$$
これより
$$\lim_{n\to\infty}\left(1+\frac{x}{n}\right)^n=\lim_{n\to\infty}\sum_{k=0}^{n}\frac{1}{k!}x^k=e^x$$

2.6 $f(x)=\sin x$ とおくと
$$f^{(n)}(a)=\begin{cases}(-1)^n\cos a & (n=2m+1,\ m=0,1,2,\ldots)\\(-1)^n\sin a & (n=2m,\ m=0,1,2,\ldots)\end{cases}$$
である．正数 M を任意に選ぶと $|x-a|\leq M$ のとき
$$\left|\frac{\sin a}{(2m)!}(x-a)^{2m}\right|\leq\frac{M^{2m}}{(2m)!},\quad\left|\frac{\cos a}{(2m+1)!}(x-a)^{2m+1}\right|\leq\frac{M^{2m+1}}{(2m+1)!}$$
となり，両者とも $m\to\infty$ のとき 0 に収束するので問題のテイラー展開が得られる．収束も上の評価式から得られる．

2.7 $f(x)=\log(1-x)$ とおくと
$$f'(x)=\frac{1}{1-x}$$
を得る．したがって $n\geq 1$ のとき
$$f^{(n)}(x)=\frac{(n-1)!}{(1-x)^n}$$
が成り立つ．ただし，いつものように 0!=1 と約束する．したがって $n\geq 1$ のとき
$$f^{(n)}(0)=(n-1)!$$
である．また $f(0)=0$ である．テイラーの定理より
$$\log(1-x)=x+\frac{x^2}{2}+\frac{x^3}{3}+\cdots+\frac{x^n}{n}+\frac{\xi^{n+1}}{(n+1)}$$
となる ξ が 0 と x の間に存在する．$|x|<1$ であれば
$$\lim_{n\to\infty}\frac{\xi^{n+1}}{n+1}=0$$
であるので $|x|<1$ でテイラー展開ができる．

2.8 第 6 章で説明するイプシロン・デルタ論法を使う．
$\sum_{k=0}^{\infty}a_k x_0^k$ が収束するので，任意の $\varepsilon>0$ に対して $m\geq N$ であれば任意の整数 $l\geq 0$ に対して

$$\left|\sum_{k=m}^{m+l} a_k x_0^k\right| < \varepsilon$$

が成り立つような正整数 N が存在する．特に $l=0$ ととると $m \geq N$ であれば

$$|a_m x_0^m| < \varepsilon$$

が成り立つ．$|a_0|, |a_1 x_0|, \ldots, |a_{N-1} x_0^{N-1}|, \varepsilon$ のうち最大なものを M とするとすべての整数 $n \geq 0$ に対して

$$|a_n x_0^n| \leq M$$

が成り立つ．したがって $|x|<|x_0|$ である x に対して $r=\dfrac{|x|}{|x_0|}$ とおくと $r<1$ である．したがって $\sum_{k=0}^{\infty} Mr^k$ は収束する．よって任意の $\varepsilon>0$ に対して $n \geq N_1$ であれば任意の整数 l に対して

$$\sum_{k=n}^{n+l} Mr^k < \varepsilon$$

が成り立つような正整数 N_1 が存在する．このとき $n \geq N_1$ であれば任意の整数 l に対して

$$\left|\sum_{k=n}^{n+l} a_k x^k\right| \leq \sum_{k=n}^{n+l} |a_k x^k| \leq \sum_{k=n}^{n+l} |a_k x_0^k| \cdot \left(\frac{|x|}{|x_0|}\right)^k$$
$$\leq \sum_{k=n}^{n+l} Mr^k < \varepsilon$$

が成り立つので $\sum_{k=0}^{\infty} a_k x^k$ は収束する．

第3章

3.1 点 x を有理数とすると $f(x)=1$ である．x に近づく無理数の列 $\{x_n\}$ が存在する．たとえば $x_n = x + \sqrt{2}/10^n M$ とおけばよい．ただし M は自然数で $x_n \in [0,1]$ になるように選ぶ（M を十分大きく選べばこれは常に可能である）．このとき $f(x_n)=0$ であるので $\lim_{n\to\infty} f(x_n) \neq f(x)$ となり，x で $f(x)$ は連続でない．一方，x を無理数とすると x に近づく有理数の列 $\{x_n\}$ が存在する．このとき $f(x_n)=1$ であるので $\lim_{n\to\infty} f(x_n) \neq 0 = f(x)$ となり無理数 x でも $f(x)$ は連続でない．また区間 $[0,1]$ を分割して

$$K : t_0 = 0 < t_1 < t_2 < \cdots < t_N = 1$$

とすると区間 (t_{j-1}, t_j) は有理数と無理数を必ず含んでいる．したがって

演習問題略解

$$\sum_{j=1}^{N} f(\xi_j)(t_j - t_{j-1}) = \begin{cases} 1 & (\text{すべての } \xi_j \in (t_{j-1}, t_j) \text{ は有理数}) \\ 0 & (\text{すべての } \xi_j \in (t_{j-1}, t_j) \text{ は無理数}) \end{cases}$$

となり，一定の値に収束しないのでリーマン積分可能ではない．

3.2 $r^2 = x^2 + y^2$ であるので

$$2y^2 = r^2 - r^4$$

が成り立つ．したがって第1象限にあるレムニスケートの座標 (x,y) を r の関数と考えることができ

$$2x \frac{dx}{dr} = r + 2r^3$$

$$2y \frac{dy}{dr} = r - 2r^3$$

が成り立つ．原点から点 $(x(r), y(r))$ までのレムニスケートの長さを $s = s(r)$ とすると

$$\left(\frac{ds}{dr} \right)^2 = \left(\frac{dx}{dr} \right)^2 + \left(\frac{dy}{dr} \right)^2$$

である．したがって

$$(2xy)^2 \left(\frac{ds}{dr} \right)^2 = y^2 (r+2r^3)^2 + x^2 (r-2r^3)^2$$

$$= \frac{r^2 - r^4}{2}(r^2 + 4r^4 + 4r^6) + \frac{r^2 + r^4}{2}(r^2 - 4r^4 + 4r^6) = r^4$$

が成り立つ．また

$$(2xy)^2 = (r^2 + r^4)(r^2 - r^4) = r^4 (1 - r^4)$$

が成り立つので

$$(1 - r^4) \left(\frac{ds}{dr} \right)^2 = 1$$

が成立する．これより

$$\frac{ds}{dr} = \frac{1}{\sqrt{1 - r^4}}$$

が得られる．

3.3

$$\int_0^\infty \frac{\sin x}{x} \, dx$$

の収束を示すためには第6章のコーシー列の考え方を使う必要がある．

$$\int_0^\infty \frac{\sin x}{x}\,dx = \lim_{M\to\infty} \int_0^M \frac{\sin x}{x}\,dx$$

であるので，この積分が収束するための必要十分条件は任意の正数 ε に対して $x_1 > x_0 > K$ であれば

$$\left| \int_{x_0}^{x_1} \frac{\sin x}{x}\,dx \right| < \varepsilon$$

が成り立つように正数 K を見出すことができることである．

$$\int_{x_0}^{x_1} \frac{\sin x}{x}\,dx = \left[-\frac{\cos x}{x} \right]_{x_0}^{x_1} - \int_{x_0}^{x_1} \frac{\cos x}{x^2}\,dx = \frac{\cos x_0}{x_0} - \frac{\cos x_1}{x_1} - \int_{x_0}^{x_1} \frac{\cos x}{x^2}\,dx$$

が成り立つので

$$\left| \int_{x_0}^{x_1} \frac{\sin x}{x}\,dx \right| \leq \frac{1}{x_0} + \frac{1}{x_1} + \left| \int_{x_0}^{x_1} \frac{\cos x}{x^2}\,dx \right|$$
$$\leq \frac{1}{x_0} + \frac{1}{x_1} + \int_{x_0}^{x_1} \frac{1}{x^2}\,dx = \frac{2}{x_1}$$

が成り立つ．したがって $K > 2/\varepsilon$ にとれば $x_1 > x_0 > K$ のとき

$$\left| \int_{x_0}^{x_1} \frac{\sin x}{x}\,dx \right| \leq \frac{2}{x_1} \leq \frac{2}{K} < \varepsilon$$

が成り立つ．

整数 n に対して $n\pi + \frac{\pi}{6} \leq x \leq (n+1)\pi - \frac{\pi}{6}$ のとき

$$|\sin x| \geq \frac{1}{2}$$

が成り立つ．したがって

$$\int_{n\pi}^{(n+1)\pi} \frac{|\sin x|}{x}\,dx > \int_{n\pi+\pi/6}^{(n+1)\pi-\pi/6} \frac{|\sin x|}{x}\,dx \geq \frac{1}{2} \int_{n\pi+\pi/6}^{(n+1)\pi-\pi/6} \frac{dx}{n\pi+\pi/6}$$
$$= \frac{\pi}{3(n\pi+\pi/6)} > \frac{1}{3(n+1)}$$

が成り立つ．正数 M に対して $n\pi \leq M < (n+1)\pi$ であるように自然数 n を定めると

$$\int_0^M \frac{|\sin x|}{x}\,dx > \sum_{k=0}^n \frac{1}{3(k+1)}$$

が成り立つ．級数 $\sum_{k=1}^\infty \frac{1}{k}$ は無限大に発散するので積分 $\int_0^\infty \frac{|\sin x|}{x}\,dx$ も無限大に発散する．

第4章

4.1　等式(4.15)より

演習問題略解

$$\Gamma(1)^2 = \pi$$

が成り立つ．また

$$\Gamma\left(\frac{1}{2}\right) = \int_0^\infty \frac{e^{-t}}{\sqrt{t}} dt > 0$$

であるので $\Gamma\left(\dfrac{1}{2}\right) = \sqrt{\pi}$．

4.2 $x>1$, $y>1$ であれば積分は通常の意味の積分である．$0<x<1$ のとき $\varepsilon>0$, $\eta>0$ を $\varepsilon<1-\eta$ であるようにとる．$(1-t)^{y-1}$ は y がどのような値をとっても $0\leq t\leq 1-\eta$ で

$$0 < (1-t)^{y-1} < M$$

を満たす正数 M を見出すことができる．このとき

$$\int_\varepsilon^{1-\eta} t^{x-1}(1-t)^{y-1} dt \leq \int_\varepsilon^{1-\eta} \frac{M}{t^{1-x}} dt = \left[\frac{Mt^x}{x}\right]_\varepsilon^{1-\eta} = \frac{M}{x}\{(1-\eta)^x - \varepsilon^x\}$$

が成り立ち，$\varepsilon \to 0$ で右辺は有限であり，したがって

$$\lim_{\varepsilon \to 0} \int_\varepsilon^{1-\eta} t^{x-1}(1-t)^{y-1} dt$$

は有限の値に収束する．同様に $0<y<1$ であれば

$$\lim_{\eta \to 0} \int_0^{1-\eta} t^{x-1}(1-t)^{y-1} dt$$

も有限の値に収束する．

$s = \dfrac{t}{1-t}$ とおくと区間 $(0,1)$ は区間 $(0,\infty)$ に移る．またこの式は逆に解くことができ $t = \dfrac{s}{1+s}$ が成り立つ．そこで積分の変数変換を行うと

$$B(x,y) = \int_0^1 t^{x-1}(1-t)^{y-1} dt = \int_0^\infty \frac{s^{x-1}}{(1+s)^{x+y}} ds$$

となる．これより

$$B(x,y) = B(y,x)$$

であることが分かる．また

$$\begin{aligned}B(x+1,y) &= \int_0^\infty \frac{s^x}{(1+s)^{x+y+1}} ds \\ &= \left[-\frac{s^x}{(1+s)^{x+y}}\right]_0^\infty + \frac{x}{x+y}\int_0^1 \frac{s^{x-1}}{(1+s)^{x+y}} ds \\ &= \frac{x}{x+y} B(x,y)\end{aligned}$$

が成り立つことが分かる．この等式を繰り返し用いることによって，p,q が正整数であれば

$$B(p,q) = \frac{p-1}{p+q-1}B(p-1,q) = \frac{(p-1)!}{(p+q-1)!}B(1,q)$$
$$= \frac{(p-1)!}{(p+q-1)(p+q-2)\cdots(q+1)}B(q,1)$$
$$= \frac{(p-1)!(q-1)!}{(p+q-1)!}B(1,1)$$

が成り立つことが分かる．また

$$B(1,1) = \int_0^1 1\,dt = 1$$

より

$$B(p,q) = \frac{(p-1)!(q-1)!}{(p+q-1)!} = \frac{\varGamma(p)\varGamma(q)}{\varGamma(p+q)}$$

が成り立つことが分かる．

第5章

5.1 等式(5.1)より多項式 $S_p(x)$ は

$$S_p(x+1) - S_p(x) = (x+1)^p$$

を満たす．また $S_p(0)=0$ であるので p が正整数であれば $S_p(-1)=0$ が成り立つ．したがってすべての正整数 p に対して $S_p(x)$ は $x=0$, $x=-1$ を根として持つ．したがって $x(x+1)$ で割り切れる．よって $S_1(x)$ ですべての $S_p(x)$ は割り切れる．

関・ベルヌーイ関数を使ったベキ和の等式(5.16)より $p=2n\geq 2$ のとき

$$S_{2n}(x) = \frac{B_{2n+1}(x+1)}{2n+1}$$

が成り立つ．関・ベルヌーイ数 $B_{2n+1}=0$ だからである．この式より

$$S_{2n}\left(-\frac{1}{2}\right) = \frac{B_{2n+1}\left(\frac{1}{2}\right)}{2n+1}$$

が成り立つ．関・ベルヌーイ関数の定義(5.12)より

$$f(t) = \frac{te^{\frac{t}{2}}}{e^t-1} = \sum_{n=0}^{\infty}\frac{B_n\left(\frac{1}{2}\right)}{n!}t^n$$

が成り立つ．このとき

演習問題略解

$$f(-t) = \frac{-te^{-\frac{t}{2}}}{e^{-t}-1} = \frac{te^{\frac{t}{2}}}{e^t-1} = f(t)$$

が成り立ち，$f(t)$ は偶関数である．したがってテイラー展開には t の偶数ベキしか現れない．よって $B_{2n+1}\left(\dfrac{1}{2}\right)=0$ である．したがって $S_{2n}\left(-\dfrac{1}{2}\right)=0$ である．すなわち $S_{2n}(x)$ は $x=-\dfrac{1}{2}$ を根に持つ．すなわち $S_{2n}(x)$ は $2x+1$ で割り切れる．以上によって $S_{2n}(x)$ は $x(x+1)(2x+1)$ で割り切れる．すなわち $S_2(x)=x(x+1)(2x+1)/6$ で割り切れる．

5.2

(1) 関・ベルヌーイ関数の定義式

$$\frac{te^{xt}}{e^t-1} = \sum_{n=0}^{\infty} B_n(x)\frac{t^n}{n!}$$

の両辺を x に関して微分すると

$$\frac{t^2 e^{xt}}{e^t-1} = \sum_{n=0}^{\infty} B'_n(x)\frac{t^n}{n!}$$

となる．左辺は

$$\sum_{n=0}^{\infty} B_n(x)\frac{t^{n+1}}{n!} = \sum_{n=0}^{\infty} (n+1)B_n(x)\frac{t^{n+1}}{(n+1)!}$$

となるので

$$(n+1)B_n(x) = B'_{n+1}(x)$$

が成り立つ．

(2)

$$\sum_{n=0}^{\infty} B_n(1-x)\frac{t^n}{n!} = \frac{te^{(1-x)t}}{e^t-1} = \frac{te^t e^{-xt}}{e^t-1} = \frac{te^{-xt}}{1-e^{-t}} = \frac{-te^{-xt}}{e^{-t}-1}$$
$$= \sum_{n=0}^{\infty} B_n(x)\frac{(-t)^n}{n!}$$

が成り立つので

$$B_n(1-x) = (-1)^n B_n(x)$$

となる．

5.3

$$\frac{t}{e^t-1} = \frac{te^{-t}}{1-e^{-t}} = \frac{-te^{-t}}{e^{-t}-1} = \sum_{n=0}^{\infty} B_n \frac{(-t)^n}{n!}$$

であるので

$$\frac{te^{xt}}{e^t-1} = \frac{t}{e^t-1} \cdot e^{xt}$$
$$= \left(\sum_{j=0}^{\infty}(-1)^j B_j \frac{t^j}{j!}\right)\left(\sum_{k=0}^{\infty}\frac{(xt)^k}{k!}\right)$$
$$= \sum_{n=0}^{\infty}\left(\sum_{j+k=n}(-1)^j B_j \frac{t^j}{j!}\frac{(xt)^k}{k!}\right)$$
$$= \sum_{n=0}^{\infty}\left(\sum_{j=0}^{n}(-1)^j \frac{n!}{j!(n-j)!}B_j x^{n-j}\right)\frac{t^n}{n!}$$

したがって

$$B_n(x) = \sum_{j=0}^{n}(-1)^j \binom{n}{j}B_j x^{n-j}$$

第6章

6.1 区間 $[0,1]$ で定義された連続関数 $g(t)$ に対して $f(x)=g\left(\dfrac{x-a}{b-a}\right)$ とおくと $f(x)$ は $[a,b]$ で定義された連続関数である．逆に $[a,b]$ で定義された連続関数 $f(x)$ に対して

$$g(t) = f((b-a)t+a)$$

とおくと $g(t)$ は $[0,1]$ で定義された連続関数である．したがって $[a,b]$ で定義された連続関数 $f(x)$ に対して上のように $g(t)$ を定義すると，任意の正数 ε に対して

$$|g(t)-P(t)| < \varepsilon, \quad \forall t \in [0,1]$$

が成り立つような多項式 $P(t)$ が定理 6.13 より存在する．すると任意の $x\in[a,b]$ に対して $Q(x)=P((x-a)/(b-a))$ は x の多項式であり

$$|f(x)-Q(x)| = |g((x-a)/(b-a))-P((x-a)/(b-a))| = |g(t)-P(t)| < \varepsilon$$

が成り立つ．

6.2 コーシー列 $\{b_n\}$ は $b^*\neq 0$ に収束すると仮定する．正数 η を $|b^*|>\eta$ であるようにとる．このとき $n\geq M$ であれば

$$|b_n-b^*| < \eta$$

が成り立つように自然数 N を見出すことができる．したがって

$$|b_n| > |b^*|-\eta$$

が成り立つ．$K=|b^*|-\eta>0$ とおくと $n\geq M$ のとき $|b_n|>K>0$ が常に成り立つ．した

演習問題略解

がって $\{b_n\}$ はある番号の先からは 0 になることはない．さて $\{a_n\}$ はコーシー列で a^* に収束するので任意の ε に対して $n \geq L_1$ であれば

$$|a_n - a^*| < \varepsilon$$

が成り立つように自然数 L_1 を見出すことができる．同様に $n \geq L_2$ であれば

$$|b_n - b^*| < \varepsilon$$

が成り立つように自然数 L_2 を見出すことができる．そこで $N = \max\{L_1, L_2, M\}$ とおくと $n \geq N$ のとき

$$\begin{aligned}\left|\frac{a_n}{b_n} - \frac{a^*}{b^*}\right| &= \left|\frac{a_n b^* - a^* b_n}{b_n b^*}\right| \\ &= \left|\frac{(a_n - a^*)b^* + a^*(b^* - b_n)}{b_n b^*}\right| \\ &\leq \frac{|b^*||a_n - a^*| + |a^*||b^* - b_n|}{|b^*|K} \\ &\leq \frac{(|a^*| + |b^*|)\varepsilon}{|b^*|K}\end{aligned}$$

が成り立つ．$(|a^*| + |b^*|)/(|b^*|K)$ は n に関係しない定数であるので $c_n = a_n/b_n$ は a^*/b^* に収束する．

6.3 (1) 任意の $\delta > 0$ に対して $\{y \in [0,1] \mid |y-x| < \delta\}$ は有理数も無理数も含んでいる．したがって

$$\sup_{y \in [0,1], |y-x| < \delta} f(y) = 1, \quad \inf_{y \in [0,1], |y-x| < \delta} f(y) = 0$$

である．よって定義式(6.12)より $o_\delta(f, x) = 1$ である．したがって振動値の定義式 (6.13) より $o(f, x) = 1$ である．

(2)

$$f(x+0) = \lim_{y \to x+0} f(y) \geq \lim_{y \to x-0} f(y) = f(x-0)$$

と仮定する．$A = f(x+0)$, $B = f(x-0)$ とおく．このとき任意の正数 ε に対して $x < y < x + \delta$ であれば

$$|f(y) - A| < \varepsilon$$

$x - \delta < y < x$ であれば

$$|f(y) - B| < \varepsilon$$

が成り立つように $\delta>0$ を見出すことができる．これより $x<y<x+\delta$ であれば

$$A-\varepsilon < f(y) < A+\varepsilon$$

$x-\delta<y<x$ であれば

$$B-\varepsilon < f(y) < B+\varepsilon$$

が成り立つ．したがって $A \geq B$ より

$$\delta(f,x) = \sup_{y\in[a,b],\,|y-x|<\delta} f(y) \leq A+\varepsilon, \quad \inf_{y\in[a,b],\,|y-x|<\delta} f(y) \geq B-\varepsilon$$

が成り立つ．したがって

$$A-B-2\varepsilon = A-\varepsilon-(B+\varepsilon) \leq o_\delta(f,x) \leq A+\varepsilon-(B-\varepsilon) = A-B+2\varepsilon$$

である．$\varepsilon \to 0$ を考えることによって

$$A-B \leq o(f,x) = \lim_{\delta \to 0} o_\delta(f,x) \leq A-B$$

が成り立つことが分かる．

(3) $f(x)$ が点 x で連続であれば $f(x+0)=f(x-0)$ が成り立ち，(2) より $o(f,x)=0$ である．逆 $o(f,x)=0$ であれば

$$\lim_{\delta \to 0}\bigl(\sup_{y\in[a,b],\,|y-x|<\delta} f(y) - \inf_{y\in[a,b],\,|y-x|<\delta} f(y)\bigr) = 0$$

が成り立つ．一方，$y\in[a,b]$, $|y-x|<\delta$ のとき

$$\inf_{y\in[a,b],\,|y-x|<\delta} f(y) \leq f(y) \leq \sup_{y\in[a,b],\,|y-x|<\delta} f(y)$$

が成り立つので，$y\in[a,b]$, $|y-x|<\delta$ のとき

$$|f(y)-f(x)| \leq \sup_{y\in[a,b],\,|y-x|<\delta} f(y) - \inf_{y\in[a,b],\,|y-x|<\delta} f(y)$$

が成り立つ．したがって

$$\lim_{y \to x} f(y) = f(x)$$

が成り立ち，$f(x)$ は x で連続である．

6.4 $x\in[0,1]$ を有理数 q/p とする．$x-q/p$ に収束する無理数列の列 $x_n\in[0,1]$ が存在する．たとえば $x_n=x+\sqrt{2}/10^n M$ とおけばよい．ただし M は自然数で $x_n\in[0,1]$ になるように選ぶ（M を十分大きく選べばこれは常に可能である）．このとき $g(x_n)=0$ であり，$\lim_{n\to\infty} g(x_n) \neq q/p$ であり，$g(x)$ は点 $x=q/p$ で連続でない．

一方，x を無理数とすると $g(x)=0$．そこで x に収束する有理数の列 $x_n\in[0,1]$ を考

演習問題略解

える．$x_n=q_n/p_n$ と既約分数で表わすと $p_n\to\infty$ でなければならない．p_n が有界であればそのような自然数 p_n は有限個しか存在しないからである．したがって
$$\lim_{n\to\infty}g(x_n)=\lim_{n\to\infty}\frac{1}{p_n}=0=g(x)$$
が成り立つ．一般に x に収束する数列 $\{y_n\}$ を考える．$g(y_n)\neq 0$ であるのは y_n が有理数のときである．数列 $\{y_n\}$ に有理数が有限個しか含まれていないときはある番号から先はすべて無理数となり
$$\lim_{n\to\infty}g(y_n)=0=g(x)$$
となる．もし有理数が無限個含まれているときは，それらを取り出して部分列 $\{y_{i_n}\}$ を作ると上で証明したことより
$$\lim_{n\to\infty}g(y_{i_n})=0=g(x)$$
が成り立つ．以上の考察より $g(x)$ は無理数 x では連続である．したがって不連続点は $\mathbb{Q}\cap[0,1]$ である．このとき $\mathbb{Q}\cap[0,1]$ は可算無限集合であり，したがって $\mathbb{Q}\cap[0,1]=\{a_1,a_2,\ldots\}$ と番号をつけることができる．そこで任意の正数 ε に対して点 a_n を含む開区間 $I_n=(a_n-\varepsilon/2^{n+1},a_n+\varepsilon/2^{n+1})$ を考えると
$$\mathbb{Q}\cap[0,1]\subset\bigcup_{n=1}^{\infty}I_n$$
であり，区間 I_n の長さは $\varepsilon/2^n$ である．このとき
$$\sum_{n=1}^{\infty}\frac{\varepsilon}{2^n}=\varepsilon$$
が成り立つ．正数 ε は任意に選ぶことができたので $\mathbb{Q}\cap[0,1]$ は測度 0 である．

6.5 区間 $[a,b]$ で定義された関数 $f(x)$ が定義 6.5 の意味でリーマン積分可能であると仮定する．区間 $[a,b]$ の分割
$$K:a=t_0<t_1<t_2<\cdots<t_N=b$$
に対して，
$$m_i=\inf_{x\in[t_{i-1},t_i]}f(x),\quad M_i=\sup_{x\in[t_{i-1},t_i]}f(x)$$
とおき，点 $\xi_i\in(t_i,t_{i+1})$ を任意にとると
$$s(f,K)=\sum_{i=1}^{N}m_i(t_i-t_{i-1})\leq\sum_{i=1}^{N}f(\xi_i)(t_i-t_{i-1})\leq\sum_{i=1}^{N}M_i(t_i-t_{i-1})=S(f,K)$$
が成り立つ．分割を細かくしていくと $s(f,K),S(f,K)$ が積分 $\int_a^b f(x)\,dx$ に収束するので $\sum_{i=1}^{N}f(\xi_i)(t_i-t_{i-1})$ も $\int_a^b f(x)\,dx$ に収束する．したがって $f(x)$ は第 3 章 2 節の

意味でリーマン積分可能である．

逆に $f(x)$ が第 3 章 2 節の意味でリーマン積分可能と仮定する．すなわち区間 $[a,b]$ の分割
$$K : a = t_0 < t_1 < t_2 < \cdots < t_N = b$$
に対して，
$$S = \sum_{i=1}^{N} f(\xi_i)(t_i - t_{i-1}), \quad \xi_i \in (t_{i-1}, t_i)$$
とおくと，
$$\delta(K) = \max_{j=1,\ldots,N}\{t_j - t_{j-1}\}$$
が 0 に近づくと S が一定の値 $\int_a^b f(x)\,dx$ に収束する．そこで区間 $[a,b]$ の任意の分割
$$K : a = t_0 < t_1 < t_2 < \cdots < t_N = b$$
に対して上と同様に $m_j, M_j, s(f,K), S(f,K)$ を定義する．上限下限の定義より，任意に整数 ε を選ぶと
$$0 \leq M_j - \xi_j < \frac{\varepsilon}{2n(b-a)}, \quad 0 \leq \eta_j - m_j < \frac{\varepsilon}{2n(b-a)} \qquad (*)$$
が成り立つように点 $\xi_j, \eta_j \in (a_{j-1}, a_j), j=1,2,\ldots,N$ をとることができる．このとき
$$\Sigma(f,K) = \sum_{j=1}^{N} f(\xi_j)(t_j - t_{j-1})$$
$$\sigma(f,K) = \sum_{j=1}^{N} f(\eta_j)(t_j - t_{j-1})$$
と定義すると
$$s(f,K) \leq \sigma(f,K) \leq \Sigma(f,K) \leq S(f,K)$$
が成り立つ．さらに不等式 $(*)$ より
$$0 \leq S(f,K) - \Sigma(f,K) \leq \frac{\varepsilon}{2}$$
$$0 \leq \sigma(f,K) - s(f,K) \leq \frac{\varepsilon}{2}$$
が成り立つ．一方 $\{\sigma(f,K)\}, \{\Sigma(f,K)\}$ は $\delta(K) \to 0$ であればともに $\int_a^b f(x)\,dx$ に収束する．したがって上の ε に対して
$$\left| \Sigma(f,L) - \int_a^b f(x)\,dx \right| < \frac{\varepsilon}{2}$$

演習問題略解

が成り立つような分割 L が存在する．すると

$$\left|S(f,L)-\int_a^b f(x)\,dx\right| \leq \left|S(f,L)-\Sigma(f,L)+\Sigma(f,L)-\int_a^b f(x)\,dx\right|$$
$$\leq |S(f,L)-\Sigma(f,L)|+\left|\Sigma(f,L)-\int_a^b f(x)\,dx\right|$$
$$< \frac{\varepsilon}{2}+\frac{\varepsilon}{2}=\varepsilon$$

が成り立つ．これは $S(f,K)$ が $\delta(K)\to 0$ のとき $\int_a^b f(x)\,dx$ に収束することを意味する．同様に $s(f,K)$ も $\delta(K)\to 0$ のとき $\int_a^b f(x)\,dx$ に収束する．よって $f(x)$ は定義 6.5 の意味でリーマン積分可能である．

6.6 $f(x)$ は単調増加であると仮定する．区間 $[a,b]$ の分割

$$K: a=t_0<t_1<t_2<\cdots<t_N=b$$

に対して

$$m_i=\inf_{x\in[t_{i-1},t_i]}f(x)=f(t_{j-1}),\quad M_i=\sup_{x\in[t_{i-1},t_i]}f(x)=f(t_j)$$

である．したがって

$$s(f,K)=\sum_{j=1}^N f(t_{j-1})(t_j-t_{j-1})$$
$$S(f,K)=\sum_{j=1}^N f(t_j)(t_j-t_{j-1})$$

である．

$$\delta(K)=\max_{j=1,\ldots,N}\{t_j-t_{j-1}\}$$

とおくと

$$0\leq S(f,K)-s(f,K)=\sum_{j=1}^N (f(t_j)-f(t_{j-1}))(t_j-t_{j-1})$$
$$\leq \delta(K)\sum_{j=1}^N (f(t_j)-f(t_{j-1}))=\delta(K)(f(b)-f(a))$$

関数 $f(x)$ は有界であったので $\delta(K)\to 0$ のとき $S(f,K)-s(f,K)$ は 0 に近づく．したがって上積分と下積分は一致する．したがってリーマン積分可能である．

上野健爾

1945年生まれ．1968年東京大学理学部数学科卒業．
現在，四日市大学関孝和数学研究所所長．京都大学
名誉教授．専門は複素多様体論．

数学者的思考トレーニング　解析編
2012年3月23日　第1刷発行

著　者　　上野健爾
発行者　　山口昭男
発行所　　株式会社　岩波書店
　　　　　〒101-8002 東京都千代田区一ツ橋2-5-5
　　　　　電話案内 03-5210-4000
　　　　　http://www.iwanami.co.jp/

印刷製本・法令印刷

Ⓒ Kenji Ueno 2012
ISBN 978-4-00-005537-6　　Printed in Japan

Ⓡ〈日本複写権センター委託出版物〉本書を無断で複写複製(コ
ピー)することは，著作権法上の例外を除き，禁じられてい
ます．本書をコピーされる場合は，事前に日本複写権センタ
ー(JRRC)の許諾を受けてください．
JRRC〈http://www.jrrc.or.jp eメール:info@jrrc.or.jp 電話:03-3401-2382〉

数学者的思考トレーニング 代数編	上野健爾	A5判・220頁 定価2520円
定本 解析概論	高木貞治	B5判変型・540頁 定価3360円
軽装版 解析入門 全2冊	小平邦彦	A5判・平均264頁 定価各2730円
現代数学への入門 代数入門	上野健爾	A5判・384頁 定価4305円
実解析入門	猪狩惺	A5判・336頁 定価4725円
関孝和論序説	上野健爾 小川束 小林龍彦 佐藤賢一	A5判・294頁 定価3570円

◆数学,この大きな流れ

群 の 発 見	原田耕一郎	A5判・262頁 定価3780円
リーマン予想の150年	黒川信重	A5判・148頁 定価2835円
現代幾何学への道 ——ユークリッドの蒔いた種——	砂田利一	A5判・350頁 定価4200円

岩波 数学入門辞典　菊判・上製函入・738頁　定価6720円

〈編著〉青本和彦,上野健爾,加藤和也,神保道夫,砂田利一,
高橋陽一郎,深谷賢治,俣野博,室田一雄

———— 岩波書店刊 ————

定価は消費税5%込です
2012年3月現在